办公软件高级应用

叶培松　张丽华　主编

ZHEJIANG UNIVERSITY PRESS
浙江大学出版社

图书在版编目(CIP)数据

办公软件高级应用 / 叶培松,张丽华主编. — 杭州:
浙江大学出版社,2022.2(2024.1重印)

ISBN 978-7-308-22344-7

Ⅰ. ①办… Ⅱ. ①叶… ②张… Ⅲ. ①办公自动化—
应用软件 Ⅳ. ①TP317.1

中国版本图书馆 CIP 数据核字(2022)第 024279 号

办公软件高级应用

叶培松　张丽华　主编

责任编辑	王　波	
责任校对	吴昌雷	
封面设计	续设计	
出版发行	浙江大学出版社	
	(杭州市天目山路 148 号　邮政编码 310007)	
	(网址:http://www.zjupress.com)	
排　版	杭州晨特广告有限公司	
印　刷	杭州宏雅印刷有限公司	
开　本	787mm×1092mm　1/16	
印　张	22	
字　数	508 千	
版 印 次	2022 年 2 月第 1 版　2024 年 1 月第 2 次印刷	
书　号	ISBN 978-7-308-22344-7	
定　价	59.00 元	

前 言

PREFACE

随着信息技术的不断发展,计算机已经成为人们工作、学习和生活中不可或缺的工具。Microsoft Office 作为微软公司开发的一套基于 Windows 操作系统的办公软件套装,以其功能强大、易学易用等特点,为提高办公效率提供了极大的便利。

本书根据教育部高等学校计算机科学与技术教学指导委员会提出的计算机基础课程教学基本要求,兼顾计算机等级考试二级 MS Office 考试大纲的要求编写而成。

本书分为两部分内容:第一部分是办公软件高级应用理论知识,主要内容包括 Word 2019 高级应用、Excel 2019 高级应用、PowerPoint 2019 高级应用、Access 2019 高级应用、宏与 VBA 应用等内容;第二部分是办公软件高级应用精选案例,包括作者精心准备的 15 个与实际生活、学习相关的典型案例,其中,Word 2019 高级应用案例 5 个、Excel 2019 高级应用案例 4 个、PowerPoint 2019 高级应用案例 2 个、Access 2019 高级应用案例 2 个、VBA 应用案例 2 个。

本书内容丰富、图文并茂、通俗易懂。理论知识的叙述细致深入、重点突出。特别是选用的 15 个应用案例,都经过精心设计,在体现实用性和可操作性的同时,覆盖了主要的知识点,在帮助读者梳理相关理论知识的同时也提高了读者的操作技能。

本书的作者都是多年从事计算机教学、具有丰富教学经验的高校教师。本书编写的具体分工如下:Word 2019、PowerPoint 2019、VBA 高级应用及典型案例相关章节由叶培松老师编写,Excel 2019、Access 2019 高级应用及典型案例相关章节由张丽华师编写,全书由叶培松统稿。

由于办公软件高级应用的范围广、技术更新快,本书作者在内容取舍和阐述上难免存在不足与疏漏之处,敬请广大读者提出宝贵意见与建议,作者在此表示感谢。

目 录

CONTENTS

第1章　Word 2019 高级应用 ································· 1

　1.1　样式和模板 ······································ 1

　1.2　引　用 ··· 7

　1.3　目录和索引 ····································· 12

　1.4　页面设计 ······································ 22

　1.5　图与表格 ······································ 27

　1.6　主控文档和子文档 ······························ 32

　1.7　域 ·· 36

　1.8　邮件合并 ······································ 43

　1.9　审阅文档 ······································ 45

　1.10　宏 ·· 48

第2章　Excel 2019 高级应用 ··························· 50

　2.1　基本概念 ······································ 50

　2.2　编辑技巧 ······································ 54

　2.3　常用函数及其使用 ······························ 58

　2.4　数组公式 ······································ 84

　2.5　数据管理与分析 ································· 87

第3章　PowerPoint 2019 高级应用 ······················ 101

　3.1　PPT 制作流程和设计原则 ························ 101

　3.2　图片的应用 ····································· 103

　3.3　多媒体的应用 ································· 109

　3.4　美化和修饰演示文稿 ···························· 112

　3.5　动画设置 ······································ 116

　3.6　演示文稿的放映与输出 ·························· 122

第4章　Access 2019 高级应用 ························· 131

　4.1　数据库基础知识 ································· 131

4.2 数据库和表 ··· 139

4.3 建立查询 ··· 144

4.4 窗体的设计 ··· 152

4.5 创建报表 ··· 157

第 5 章 宏与 VBA 高级应用 ·· 162

5.1 宏的录制与运行 ·· 162

5.2 VBA 基础 ·· 165

5.3 VBA 程序控制结构 ·· 170

5.4 VBA 过程 ·· 184

5.5 VBA 程序设计实例 ·· 186

第 6 章 Word 2019 应用案例 ·· 191

6.1 论文排版 ··· 191

6.2 单证的制作 ··· 206

6.3 索引的制作 ··· 217

6.4 多文档的组织 ··· 224

6.5 制作邀请函 ··· 229

第 7 章 Excel 2019 应用案例 ·· 234

7.1 学生综合信息管理 ·· 234

7.2 超市食品销售管理 ·· 246

7.3 职工工资管理 ··· 260

7.4 房产销售管理 ··· 271

第 8 章 PowerPoint 2019 应用案例 ·· 282

8.1 "数据仓库的设计"课件的优化 ·· 282

8.2 "嘉兴简介"演示文稿的制作 ·· 293

第 9 章 Access 2019 应用案例 ··· 303

9.1 职工档案管理 ··· 303

9.2 个人财务管理 ··· 315

第 10 章 VBA 应用案例 ·· 333

10.1 VBA 程序控制结构 ·· 333

10.2 VBA 综合程序设计 ·· 339

第1章 Word 2019 高级应用

Word 2019 是一种功能强大的文字处理软件,除了简单的文字编辑之外,用户还可以利用其高级的排版功能实现对长文档的排版设计。本章主要讨论样式及模板设置、目录与索引操作、主控文档与子文档、域及邮件合并等操作方法,帮助用户掌握 Word 高级应用的技巧。

1.1 样式和模板

样式是应用于文本的一系列格式特征,利用它可以快速改变文本的外观,样式是模板的基础。而模板是针对整篇文档的格式设置,任何 Word 文档都是以模板为基础的,使用者可以将样式保存在模板中,从而保证所有使用模板创建的文档都能够应用该样式。本节将就样式和模板的概念、操作及高级应用展开介绍。

1.1.1 样 式

样式是指一组已经命名的字符和段落格式,它规定了文档中标题、正文等各个文本元素的格式。若将一种样式应用于某个段落或选定字符,所选定的段落或字符便具有这种样式定义的格式。Word 2019 提供的样式功能可以使文档的格式更易统一、更有条理,编辑和修改更简单。

1. 样式与格式

样式和格式都可以对文档中的段落、字符进行设置,两者有什么关系呢?

样式是一种预定义的格式集,每一种样式都可由若干种格式组合而成;利用样式可以把段落、文字等格式组合成一个整体,方便用户使用。

文档比较短的时候,一般用"格式"或"格式刷"逐个对文字或段落进行设置,比较灵活;若长文档编辑依然用字体格式和段落格式编排功能,不但很费时间、让人厌烦,更重要的是很难使文档格式一直保持一致,整体效率很低。

样式的应用解决了长文档的编辑问题。其最大的优势是当修改了某样式中的格式时，用该样式定义的文本格式都可以自动更新，减轻了修改的工作量，减少了许多重复的操作，在短时间内可排出高质量的长文档。

比如，要对文档中文字的颜色、大小、字体进行修改时，只需修改所应用的样式，即可实现对应用了此样式的所有文字内容的修改。

2. 内置样式

样式集是文档中标题、正文和引用等不同文本和对象格式的集合，为了方便用户对文档样式进行设置，Word 2019 为不同类型的文档提供了多种内置样式供用户选择使用。

"开始"选项卡"样式"组中显示的就是一个被选择使用的样式集，如图 1-1 所示，用户可以根据需要使用该样式集中的样式设置文档字符、段落的格式。

图 1-1　样式集列表

示例：内置"样式集"应用于文档格式设置，要求利用样式组中"标题 1""标题 2""段落样式"将图 1-2 中的文字内容格式化，结果如图 1-3 所示。操作步骤如下：

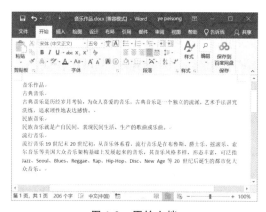

图 1-2　原始文档

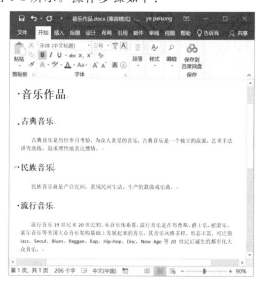

图 1-3　样式应用后的文档

（1）打开 Word 2019 文档窗口，输入文档内容，光标定位或选中首行"音乐作品"。

（2）单击"开始"选项卡"样式"组样式库右侧的"其他"按钮，打开样式下拉列表，选择"标题 1"样式。

（3）同理，分别选中"古典音乐""民族音乐""流行音乐"，选择样式库中的"标题 2"。

（4）选中文档的 3 段正文，在样式库下拉列表中单击"列表段落"，完成段落设置。

通过以上操作我们完成将一篇正文编辑成带有标题、段落格式修饰的文档。

3. 自定义样式

Word 2019 内置样式虽然提供了丰富的样式集,但在实际应用中,往往还不能完全满足用户需要,用户可以自行设置、创建自定义样式。

示例:新建样式"样式_0001",要求字体设置为楷体、字号设置为小四号;段落设置为首行缩进 2 字符,行间距为 1.5 倍行距,段前 0.5 行,段后 1 行。操作步骤如下:

(1)单击"开始"选项卡"样式"组的右下角小箭头按钮 ,或者直接在键盘上按组合键"Ctrl＋Alt＋Shift＋S"调出"样式"窗口。

(2)单击"样式"窗口左下角的"新建样式"按钮 ,弹出"根据格式设置创建新样式"对话框,如图 1-4 所示。

(3)"名称"栏中输入"样式_0001"。

(4)"样式类型"栏中选择"段落"。

(5)"样式基准"栏中选择"正文"。

(6)在格式栏中,设置字体为楷体、字号为小四号。

(7)单击"格式"按钮,将"段落"格式设置为首行缩进 2 字符,行间距为 1.5 倍行距,段前 0.5 行、段后 1 行。

(8)操作中所有的设置均可以通过预览栏观察,且定义的字符、段落格式说明均显示在预览栏下。

(9)新创建的"样式_0001"会出现在快速样式库中,用户可以根据需要将新样式应用到文档中的字符段落。操作结果如图 1-5 所示。

图 1-4　创建新样式"样式_0001"

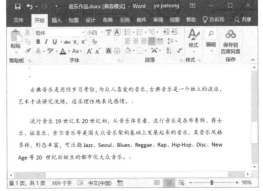

图 1-5　"样式_0001"应用结果

说明:新建样式定义好后,在"样式"列表中可以找到它,并可以用它来定义文本。

4.修改样式

若需要将自定义"样式_0001"中的字符设置为粗体、行间距改为 2 倍行距，则如何修改？操作步骤如下：

（1）在快速样式库中选定指定样式"样式_0001"；右击鼠标，选择"修改"，弹出"修改样式"窗口。

（2）单击"格式"按钮，对"字符""段落"按要求分别设置。

（3）单击"确定"按钮完成修改。同时文档中所有应用此样式的段落均自动更新。

内置样式的修改与自定义样式方法一致。

5.删除样式

若要将某个自定义样式删除，只需打开"样式"任务窗格，定位要删除的样式名上，打开样式名右侧下拉菜单，单击"删除"按钮，即可实现。

说明：如果删除的是"自定义"样式，则它被彻底删除；如果删除的是更改过的 Word 内置样式，则只是把它从"正在使用的样式"列表中删除了，且"标题 1"等系统样式不能删除。

6.还原系统默认样式

用户在设置、定义样式过程中，有时会碰到标题样式错乱的情况，最后发现一旦样式错乱了，整个样式库几乎很难调整过来。那么如何还原系统默认样式呢？非常简单，操作步骤如下：

（1）当前快捷样式库如图 1-6 所示，为自定义"样式库练习"。

图 1-6 当前样式库为自定义"样式库练习"

（2）打开 Windows"开始"按钮的"运行"窗口，输入一条路径，如图 1-7 所示。

图 1-7 打开样式模板所在的路径

（3）单击"确定"按钮，弹出对话框，如图 1-8 所示。

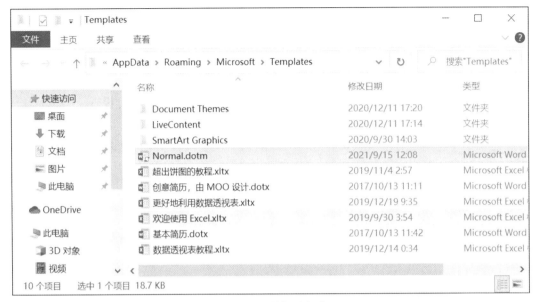

图 1-8　样式模板路径窗口

（4）在该路径窗口下，找到文件 Normal.dotm，这是一个默认的样式表，删除该文件。

（5）再新建一个 Word 文档，打开它，再关闭。

（6）重新打开刚才的文件夹，路径下 Normal.dotm 文件又自动生成，新建的 Word 文档恢复成默认样式。

通过比较可以观察到，用户自定义的"参考文献"样式、"标题 1""标题 2""标题 3"都有了变化，Word 已还原了默认缺省样式。

1.1.2　模　板

模板是一个用来创建文档的原型，是一种特殊的文档。Word 2019 中内置地包含固定格式设置和版式设置的模板文件，用于帮助用户快速生成特定类型的 Word 文档，是用户节省时间和创建一致文档的绝佳方式。

Word 提供很多现成的模板，可以用来制作不同类型的文档，如备忘录、报告、信函、传真等。用户也可以按照自己的需要定制模板，使今后的写作编排工作变得轻松自如。一个模板一般包括以下信息：

（1）文本的格式信息，包括分页、段、字符、图文框、表格等。

（2）样式，预先定义好的文本格式，用于快速格式化文本。

（3）内容，包括文本（包括占位符）、图片、OLE 对象、表格。

（4）自定义工具栏、宏、快捷键、自动图文词条。

（5）宏按钮（带指示定位符，告诉用户键入或插入什么）等。

1. 创建模板

在 Word 2019 中，可以通过将文档保存为".dotx"文件、".dot"文件或".dotm"文件，".dotm"文件类型允许在文件中启用"宏"来创建模板。

当 Word 自带的模板不能满足需要时,用户可以自己建立模板。用户可以从空白文档开始并将其保存为模板。

操作步骤如下:

(1)在"文件"选项卡下单击"新建"按钮,选择"空白文档",然后单击"创建"选项。

(2)根据需要对边距设置、页面大小和方向、样式以及其他格式进行设置。

(3)在"另存为"对话框中,单击"浏览",更改路径。

建议用户将创建的新模板保存在 Word 默认的模板文件夹,方便以后调用该模板。默认模板路径一般为"C:\Users\Administrator\Documents\自定义 Office 模板"。

(4)为新模板文件命名(如:"自定义模板 1. dotx"),在保存类型列表中,选择"Word模板(*. dotx)",然后单击"保存"按钮。

说明:也可将模板保存为"启用宏的 Word 模板(*. dotm)"文件或者"Word 97-2003 模板(.dot)"文件。

(5)关闭该模板。

2. 使用模板创建文档

在 Word 2019 中使用模板创建文档的操作步骤如下:

(1)打开 Word 2019 文档窗口,单击"文件"选项卡,然后单击"新建"选项。

(2)在打开的"新建"面板中,用户可以单击"书法字帖""蓝色球简历"等 Word 2019 自带的模板创建文档,或者单击"个人"下的自定义模板,也可以搜索联机模板。

(3)在"可用模板"列表页下,单击合适的模板后,打开使用选中的模板创建的文档,用户可以在该文档中进行编辑。

3. 制作带有提示按钮的模板

一个模板并不一定是自己使用,或许很多用户都要使用,但并不是所有人都能看懂模板。若在需要输入数据的地方加入一些提示信息,一定会给使用者带来方便。这可以通过插入"提示按钮"来实现。

所谓"提示按钮"是指一个"域",域是保存在文档中、可能发生变化的数据,例如页码"PAGE"域,即在添加页码时能够随文档的延伸而变化的符号。

利用"域"可以在文档的特殊位置布置一些提示信息,用户可以单击该信息,并输入新的文字代替这些信息;同时,新输入的文字可以继承提示信息的外观特征,如字体、字号、段落设置等。

比如,需要在一个模板中指明标题、作者等信息的输入位置,并赋予适当的格式,可以按以下步骤操作:

(1)按下"Ctrl+F9"组合键,插入一对标明域代码的花括号"{ }"。

(2)在花括号之间输入"MACROBUTTON AcceptAllChangesInDoc 单击此处插入标题"或"MACROBUTTON AcceptAllChangesInDoc 单击此处输入作者姓名"。

(3)对插入的域和文字进行适当的格式设置,比如设置字体、字号、颜色等格式。

(4)选中域代码,单击鼠标右键,在弹出的快捷菜单中选择"切换域代码"命令切换域代码。

（5）单击切换好的域代码，输入标题或作者姓名。

示例：创建一个自定义模板，文件名为"公文模板.dotx"，如图 1-9 所示，要求调用此模板创建用户文档"摄影大赛.docx"，如图 1-10 所示。操作步骤如下：

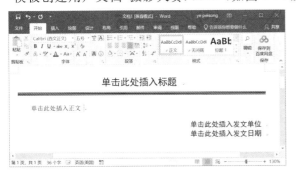 

图 1-9　自定义"公文模板.dotx"　　　　图 1-10　调用模板创建的用户文档

（1）新建空白文档，在"插入"选项卡下，单击"文本"组中"文档部件"下拉列表中的"域"选项，弹出"域"对话框。

（2）在"域"对话框中"类别"选择"文档自动化"，域名选择"MacroButton"，在"显示文字"列表框输入"单击此处插入标题"，单击"确定"按钮退出。

（3）将"标题域"设置成"黑体、三号字、居中"。

（4）在标题下方键入 3 个"♯"（不含引号），回车后可插入两条细实线之间夹一条粗实线。

（5）模仿标题域的创建，分别创建"正文""发文单位""发文日期"域按钮。

（6）正文域格式设置成"宋体、五号字"，"发文单位""发文日期"域格式设置成"黑体、小四号字、右对齐"。

（7）单击"文件"选项卡，将文档另存为"公文模板.dotx"模板文件。

（8）单击"文件"选项卡下"新建"选项，可看到联机模板"特别推荐"旁多了一个"个人"，切换到个人模板标签，即可看到自定义模板，选择"公文模板.dotx"，打开模板。另一种打开模板的方式是直接双击打开"公文模板.dotx"。

（9）单击"开始"选项卡，逐个单击文档中的提示信息，按图 1-10 所示的内容进行文档编辑。

1.2　引　用

文档中需要对图、表进行自动编号，以保障文档在修改时保持一致性。也经常需要设置书签以方便光标快速定位，而且文档中也要有必要的注释和说明。这些要求可以通过设置题注、交叉索引、书签、超链接及脚注和尾注实现。

1.2.1 题注和交叉引用

当我们在编写文档时,经常会遇到大量的图、表、公式及参考文献,通常它们需要按照一定规则顺序编号,且正文中还会有大量的引用。这些编号如果手工编制,往往工作量巨大且容易出错。特别是在长文档的编辑过程中,随时有可能增删条目,这样一来原有编号后的所有条目编号就需要逐一修改,相应引用处的编号也要全部修改。为此,我们希望能实现对图、表、公式和参考文献的自动编号,并且相应的引用与之关联,以便修订编号时引用处能随之自动更新。

Word 2019 提供的"题注"功能允许用户对文档中的图、表、公式和参考文献进行自动编号,"交叉引用"功能实现引用的即时更新。

1. 题注

题注是指表格、图表、公式或其他对象下方显示的一行文字,用于描述该对象。用户可以在插入表格、图表、公式或其他对象时自动地添加题注,也可以为已有的表格、图表、公式或其他对象添加题注。

(1)手动插入题注

如果用户要插入"表 X-Y"(章—编号,例如"表 3-2")的题注,具体步骤如下:

①光标定位在表格说明文字前,选择"引用"选项卡,在"题注"组中单击"插入题注"按钮,弹出"题注"对话框,如图 1-11 所示。

②在"题注"对话框中,单击"新建标签"按钮,弹出"新建标签"对话框,输入新标签"表"。

③单击"编号"按钮,弹出"题注编号"对话框,勾选"包含章节号"复选框,设置编号样式。

(2)自动插入题注

操作步骤如下:

①在图 1-11 所示的"题注"对话框中,单击"自动插入题注"按钮,打开"自动插入题注"对话框,如图 1-12 所示。

②在"插入时添加题注"列表中,选择要插入题注的对象,如"Microsoft Graph Chart",在"使用标签"列表中,选择一个现有的标签,如果列表未提供正确标签,单击"新建标签"按钮创建,完成后单击"确定"按钮。

图 1-11　新建题注"表"

图 1-12 自动插入题注

图 1-13 "交叉引用"对话框

（3）编辑题注

① 修改题注

光标选定要修改的题注（图、表、公式等），单击"引用"下的"插入题注"项，弹出"题注"对话框，对其中各个参数项按要求进行修改。

② 删除题注

光标选定要修改的题注（图、表、公式等），按"Delete"键即删除。

2. 交叉引用

交叉引用可以将文档插图、表格、公式等内容与相关正文的说明内容建立对应关系，既方便阅读，也为编辑操作提供自动更新手段。用户可以为编号项、标题、脚注、尾注、书签、题注标签等多种类型进行交叉引用，能尽快地找到想要找的内容。

（1）创建交叉引用

在建立交叉引用前首先要保证文档中建立了可交叉引用的项目，如编号、标题、书签、题注、脚注、图、表格等，具体步骤如下：

① 单击"引用"选项卡，在"题注"组中单击"交叉引用"按钮，弹出"交叉引用"对话框，如图 1-13 所示。

② 在"交叉引用"对话框的"引用类型"中选择"表"，"引用内容"中选择"只有标签和编号"。

③ 单击"插入"按钮。

也可以在"引用类型"下选择其他标签（如图、书签等）设置交叉引用。

（2）删除交叉引用

选取要删除的交叉引用，按"Delete"键。

（3）更新题注和交叉引用

对题注或交叉引用修改后，应对文档进行更新，也可以对个别引用进行更新。操作步

骤如下：

①若要全部更新，则选定整个文档，按"F9"键。

②若仅对个别项进行更新，可将插入点移到需要更新的题注或交叉引用中，按 F9 键；也可以右键单击需更新的项，在快捷菜单中单击"更新域"命令。

1.2.2　书签和超链接

1. 书签

书签是指书的标签，利用书签，我们可以快速找到想要阅读的位置。同理，Word 书签也是用于定位的。当用户在编辑或阅读长文档时，想在某些位置留下标记，以便以后查找、修改，便可以在该处插入书签。书签仅显示在屏幕上，不会被打印出来。

（1）插入书签

操作步骤如下：

①选择指定书签的项目，或定位要插入书签的位置。

②单击"插入"选项卡"链接"分组中的"书签"按钮，打开"书签"对话框。

③输入"书签名"，如"s4"。书签名必须以字母开头，可包含数字但不能有空格，单击"添加"按钮。

（2）查看书签

单击"文件"选项卡中的"选项"命令，弹出"Word 选项"对话框。单击"高级"选项卡，选中"显示文档内容"中的"显示书签"复选框。如果已经为一项内容指定了书签，该书签会以括号（〔…〕）的形式出现；若为一个位置指定书签，则该书签会显示为"I"形标记。

（3）定位书签

定义书签后，可以利用"书签"对话框中的"定位"按钮迅速找到所要的书签；也可以在"查找和替换"对话框中点击"定位"选项卡来打开"定位"对话框，在"定位目标"中选择"书签"，"请输入书签名称"列表框中选择指定的书签名，单击"定位"按钮。

（4）删除书签

打开"书签"对话框，单击要删除的书签名，然后单击"删除"按钮。

（5）交叉引用书签

插入书签后，单击"引用"选项卡"题注"组中的"交叉引用"按钮，在弹出的"交叉引用"对话框内，设置"引用类型"为"书签"，选择书签名和引用内容，单击"插入"按钮，即可为该书签建立交叉引用。

2. 超链接

"超链接"指两个对象之间建立连接关系，当单击一个对象的时候就会跳到另一个对象的位置，该对象可以是一个网站，也可以是一张图片。若在 Word 2019 文档中创建超链接，通过页面的跳转，用户可快速浏览相关信息。

在 Word 2019 文档中创建超链接时，链接地址可以指向网页地址、Word 文档、Excel 表格等文件。操作步骤如下：

选中需要创建超链接的文字,单击"插入"选项卡"链接"分组中的"超链接"按钮;在打开的"插入超链接"对话框中,在"链接到"区域保持选中"所有文件或网页"选项,然后单击"查找范围"列表框的下拉三角按钮,查找并选中链接目标文件,单击"确定"按钮即可。

1.2.3　脚注和尾注

脚注是对文档中单词或词语的解释或补充说明,放在每一页的底端。尾注是指文档中引用文献的来源,放在文档结尾处。在一个文档中,可以同时使用脚注和尾注。一般用户可用脚注做详细说明,用尾注作引用文献的来源说明。

1. 插入脚注和尾注

(1)插入脚注

选中文档中的文字,如"Computer"。单击"引用"选项卡"脚注"组中"插入脚注"按钮,此时插入点处即会出现脚注的提示编号,光标随之会移到页末。输入脚注或尾注的具体内容,如在这一页最下面编号"1"的后面输入相应注释内容"电子计算机"。

(2)插入尾注

单击"引用"选项卡"脚注"组中"插入尾注"按钮,此时插入点处出现尾注的提示编号,光标随之会移到文档的末尾。之后的插入过程类似插入脚注。

2. 脚注和尾注格式化

单击"引用"选项卡"脚注"组的右下角箭头,弹出"脚注和尾注"对话框。对其中的"位置""格式""应用更改"进行设置,即可改变插入点处的注释引用标记、编号格式或符号样式,如图 1-14 所示。

图 1-14　脚注和尾注设置对话框

3.查看脚注和尾注

将鼠标移到脚注和尾注的注释引用标记上（即插入提示点上），脚注和尾注的内容就会显示；也可以双击注释引用标记，光标自动跳向注释具体内容处，即可看到注释内容。

图 1-15　转换注释对话框

4.脚注和尾注的转换

根据编排需要可以将指定的脚注及尾注进行转换。以脚注为例，在脚注编辑窗中选定要转换的注释，单击鼠标右键，在弹出的快捷菜单中，单击"转换至尾注"命令。

单击"脚注和尾注"对话框中的"转换"按钮，可以转换所有的注释，如图 1-15 所示。

5.删除脚注和尾注

（1）删除指定标记

在文档窗口中选定要删除的注释引用标记，按"Delete"键删除。指定的脚注或尾注删除后，后面的编号会自动调整接上，不会出现编号中断的情况。

（2）删除全部标记

可以利用"开始"选项卡"编辑"组中的"替换"命令删除所有自动编号的脚注或尾注。只要将"查找内容"设置为"特殊格式"中的"脚注标记"或"尾注标记"，并将"替换为"设置为"空"，即可替换所有标记。

6.脚注和尾注的复制移动

脚注和尾注也可以移动和复制，其方法与移动复制普通文字一样。当移动或复制发生后，系统将会对所有注释重新编号，具体的注释内容也会相应地调换位置。

1.3　目录和索引

所谓"目录"，就是文档中各级标题的列表，通常位于文章扉页之后。目录提纲挈领地表明文档的大致内容，使阅读者能快速地检阅或定位到感兴趣的内容，同时比较容易了解文章的纲目结构。

所谓"索引"，就是以关键词为检索对象的列表，它通常位于文章封底页之前。索引可以使阅读者根据相应的关键词，比如人名、地名、概念、术语等，快速定位到正文的相关位置，获得这些关键词的更详细的信息。一般专业性书籍的最后通常都有索引，其列出了重要的概念、定义、定理等，方便读者快速查找这些关键词的详细信息。

Word 2019 提供了样式和索引功能，以方便用户对文档进行管理。

1.3.1　目　录

目录通常位于文章正文前,由文档中的各级标题及页码构成。Word 目录有文档目录、图目录、表格目录等类型,下面介绍目录的操作方法。

1. 创建标题目录

(1)基于目录样式库创建目录

创建目录最简单的方法是使用内置标题样式。因此在创建目录之前,应确保希望出现在目录中的标题应用了内置的标题样式(标题 1、标题 2、标题 3……)。操作步骤如下:

①选择要显示在目录中的文本,在"开始"选项卡上的"样式"组中,单击想要的样式,如"标题 1""标题 2""标题 3"……,最多到"标题 9",使用内置标题样式标记项。

说明:如果没有看到所需的样式,单击箭头展开"快速样式"库。如果所需的样式没有出现在"快速样式"库中,按"Ctrl＋Shift＋S"组合键打开"应用样式"任务窗格。在"样式名称"下,单击所需的样式。

②标记目录项之后,单击要插入目录的位置,通常在文档的开始处。在"引用"选项卡上的"目录"组中,单击"目录",然后单击想要的目录样式,就可以生成目录了。

(2)创建自定义目录

若要指定更多选项,例如要设置显示的标题级别数,则需要在"目录"下拉列表中单击"插入目录",打开"目录"对话框,如图 1-16 所示。

图 1-16　自动创建目录

办公软件高级应用

操作步骤如下：

①在"引用"选项卡上的"目录"组中，单击"目录"，然后单击"插入目录"，弹出"目录"对话框。

②"目录"对话框中，在"常规"下的"显示级别"右边的列表框中选择所需显示的标题级别数目。

③单击"格式"列表中的其他格式，更改目录的整体外观，可以在"打印预览"和"Web预览"区域查看设置效果。

④单击"制表符前导符"列表中的选项，可更改文本和页码间显示的行类型。

⑤单击"确定"按钮，生成目录。

（3）更改标题级别的显示方式

插入目录时，允许更改在目录中显示标题级别的方式，操作步骤如下：

①单击图1-16中的"修改"按钮，弹出"样式"对话框，如图1-17所示。

②在"样式"对话框中，单击要更改的级别，然后再次单击"修改"。

③在弹出的"修改样式"对话框中，用户可以更改字体、字号和缩进量。

图1-17　目录样式对话框　　　　图1-18　目录选项对话框

（4）目录中使用自定义样式

用户可以在目录中使用自定义样式，操作步骤如下：

①单击图1-16中"选项"按钮，弹出"目录选项"对话框，如图1-18所示。

②在"有效样式"下，查找应用于文档中的标题样式。

③在样式名称旁边的"目录级别"下，键入1到9中的一个数字，指明希望标题样式代表的级别，单击"确定"。

注意：如果希望仅使用自定义样式，则删除内置样式的目录级别数字，如"标题1"。

2. 创建图表目录

图表目录也是一种常用的目录，可以在其中列出图片、表格、图形等说明，以及它们出现的页码。在建立图表目录时,用户可以根据图表的题注或自定义图表标签,按照级别排序,最后在文档中显示图表目录。创建图表目录的操作步骤如下:

(1)对文档中要建立图表目录的图片、表格、图形添加题注。

(2)将光标定位到要插入图表目录的地方。

(3)单击"引用"选项卡"题注"中的"插入表目录"项,弹出"图表目录"对话框,如图1-19所示。

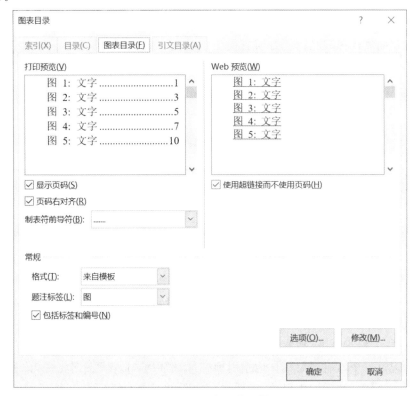

图 1-19　图表目录设置

(4)在"题注标签"下拉列表框中选择要建立目录的题注标签,如图、表等。

(5)在"格式"下拉列表框中选择一种目录格式,如古典、优雅、居中等,其他选项与创建标题目录一样,单击"确定"按钮退出。

目录创建后,当鼠标移动到目录项上时,鼠标指针会变成手形,按住"Ctrl"键,同时单击该目录项即可跳转到相应页码位置。

3. 更新目录

如果文档内容发生了变化,如页码或标题发生变化,就要更新目录。操作方法是只要再执行一次创建目录操作,重新选择格式和显示级别等选项,系统会弹出一个对话框询问是否要替换原来的目录,选择"是"即可替换。

若只是想更新目录中的数据,不更改目录格式,只需在目录上单击鼠标右键,在弹出的快捷菜单中单击"更新域"即可。用户也可以选择目录后,按"F9"键更新域。

1.3.2　索　引

什么是索引？一般在长文档（如教材、专著、文集等）中，对出现在文档中的相关名词、概念、人物等关键内容进行标注，然后生成一个目录，以便检索和查阅，这就是索引。

Word 2019 创建索引一般由两个步骤组成，即标记索引项、生成索引目录。

1. 标记索引项

要编制索引，首先要标记文档中的概念名词、短语和符号之类的索引项，索引项是标记索引中特定的域代码。在标记好所有的索引项后，用户就能够选择一种索引图案建立完整索引。标记索引项有两种方法，即手动标记和自动标记。

（1）手动标记索引项

手动标记索引项非常精确，比较灵活。标记索引项的操作步骤如下：

①选定要作为索引项使用的文本，选择"引用"选项卡"索引"中的"标记条目"，弹出"标记索引项"对话框。

②在"主索引项"框中会显示选定的文本，如果必要，可以编辑"主索引项"框的文字。单击"标记"按钮，即可标记该索引项。如图 1-20 所示，设置主索引项"计算机"。

③不要关闭"标记索引项"对话框，用鼠标直接在文档中选定其他需要制作索引的文本，然后单击"标记索引项"对话框，单击"标记"按钮即可实现继续标记。

④如果要创建次索引项，可以在"次索引项"框中输入索引。次索引项是位于主索引项下的索引项。如图 1-20 所示，设置次索引项"联想"。

如果要创建第三级索引项，可在次索引项文本后键入半角冒号（：），然后在框中键入第三级索引项文本。

⑤如果单击"标记全部"按钮，将标记文档中与此文本相同的所有文本。

⑥当标记过一个索引项后，"标记索引项"对话框中的"取消"按钮将变为"关闭"按钮。单击该按钮，即可关闭"标记索引项"对话框。如图 1-21 所示为标记三级索引项的样例。

图 1-20　设置主索引项

图 1-21　标记三级索引项

说明：手动标记虽然很灵活，但标记量很大的时候，是个苦差事。

（2）自动标记索引项

当文档需要标记的信息量很大时，可以采用 Word 提供的批量标记索引项，它的前提是必须先建立一个可以称之为索引词条的 Word 文件。操作步骤如下：

①创建一个空白 Word 文档，制作一个 2 列多行的表格，行数由索引项数量决定。该文档即为"索引自动标记"文件。

②在表格第 1 列输入要查找的待标记项，在第 2 列输入待标记项附加（匹配）相应标记（标记域），格式如："主项：次项：第三项⋯⋯"

说明：表格也可以是单列的，以自我标记为标记项。该表的功能其实就是实现了一个多内容同时查找和同时附加标记的过程。

③保存文件，退出该文档。

④打开要做索引的文档，单击"引用"选项卡"索引"组中"插入索引"，弹出"索引"对话框，如图 1-22 所示。

图 1-22　创建索引

⑤在"索引"对话框中，单击"自动标记"按钮，打开"打开索引自动标记文件"对话框，在"文件名"栏中输入要使用的索引文件名称（内含表格），单击"打开"按钮。

⑥文档中所有与"索引自动标记"文件中表格相匹配的项都会被标注。

自动标记的优点是可以批量添加索引标记，用户只需要设置好索引词条文件即可。缺点是有些死板，"不辨敌我"。

例如：给一个名字叫"李庄"的人标记，但是"李庄"也可能是个地名，类似于"某某住在小李庄"，而自动标记也会把地名"李庄"看成人名对待。

2. 创建索引

标记了索引项之后，就可以在文档中创建索引了，操作步骤如下：

（1）单击要添加索引的位置。

（2）在"引用"选项卡上的"索引"组中，单击"插入索引"，弹出"索引"对话框，如图 1-22 所示。

（3）在"格式"下拉列表框中选择一种索引风格，选择的结果可以通过"打印预览"列表框来查看。如果选定了"来自模板"选项，用户可以单击"修改"按钮来改变索引样式的字体、段落等风格。如果选定了其他样式，用户可以在"类别"下拉列表框中选择索引的类别。

（4）在"类型"区中选择索引的类型，如果选定"缩进式"，次索引项将相对于主索引项缩进；如果选择"接排式"，主索引项和次索引项将排在一行中。

（5）如果选中"页码右对齐"复选框，页码将右排列，而不是紧跟在索引项的后面。

（6）在"栏数"框中指定栏数以编排索引，如果索引比较短，一般选择两栏。

（7）由于中文和西文的排序规则不同，所以要在"语言"框中选择索引使用的语言。

（8）如果语言使用的是"中文"，可以在"排序依据"列表框中指定按什么方式排序，可以是拼音或者笔画。

（9）单击"确定"按钮后，Word 会对文档重新分页，并生成索引。

说明：

● 目录因标记而生，先有标记后有目录，标记是前提，目录是结果。

● 若同一个页面上相同的标记项有多个，则索引目录上只显示一个页码，除非把它们移动到不同的页面上。

● 目录和标记项不在同一个文档内，则会出现"错误！未找到索引项"字样。

● 生成的索引目录与索引项之间无链接功能。

示例：创建一个文档，内容如图 1-23 所示，要求在该文档中创建自动索引目录，如图 1-24 所示。

图 1-23　文档信息

图 1-24　索引目录

操作步骤如下：

(1)新建一个空白文档，文件名为"自动标记索引.docx"，用户也可以用其他名字.

(2)创建一个二维表，键盘输入表格内容，保存该文件后退出，如图 1-25 所示。

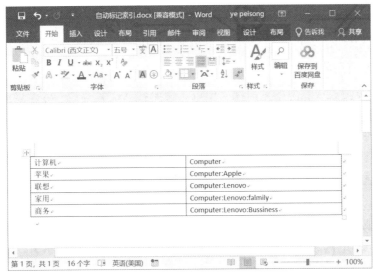

图 1-25　自动标记索引二维表

(3)再新建空白文档，输入信息，如图 1-23 所示。

(4)单击"引用"选项卡"索引"组中"插入索引"，弹出"索引"对话框，如图 1-22 所示。

(5)单击"自动标记"按钮，打开"打开索引自动标记文件"对话框，在"文件名"栏中输入"自动标记索引.docx"，单击"打开"。文档中所有与"自动标记索引"文件中表格相匹配的项都会被标注，如图 1-26 所示。

(6)将光标定位在文档的最后，再次打开"索引"对话框，如图 1-22 所示，单击"确定"按钮生成索引，如图 1-24 所示。

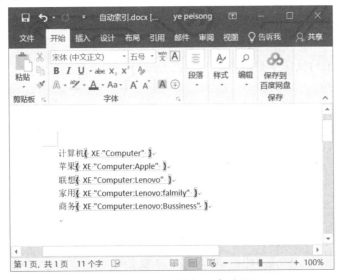

图 1-26　自动生成标记索引项

3. 更改或删除索引

在标记了索引项和创建索引后，用户还可以对它们做一些修改或者删除它们。

（1）更改或删除索引标记

操作步骤如下：

①如果文档中标记的索引项没有显示出来，单击"开始"选项卡"段落"组的"显示/隐藏编辑标记"按钮 。

②定位到要更改或删除的索引项 XE 域。例如，{ XE"计算机" \y " Computer "" }。

③编辑引号内的文字；或者设置索引项的格式。

④如果要删除索引项，包括"{ }"符号选中整个索引项，然后按"Delete"键。

若要一次性删除文档中所有的索引标记，可以利用"替换"功能，只要将"查找内容"设置成"特殊格式"下拉列表中的"域"选项，"替换为"设置成空白，单击"全部替换"按钮即可删除所有标记。

（2）更改或删除索引目录

若更改了索引项，或者索引项所在页码发生变化，用户需要更新索引以适应所做的改动，操作步骤如下：

①找到要更改的索引项，进行修改。

②单击要更新的索引，按"F9"键；或者单击"引用"选项"索引"组中的"更新索引"；也可以按鼠标右键，在快捷菜单中选择"更新域"。

用户也可以利用创建索引的方法更新索引，新创建的索引完成后，会弹出一个对话框询问是否替换原有的索引，用户选择"确定"即可。

1.3.3 引文目录

引文目录主要用于在法律类文档中创建参考内容列表，例如事例、法规和规章等。引文目录和索引非常相似，但它可以对标记内容进行分类，而索引只能利用拼音或笔画进行。

创建引文目录的操作步骤如下：

（1）标记引文

要创建引文目录，首先要标记引文。操作步骤如下：

①选择要标记的引文，单击"引用"选项卡下"引文目录"组中的"标记引文"按钮，打开"标记引文"对话框。如图 1-27 所示。

注意：在"短引文"文本框中可以自定义目录项的缩略形式，而"长引文"文本框中则自动显示所选文字，且最终将出现在建立的引文目录中。在"标记引文"对话框中无法缩减"长引文"，但可以在域代码中进行更改。

②在"类别"的下拉列表框中选择合适的类型，单击"标记"即可对当前所选的文字进行标记。如果单击"标记全部"按钮，将对存在于文档中每一段首次出现的与所选文字匹配的文字进行标记。

提示：

● 若要修改一个存在的类别，可选择此类别，单击"类别"按钮，在"编辑类别"对话框中"替换为"下面的文本框中输入要替换的文字，单击"替换"按钮即可。完成后单击"确定"按钮，回到"标记引文"对话框。

● 如果还要标记其他引文，不要关闭"标记引文"对话框，直接在文档中选取要标记的引文。返回"标记引文"对话框，选中的引文将出现在"短引文"下面，然后单击"标记"按钮即可。

③在标记了所有的引文后，在"标记引文"对话框里单击"确定"按钮。

（2）创建引文目录

全部标记完毕后，即可创建引文目录。操作步骤如下：

①光标定位在需要插入引文目录的位置，单击"引用"选项卡下"引文目录"组中的"插入引文目录"，弹出对话框，如图 1-28 所示。

②在弹出的"引文和目录"对话框中选择"引文目录"选项卡。

③在"类别"框中选择要加入引文目录中的标记项类别，选择"全部"将在引文目录中显示所有标记过的引文。

④进行选项设置。

● 如果引文的页码超过 5 处，可选中"使用各处"复选框，这样将以"各处"字样代替页码，避免页码过多造成不便。

● 选中"保留原格式"复选框，引文目录中将保留引文的字符格式。

⑤创建的引文目录也有相应的内置引文目录样式来套用，如果要更改，可以单击"修改"按钮。

⑥选好目录的制表前导符和格式后，单击"确定"按钮即可。

图 1-27 标记引文

图 1-28 引文目录对话框

1.4　页面设计

为了使用户制作的文档美观、得体,熟练掌握好页面设计的技巧是必不可少的。页面设计是使用 Word 制作文档的基础,本节将详细介绍视图、分隔符、页眉页脚、脚注尾注及页面设置等设置。

1.4.1　文档视图

Word 2019 提供 5 种视图模式,用户可针对不同的编辑要求选择合适的视图来操作文档。

1. 视图

(1)页面视图

页面视图显示文档打印外观,即"所见即所得",与打印效果完全相同。

该视图下可以编辑、排版文档,可以看到页面边界、分栏、页眉和页脚的正确位置。

(2)阅读版式视图

在阅读版式视图中,Word 文档的阅读方法比较新颖,字号变大、行变短,阅读起来比较贴近于人的自然习惯。但缺点是所有的排版格式都打乱了,需要回到"页面"视图中进行文档审读。

(3)Web 版式视图

在 Web 版式视图中,Word 2019 能优化 Web 页面,使其外观与在 Web 或 Intranet 上发布时的外观一致。在 Web 版式视图中,还可以看到背景、自选图形和其他在 Web 文档及屏幕上查看文档时常用的效果。

(4)大纲视图

大纲视图可以很容易地看到文档的结构,并且可以通过移动、复制标题来重组正文。

在大纲视图下,若文档中定义有不同层次的标题,用户可以折叠文档,只查看大标题或某级别标题;或者展开文档,查看整个文档。

(5)草稿视图

在草稿视图中,用户可以输入、编辑文字,但处理图形对象时有一定的局限性。该视图方式不显示文档的页眉、页脚、脚注、页边距及分栏结果等。分页线是一条虚线,文档布局简单,可进行简单的排版。

2. 切换视图

编辑文档时,选择"视图"选项卡中"文档视图"组,单击工具按钮就可切换到"页面视图""阅读版式视图""Web 版式视图""大纲视图"及"草稿视图"。

用户也可以单击 Word 窗口右下角文档视图控制区中的工具按钮,进行视图切换。

1.4.2　辅助工具

1. 标尺

标尺可以用来设置或查看段落缩进、制表位、页边界、栏宽等信息。分水平标尺和垂直标尺。

如果用户要使用标尺,而 Word 文档窗口中没有显示标尺,只要选择"视图"选项卡,在"显示"组中单击"标尺"复选框,使复选框打钩,即可激活标尺。

2. 导航窗格

对于长文档编辑,Word 2019 提供的导航窗格可使用户轻松查找、定位到想查阅的段落或特定的对象。

(1)激活导航窗格

单击"视图"选项卡,切换到"视图"功能区,勾选"显示"栏中的"导航窗格",即可在 Word 2019 编辑窗口的左侧打开"导航窗格"。

(2)导航方式

Word 2019 文档导航功能的导航方式有四种:标题导航、页面导航、关键字(词)导航和特定对象导航。

①标题导航

标题导航是最简单、最常用的导航方式。只要单击"浏览你的文档中的标题"按钮,文档标题在"导航"窗格中就会列出。单击标题,光标将自动定位到相关段落。

②页面导航

页面导航即按 Word 默认分页导航。单击"导航"窗格上的"浏览你的文档中的页面"按钮,导航方式将切换到"页面导航"。Word 2019 以缩略图形式列出文档分页,单击分页缩略图,就可以定位到相关页面查阅。

③关键字(词)导航

单击"导航"窗格上的"浏览你当前搜索的结果"按钮,然后在文本框中输入关键(词),"导航"窗格上就会列出包含关键字(词)的导航链接,单击这些导航链接,就可以快速定位到文档的相关位置。

④特定对象导航

单击搜索框右侧放大镜后面的"▼",选择"查找"栏中的相关选项,就可以快速查找文档中的图形、表格、公式和批注对象。

Word 2019 提供的四种导航方式都有优缺点。标题导航很实用,但是事先必须设置好文档的各级标题才能使用;页面导航很便捷,但是精确度不高,只能定位到相关页面,要查找特定内容还是不方便;关键字(词)导航和特定对象导航比较精确,但如果文档中同一关键字(词)很多,或者同一对象很多,就要进行"二次查找"。用户可以根据自己的实际需要,将几种方式结合起来使用,导航效果会更佳。

3. 显示比例

在 Word 2019 中用户可根据自己的喜好设置页面文档的显示比例,如字体、图片的放

大和缩小。而这仅仅是视觉上的显示大小变化，并不会影响实际的打印效果。设置页面显示比例的操作步骤如下：

①单击"视图"选项卡，在"显示比例"分组中单击"显示比例"按钮，弹出对话框。

②在打开的"显示比例"对话框中，选择 Word 预置的显示比例（如 100％、75％、文字宽度），也可以根据百分比数值调整页面显示比例。

也可以通过页面底端右侧的滑动按钮微调页面显示比例。

1.4.3　分隔符

1. 分页符

Word 文稿处理是以页为单位进行的，Word 2019 中有两种分页方式。

（1）自动分页

自动分页也叫"软分页"。当文档排满一页时，Word 会按照用户所设定的纸型、页边距及字体大小等，自动对文档进行分页处理，在文档中插入一条单点虚线组成的软分页符（草稿视图下）。

（2）人工分页

也称为"硬分页"，当用户需要在特定位置进行分页时，可用以下方式。

①直接按"Ctrl ＋ Enter"组合键插入人工分页符。

②单击"插入"选项卡"页"分组中的"分页"按钮。

③单击"页面布局"选项卡"页面设置"分组中的"分隔符"，选择"分页符"项。

2. 分节符

用户在进行 Word 文档排版时，经常需要对同一个文档中的不同部分采用不同的版面设置。例如：设置不同的页面方向、页边距、页眉和页脚，重新分栏排版等。如果通过"页面设置"来改变其设置，文档所有页面都会改变，因为整个文档就是一节。所以需要对 Word 文档进行分节才能实现各个页面的不同设置。

（1）插入分节符的三种情况

①在需要页码和不需要页码的分界处插入分节符。如论文的封面、声明、一般不标注页码，而目录页有页码。

②在需要设置不同的页码格式或分段页码的分界处插入分节符。如论文目录页码格式是"I，II，III，…"正文页码是"1，2，3，…"；或者正文各章的页码都从 1 开始。

③在需要进行不同页面设置的分界处插入分节符。如插入的表格由纵向转横向，表格结束时又恢复为纵向。

（2）分节符类型

"下一页"：在插入"下一页"分节符的位置处，Word 会强制分页，新的"节"从下一页开始。如果要在不同页面上分别应用不同的页码样式、页眉和页脚文字，以及想改变页面的纸张方向、纵向对齐方式或者纸型，应该使用这种分节符。

"连续"：插入"连续"分节符后，文档不会被强制分页。主要是帮助用户在同一页面上创建不同的分栏样式或不同的页边距大小。尤其当需要创建报纸样式的分栏时,更需要使用连续分节符。

"奇数页":在插入"奇数页"分节符之后,新的一节会从其后的第一个奇数页面开始(以页码编号为准)。如在编辑书稿时,人们一般习惯于将新的章节标题排在奇数页,此时即可插入"奇数页"分节符。

"偶数页":偶数页分节符的功能与奇数页的类似,不同的是后面一节从偶数页开始。

(3)插入分节符

若单击"页面布局"选项卡"页面设置"组中的"分隔符"下拉列表,选择"分节符"选项区中的"下一页""连续""偶数页"或"奇数页"项,即可插入分节符。

3.分栏符

分栏指将文档中的文本分成两栏或多栏,是文档编辑的一个基本方法,一般用于报纸和杂志排版。设置分栏的操作如下:

(1)选定需要分栏的段落,单击"页面布局"选项卡"页面设置"分组的"分栏"按钮,在弹出的下拉列表中根据需要选择栏数。

(2)如果需要更多栏数,可选择"更多分栏"按钮,弹出"分栏"对话框,用户可以设置栏数、分隔线、栏宽、栏间距等参数。

说明:分栏操作后,Word 自动在分栏的头和尾分别插入 2 个分节符,所以被分栏的文本段落是独立的,用户可以单独格式化。

手动分页符、分节符可以在草稿视图下显示,用户可以选中它们,按"Delete"键删除。

1.4.4　页眉和页脚

页眉和页脚指在文档页面的顶端和底部重复出现的文字或图片信息,如页码、制作日期、章节标题和作者姓名等信息。设置页眉和页脚可以规范文档,对内容有指示性。

1.设置页眉和页脚

单击"插入"选项卡"页眉和页脚"分组中的"页眉"或"页脚"的向下箭头,在下拉表列中选择 Word 内置的页眉或页脚样式创建页眉页脚;用户也可以选择"编辑页眉"或"编辑页脚"自定义页眉或页脚。

2.同文档不同节的页眉和页脚设置

默认情况下,一个 Word 文档从头到尾的页眉和页脚都是一样的。但有时需要根据不同的章节内容设定不同的页眉和页脚。用户可以在文档中插入分节符,以节为单位,分别设置不同的页眉和页脚。

操作步骤如下:

(1)光标定位在文档需要分节的位置上,单击"页面布局"选项卡"页面设置"分组中的"分隔符"向下箭头,插入"分节符"。

(2)文档分节后,单击"插入"选项卡"页眉和页脚"分组中的"页眉"或"页脚"的向下箭头,在列表中选择合适的样式,插入页眉或页脚。

说明：

● 第一节的页眉或页脚设置好时，文档其他节默认状态下与第一节一致。因此，设置第二节的页眉或页脚时，必须单击页眉与页脚工具栏中的"链接到前一个"按钮，使之呈非激活状态（链接时按钮呈高亮黄色），切断第二节与前一节的页眉或页脚的联系，然后再编辑页眉页脚。

● 若要设置奇、偶页不同的页眉和页脚，只要激活页眉页脚编辑状态，勾选"页眉和页脚工具设计""选项"组中的"奇偶页不同"项，即可实现分别设置。

3. 设置页码

页码是文档的重要信息，插入页码可便于读者检索，快速定位到文档的指定页。插入页码一般以下两种方法：

(1)单击"插入"选项卡"页眉和页脚"组中"页码"下拉箭头，选择下拉列表中"页面顶端""页面底端"或"当前位置"项，插入页码。

(2)单击"插入"选项卡"文本"组中"文档部件"下拉箭头，选择下拉列表中的"域"选项。在域对话框中，"类别"选择"编号"，"域名"选择"page"，"格式"选择"1,2,3"或其他，单击"确定"按钮，即可插入页码。

用户也可以单击"页码"按钮中的"设置页码格式"或"删除页码"项，对页码进行格式化或删除。

1.4.5 页面设置

Word 默认的版式往往不能满足用户的实际需要。若用户在打印文档时对页面编排有特殊要求，可以进行页面设置。操作步骤如下：

(1)单击"页面布局"选项卡"页面设置"分组中的各个命令按钮，可以实现页面的"文字方向""页边距""纸张方向""纸张大小"设置。

(2)单击"页面设置"分组右下角的按钮，打开"页面设置"对话框。在该对话框中，包括"页边距""纸张""版式"和"文档网格"共 4 张选项卡。

● "页边距"选项卡

页边距是指页面四周的空白区域，即页边线到文字的距离。页边距内区域属于编辑区域，用户可以插入文字和图形，也可以将页眉、页脚、页码等项目放在页边距区域。

除了定义边距，用户还可以根据页面版式要求选择纸张方向为"纵向"或"横向"。

● "纸张"选项卡

Word 2019 提供多种预定义纸张，系统默认"A4"纸。用户可以根据需要选择或自定义纸张的宽度、高度。

● "版式"选项卡

在"版式"选项卡下，用户可以设置"节"的起始位置、"页眉和页脚"的显示方式、"页面"的对齐方式以及该设置"应用于"文档的哪些地方。这些功能选项对于灵活调整页面、丰富打印效果起到很大的作用。

● "文档网格"选项卡

在"文档网格"选项卡下可设置文字排列方向、分栏数、网格定义、页行数等参数。

1.5　图与表格

Word 2019 提供了大量的图形操作和表格功能,丰富了文档的编辑形式,使得文档变得更生动、主题更突出。

1.5.1　图形操作

Word 2019 允许用户在文档中插入图片、剪贴画、形状、SmartArt 图形、图表及屏幕截图,并与文字结合实现图文混排。

1. SmartArt 图形

SmartArt 图形是信息和观点的视觉表示形式。通过从多种不同布局中选择合适的样式来创建 SmartArt 图形,能更直观、清楚地表达文档信息。

(1)插入 SmartArt 图形

操作步骤如下:

①单击"插入"选项卡"插图"分组中"SmartArt"按钮。

②在打开的"选择 SmartArt 图形"对话框中,单击左侧的类别名称选择合适的类别,然后在中间"列表"项下选择需要的 SmartArt 图形,单击"确定"按钮。如图 1-29 所示。

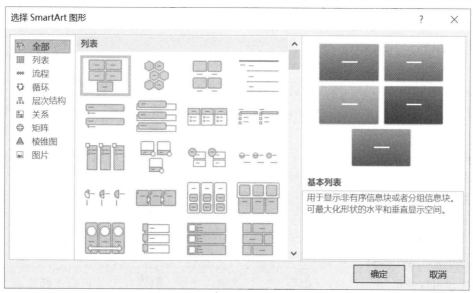

图 1-29　插入 SmartArt 图形

③返回 Word 2019 文档窗口,在插入的 SmartArt 图形中单击文本占位符,输入合适的文字即可。如图 1-30 所示,插入一个类别为"层次"的 SmartArt 图形。

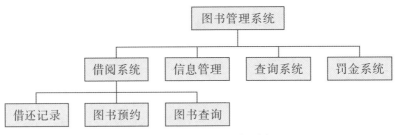

图 1-30 SmartArt 图形示例

（2）SmartArt 图形设计

插入了 SmartArt 图，系统随即激活"SmartArt 工具"|"设计"选项卡，如图 1-31 所示。

图 1-31 SmartArt 工具|设计选项卡

①创建图形

利用"SmartArt 工具"|"设计"选项卡的"创建图形"功能组的各项命令，用户可以添加形状、升降形状级别；重新安排形状的排列布局；打开或关闭"文本窗格"，改变形状中的字符输入方式。

②更改布局

首先选中 SmartArt 图形，在"SmartArt 工具"|"设计"选项卡的"布局"组中，单击右下拉三角形打开布局库，在布局库中选择"其他布局"选项，选择需要的样式即可更改。调用布局库中的样式系统提供实时预览功能。

③应用 SmartArt 样式

Word 2019 的 SmartArt 样式充满了艺术气息。

通过单击"SmartArt 工具"|"设计"选项卡的"SmartArt 样式"组右下拉三角形可以打开样式库。其中的快速样式包括形状填充、边距、阴影、线条样式、渐变和三维透视，可以应用于整个 SmartArt 图形，也可以对 SmartArt 图形中的一个或多个形状应用单独的形状样式。

④更改颜色

类似 SmartArt 样式，在同一个的选项组里，单击"更改颜色"按钮，会打开不同色彩搭配的 SmartArt 颜色选项。每个选项能以不同方式将一种或多种主题颜色应用于 SmartArt 图形中的形状。

（3）SmartArt 格式

用户可以使用"SmartArt 工具"|"格式"选项卡中的工具对图形做进一步修饰。

①形状

单击"SmartArt 工具"|"格式"选项卡"形状"组中的"更改形状"按钮，可以选择下拉菜单中各种不同的形状改变文本框的形状。若单击"增大"或"减小"按钮，则可以改变当

前文本框的大小。

②形状样式

通过"SmartArt 工具"|"格式"选项卡中"形状样式"组中的下拉三角形,可以打开形状样式库,选择自己所需的轮廓和填充模式。

● 单击"形状填充"按钮可以打开填充下拉菜单,填充当前文本框,除了颜色填充还包括图片填充、渐变填充、纹理填充等效果。

● 单击"形状轮廓"按钮,可以调整当前文本框的颜色、线条粗细和线型等。

● 单击"形状效果"按钮可以调整文本框的多种效果,其下拉菜单中提供了多种效果可供更改。

③艺术字样式

SmartArt 图形文本具有艺术字特征,其样式除了 Word 2019 提供的预设样式外,用户还可以通过设置文本填充、文本轮廓和文本效果自定义样式,使 SmartArt 图形更具表现力。

首先选中需要设置艺术字样式的 SmartArt 图形形状,再打开"SmartArt 工具"|"格式"功能区,在"艺术字样式"分组中选择预设样式列表中的任意样式即可。

另外,用户还可以在"艺术字样式"组中单击"文本填充""文本轮廓"及"文本效果"下拉三角箭头,在相应列表中选择合适的项对文本进行格式设计。

④排列

作为一个独立的图形对象,用户可以根据需要设置 SmartArt 图形在文档中的位置。既可以用 Word 2019 提供的预设位置选项设置 SmartArt 图形位置,还可以在"布局"对话框中精确设置其位置。

如果使用预设位置选项设置 SmartArt 图形位置,可以选中 SmartArt 图形,然后在"SmartArt 工具"|"格式"功能区中单击"排列"分组中的"位置"按钮。在打开的位置列表中选择合适的预设位置选项即可(例如,选中"顶端居中,四周型文字环绕")。

若用户希望对 SmartArt 图形进行更详细的位置设置,只要在打开的位置列表中选择"其他布局选项"命令,打开"布局"对话框,即可完成对图形的"位置""文字环绕""大小"的设置。

Word 2019 中对 SmartArt 的编辑提供了丰富多彩的样式选择,用户只要在编辑的过程中耐心搭配,就可选出最合适、最美观的样式来。

2. 屏幕截图

Word 2019 在"插入"功能区新增了"屏幕截图"功能,可以快速截取屏幕图像,并直接插入文档中。

(1)快速插入窗口截图

Word 2019 的"屏幕截图"会智能监视活动窗口(打开且没有最小化的窗口),可以很方便地截取活动窗口的图片,并将其插入正在编辑的文章中。

首先打开要截取的窗口(例如打开 3 个软件窗口),然后在 Word 2019 中切换到"插入"功能区,单击"屏幕截图"下拉按钮,弹出菜单的"可用视窗"中会以"缩略图"的形式显

示当前所有活动窗口。单击某个缩略图，Word 2019 自动截取窗口图片并插入文档中。

（2）快速插入屏幕剪辑

用户在编辑文档时，除了需要插入软件窗口截图，更多时候需要插入的是特定区域的屏幕截图，Word 2019 的"屏幕截图"功能可以截取屏幕的任意区域插入文档中。

● 需要插入屏幕截图时，单击"插入"选项卡"插图"组中的"屏幕截图"下拉按钮，在弹出的下拉菜单中选择"屏幕剪辑"。

● 这时，Word 2019 程序窗口自动隐藏，按住鼠标左键，拖动鼠标选择截取区域，被选中的区域高亮显示，未被选中的部分朦胧显示。

● 选择好截取区域后，只要放开鼠标左键，Word 2019 会截取选中区域的屏幕图像插入文档中，并自动切换到图片工具栏，便于对插入文档的图片进行简单处理。

1.5.2 表格高级操作

表格是信息表述的常用工具，由单元格组成。在表格中用户可以输入文字、数据、图形等对象，还可以对表格的标题、内容、边框进行格式化，并进行简单的数据计算和排序操作。

1. 跨页断行

用户在编辑 Word 2019 表格时，有时会根据排版需要使表格中的某一行分别在两个页面中显示（如表格标题），不希望出现表格"断裂"的情况。遇到此类问题时，首先定位表格的任意单元格，右击鼠标，在弹出的快捷菜单中选择"表格属性"；然后在打开的"表格属性"对话框中，切换到"行"选项卡，选中"允许跨页断行"复选框，并单击"确定"按钮。

2. 重复标题行

如果希望表格标题自动出现在页面表格的上方，可将光标定位在表格的标题行中，单击"表格工具|布局"选项卡"数据"组中的"重复标题行"按钮；也可以在"表格属性"对话框中的"行"选项下勾选"在各页顶端以标题行形式重复出现"项。

3. 排序

Word 2019 允许用户对表格进行简单的排序和计算，可以按照字母、数值和日期顺序对表格进行排序。排序的操作步骤如下：

（1）将插入点定位在表格任意单元格上，单击"表格工具|布局"选项卡"数据"组中的"排序"按钮，弹出"排序"对话框。

（2）若表格有标题，则单击"列表"下"有标题行"单选按钮。

如果在"排序"对话框"列表"区选中"无标题行"选项，则标题行也将参与排序，一般情况下这不符合实际需要。

（3）在"主要关键字""次要关键字"区域，单击关键字下拉三角按钮，选择排序依据。

（4）单击"类型"下拉三角按钮，在"类型"列表中选择"笔画""数字""日期"或"拼音"选项。

（5）选中"升序"或"降序"单选框设置排序的顺序类型，单击"确定"按钮，表格即按关键字设置排序。

4. 公式计算

在编辑 Word 文档时，经常要对表格的数据进行计算，如求和、求平均值等。Word 2019 提供了一些基本的计算功能，这些功能是通过插入"域"来实现的。用户只需调用它们即可实现对表格中的数据进行各种运算。

（1）单元格地址引用

Word 的表格计算功能在表格项定义、公式定义、函数格式及参数等方面都与 Excel 基本一致，任何一个用过 Excel 的用户都可以很方便地利用"域"功能在 Word 中进行必要的表格运算。

例如，类似 Excel，表格中的每个单元格都对应唯一的引用编号。编号的方法是以 1，2，3，…代表单元格所在的行；以字母 A，B，C，…代表单元格所在的列。例如，"E4"代表第 4 行第 5 列中的单元格。

（2）公式引用

利用 Word 提供的函数可以计算表格中单元格的数值。例如，利用 SUM（）函数求和的操作步骤如下：

①将插入点定位在放置结果的单元格内，单击"表格工具"卡，选择"布局"栏，单击"数据"分组中的"公式"命令，打开"公式"对话框。

②输入公式。

● 若输入公式的单元格上方都有数据，则在对话框的"公式"下文本框编辑框内输入"＝SUM（ABOVE）"，即可求得该单元格所在列上方所有单元格数值的和。

● 若输入公式的单元格左侧都有数据，则在"公式"下文本框内输入"＝SUM（LEFT）"，即可求得单元格所在行左侧所有数值的和。

● 若要计算指定范围数据的和，如在"公式"下文本框内输入"＝SUM（B2：B4）"，即可求得第 2 列 2、3、4 行之和。

● 若要调用其他公式，用户可以手工输入公式，也可以在"粘贴函数"下拉列表框中选择需要的公式。Word 函数与 Excel 的计算函数基本一致，用户可根据需要从中加以选择。

③从"编号格式"下拉框中选择或输入合适的数字格式，例如"0.00"，即表示按正常方式显示，并将计算结果保留两位小数。

④单击"确定"按钮，关闭"公式"对话框。

此时，Word 就会在光标所在单元格中插入一个"{｛＝Sum（B2：B4）｝ \＃ ' 0.00 '｝"的域，并显示结果。

通常情况下，Word 并不直接显示域代码，只显示最后的计算结果。若要查看域代码，可选定该域，按"Alt＋F9"组合键。

在表格中修改了有关数据之后，Word 不会自动进行刷新。为解决这一问题，可先行选定需更改的域，右击鼠标，在快捷菜单中选择"更新域"，Word 即会更改计算结果。

1.6 主控文档和子文档

用户在编辑、修改长文档文件时经常会碰到这样一个问题，那就是文档的内容太多、页数太长，占用计算机系统大量资源，从而导致用户在编辑、翻动这些文档时，速度会变得非常慢；若将文档的各个部分分别作为独立的文档，又无法对整篇文章做统一处理，保证整体性，而且文档过多也容易引起混乱。如何解决这个问题呢？

使用 Word 主控文档，是制作长文档最合适的方法。它采取的思想是利用主控文档控制整篇文章或整本书，而把书的各个章节作为主控文档的子文档。

这样，在主控文档中，所有的子文档可以当作一个整体，对其进行查看、重新组织、设置格式、校对、打印和创建目录等操作。对于每一个子文档，用户又可以对其进行独立的操作。

1.6.1 创建主控文档及子文档

简单地说，主控文档是子文档的一个"容器"。每一个子文档都是独立存在于磁盘中的文档，它们可以在主控文档中打开，受主控文档控制，也可以单独打开。

创建主控文档和子文档的操作步骤如下：

(1)创建一个空白文档，选择"视图"选项卡"文档视图"栏的"大纲视图"项，切换到大纲视图。

(2)此时"大纲"选项卡下的各功能组均自动激活，功能组及各按钮的具体含义如图 1-32所示。

图 1-32　大纲功能组

(3)输入文档的大纲，并用内置的标题样式对各级标题进行格式化。

(4)选定要拆分为子文档的标题和文本。

注意选定内容的第一个标题必须是每个子文档开头要使用的标题级别。选定的方法是鼠标移到该标题前的空心十字符号，此时鼠标指针变成十字箭头，单击鼠标即可选定该标题包括的内容。

例如，所选内容中的第一个标题样式是"标题 2"，那么在选定的内容中所有具有"标题 2"样式的段落都将创建一个新的子文档。

(5)单击"大纲"选项卡下"主控文档"组中的"显示文档"按钮，激活其右边的"创建""插入"工具按钮，如图 1-33 所示。

图 1-33　主控文档工具栏

　　(6)单击"创建",原文档将变为主控文档,并根据选定的内容创建子文档。如图 1-34 所示为一个 3 级标题的实例。

　　其中每个章节成为 1 个子文档。各子文档的首行文本格式均为"标题 1"。可以看到,Word 把每个子文档放在一个虚线框中,并且在虚线框的左上角显示一个子文档图标,子文档之间用分节符隔开。

　　(7)单击"主控文档"组中"折叠子文档"按钮,弹出对话框,保存主控文件。

　　(8)Word 在保存主控文档的同时,会自动保存创建的子文档,并且以子文档的第一行文本作为文件名,如图 1-35 所示,创建的主控文档必须与子文档在同一个文件夹下。

图 1-34　创建子文档

图 1-35　保存子文档

1.6.2　文档操作

1. 插入子文档

在主控文档中，可以插入一个已有文档作为主控文档的子文档。

例如，为书稿创建一个主控文档，然后将各章的文件作为子文档分别插进去。操作方法如下：

（1）打开主控文档，并切换到大纲视图。

（2）如果子文档处于折叠状态，单击"大纲"选项卡下"主控文档"组中的"显示文档"按钮，激活"展开子文档"按钮。

（3）将光标定位在文档需要插入的位置，确保光标的位置在已有的子文档之间。如果定位在某一子文档内，那么插入的文档也会位于这个子文档内。

（4）单击"主控文档"组中的"插入"按钮，在弹出的"插入子文档"对话框中选择或输入要添加的文件名，然后单击"打开"按钮。

经过上述操作后，选定的文档就作为子文档插入到主控文档中，用户可以像处理其他子文档一样处理该子文档。

2. 展开和折叠子文档

在打开主控文档时，所有子文档均呈折叠状态，即每个子文档都将如图 1-35 所示的超链接方式出现。单击链接点，就可以单独打开该子文档。

要在主控文档中展开所有的子文档，可以单击"大纲"选项卡下"主控文档"组中的"显示文档"按钮，激活"展开子文档"。

文档展开后,原来的按钮将变为"折叠子文档"按钮。再次单击"折叠子文档"按钮,子文档又将成为折叠状态。

当文档处于展开状态时,如果要打开并进入该子文档,可以双击该子文档前面的图片,Word 会单独为该子文档打开一个窗口。

3.重命名子文档

在创建子文档时,Word 2019 会自动为子文档命名。此外,当把已有的文档作为子文档插入到主控文档中时,该子文档用的名字就是文档原来的名字。用户为了便于管理,也可以为子文档重命名。

重要的是不能用操作系统的"资源管理器"或 DOS 命令来对子文档重命名或移动子文档,否则,主控文档将找不到该子文档。可以按如下步骤对子文档进行重命名:

(1)打开主文档,并切换到主控文档显示状态。

(2)单击"折叠子文档"按钮,折叠子文档。

(3)单击要重新命名的子文档的超级链接,打开该子文档。

(4)单击"文件"菜单中的"另存为"菜单项,打开"另存为"对话框。

(5)选择保存的文件夹,输入子文档的新文件名,单击"保存"按钮。

(6)关闭该子文档并返回主控文档。

此时会发现在主控文档中原子文档的文件名已经发生改变,而且主控文档也可以保持对子文档的控制。注意保存该主控文档即可完成对子文档的重命名。

说明:

在重新命名子文档后,原来子文档的文件仍然以原来的名字保留在原来的位置,并没有改变原来的文件名和路径。Word 只是将子文档文件以新的名字或位置复制了一份,并将主控文档的控制转移到新命名后的文档上。原版本的子文档文件仍保留在原来的位置,用户可以对原来的文件自由处理,删除或者移动都不影响主控文档。

4.合并和拆分子文档

用户可以将几个子文档合并为一个子文档,合并子文档的操作步骤如下:

(1)主控文档中,将要合并的子文档移动到一块,使它们两两相邻。

(2)单击子文档图标,选定第一个要合并的子文档。

(3)按住"Shift"键不放,单击下一个子文档图标,选定整个子文档。

(4)如果有多个要合并在一起的子文档,重复步骤(3)。

(5)单击"主控文档"组中的"合并"按钮即可将它们合并为一个子文档。在保存主文档时,合并后的子文档将以第一个子文档的文件名保存。

如果要把一个子文档拆分为两个子文档,具体步骤如下:

(1)在主控文档中展开子文档。

(2)如果文档处于折叠状态,首先展开;如果处于锁定状态,首先解除锁定状态。

(3)在要拆分的子文档中选定要拆分出去的文档,也可以为其创建一个标题后再选定。

（4）单击"主控文档"组中的"拆分"按钮。被选定的部分将作为一个新的子文档从原来的子文档中分离出来。

该子文档将被拆分为两个子文档,子文档的文件名由 Word 自动生成。用户如果没有为拆分的子文档设置标题,可以在拆分后再设定新标题。

5. 锁定主控文档和子文档

如果某个用户正在阅读某个子文档,那么该文档对其他用户来讲必须呈"锁定状态",只能以"只读"方式被打开。锁定或解除主控文档、子文档的步骤如下:

（1）打开主控文档,将光标移到主控文档中。

（2）单击"主控文档"组中的"锁定文档"按钮,此时主控文档标题栏显示"只读",主控文档已经被加锁,用户将不能对它进行编辑修改。

注意:虽然主控文档加锁了,但可以对没有锁定的子文档进行编辑并可以保存。

（3）如果要解除主控文档的锁定,只需再将光标移到主控文档中,单击"锁定文档"按钮即可。

（4）锁定子文档,同样要把光标移到该子文档中,然后单击"大纲"工具栏中的"锁定文档"按钮即可锁定该子文档。锁定的子文档同样不可编辑,即对键盘和鼠标的操作不做反应。

如果要解除主控文档或子文档的锁定,只需再将光标定位到相应文档中,单击"锁定文档"按钮即可。

6. 在主控文档中删除子文档

如果要在主控文档中删除某个子文档,则可以先选定要删除的子文档,即单击该子文档前面的图标,然后按"Delete"键即可。

从主控文档删除的子文档,并没有真的在硬盘上删除,只是从主控文档中删除了这种主从关系。该子文档仍保存在原来的磁盘位置上。

7. 将子文档转换为主控文档的一部分

当在主控文档创建或插入了子文档之后,每个子文档都被保存在一个独立的文件中。如果想把某个子文档转换成主控文档的一部分,操作步骤如下:

（1）选定要转换的子文档。

（2）单击"主控文档"组中的"取消链接"按钮。

（3）该子文档的外围虚线框和左上角的子文档图标消失,该子文档就变成了主控文档的一部分。

1.7　域

域是 Word 中的一种特殊命令,它由花括号、域名及选项开关构成,具有的功能与 Excel 函数非常相似,用户利用 Word 提供的"插入域"功能可以在文档中自动插入文字、图形、页码等信息。

1.7.1　域的语法构成

1. 语法格式

{ FIELD_NAME [InstructionsOptional][\switches] }

2. 各项说明

（1）FIELD_NAME

FIELD_NAME 域名，是域代码的关键字，必选。域名代表域代码的运行内容。

（2）InstructionsOptional

这是域参数选项，是对域名的进一步说明。

（3）switches

这是可选开关，在域中可引发特定的操作，控制"域结果"的格式设置。例如"\ * Caps"开关，表示域结果中所有单词的首字母大写。

域开关分为两大类。一是完成某一功能的域开关，如"\a（）"和"\f（）"；二是对插入内容进行格式设置的域开关。

①文本格式开关（由\ * 开头）

● \ * roman 罗马数字（小写）；

● \ * ROMAN 罗马数字（大写）；

● \ * alphabetic 小写字母；

● \ * ALPHABETIC 大写字母；

● \ * Arabic 阿拉伯数字，如：{ PAGE \ * Arabic}。

②数字格式开关（由♯开头）

参数"0"指定结果中要显示的必不可少的数字位。如果结果在该位上不包含数字，则 Word 显示 0（零），而参数"♯"则显示空格。

例如：

{ ＝ 4 ＋ 5\ ♯ 00.00} 的显示结果为 09.00。

{ ＝ 9 ＋ 6 \ ♯ $ ♯ ♯ ♯ } 的显示结果为 $ 15。

③日期格式开关（由\@开头）

例如：

{DATE　\@ "yyyy'年'M'月'd'日'"　\ * MERGEFORMAT }，表示插入系统当前日期；

{DATE　\@ "M/d/yy"　\ * MERGEFORMAT}

{TIME　\@ "M/d/yyyy h:mm:ss am/pm"　\ * MERGEFORMAT}

（4）域结果

域代码产生的插入结果。

例如：

{EQ \R(2,S(S－A)(S－B)(S－C)))}，表示插入数学公式 $\sqrt[2]{S(S－A)(S－B)(S－C)}$。

上述域代码中的"DATE""PAGE""EQ"都是"域名","\ ＊ MERGEFORMAT"是通用域开关。域代码出现在大括号"{ }"内,类似于公式;而"域结果"类似于该公式生成的值,可通过按"ALT＋F9"组合键,在文档中对显示域代码和域结果进行切换。

域代码输入中注意几点:

● 字母的大小写不区分,但"域"的控制符部分(如 EQ、\f、括号、逗号等)必须在英文半角状态下输入,内容部分无此限制,可以是汉字、特殊符号。

● "域"名与第一个开关之间至少要有一个空格。

● "域"内容部分仍可以像文本内容一样进行字体、字号方面的操作。

● 当"域"代码内容很长时,不能强行换行。

1.7.2　域操作

使用 Word"域"可以实现许多复杂的工作,主要有:自动的页码、图表的题注、脚注和尾注的编码;按不同格式插入日期和时间;自动创建目录、关键字索引、图表目录;插入文档属性信息,实现邮件合并;执行算术运算,创建数学公式;调整文字位置等。

1. 插入域

可以通过菜单调用系统内置的 9 大类别功能域,也可以手动键入热键插入域。

(1)菜单操作

例如,"插入文档当前总页数",操作步骤如下:

①单击"插入"选项卡"文本"组中"文档部件"下拉列表,选择"域"命令,弹出"域"对话框,如图 1-36 所示。

图 1-36　"域"对话框

②在"域"对话框中,"类别"选择"文档信息"类,"域名"选择"NumPages","域属性"选择"1,2,3,…",单击"确定"按钮。

③文档中将显示文档的总页数。

(2)手动操作

可以通过键入热键方式插入域。例如,"插入文档当前总页数",操作步骤如下:

①光标定位要插入的位置,按"Ctrl+F9"组合键插入一个空域"{}"。

②在括号内输入域代码:{ NUMPAGES　\ * 　Arabic 　\ * 　MERGEFORMAT }。

③按"Shift+F9"组合键,文档总页数就出现在当前光标处了。

说明:在 Word 的默认状态下,当进入"打印预览"状态时,"域"代码就自动转换了,打印时也不会打印出"域"代码。

2.编辑域代码

定位某个域,单击鼠标右键,在弹出的快捷菜单中选择"切换域代码"命令,可实现"域代码"与"域结果"之间的转换;选择"编辑域",可实现域的查看和修改;选择"更新域"将实现"域结果"随文档修改及时更新。

也可以按"F9"键实现域的更新。

3.删除域代码

类似文档中文本的删除操作,只要选中要删除的域,按"Delete"键。

4.常用"域操作"的键盘快捷命令

常用域操作快捷键及其含义见表 1-1。

表 1-1　域操作快捷键及其含义

快捷键	含义
Ctrl+F9	插入空域{},可插入域代码
Shift+F9	域结果与域代码之间切换
F9	域更新
Alt+F9	打开或关闭所有域代码
F11	光标跳向下一个域
Shift+ F11	光标跳向前一个域
Ctrl+Shift+F9	解除域链接,将域代码转成文本
Ctrl+F11	锁定域,禁止更新
Ctrl+Shift+F11	解锁域,允许更新

1.7.3　常用域

以下是一些文档编辑中常用的域。

1. 数值计算域

(1)等式域

语法：{ = formula}

功能：完成数值运算,在计算中,可以使用一些函数。

例如：

{ = 100 * 3.14 - 50/2 * 150 % + 3^2},结果是 285.5。

{ = and(1,1) + not(0) - sum(1,2,3)},结果是 - 4。

(2)公式域

语法：{EQ Switches}

功能：生成数学公式。

开关说明：

● 数组:\a(),绘制一个二维数组。

● 分数:\f(,),创建分数。

● 积分:\i(,,),创建积分。

● 根号：\r(,),使用一个或两个元素绘制根号。

● 上标或下标:\s(),设置上下标。

例如：

{EQ \A(100,2,31)},表示一维数组"100,2,31"。

{EQ \A(1,2)\A(3,4)},表示二维数组 $\begin{matrix} 1 & 3 \\ 2 & 4 \end{matrix}$。

{EQ \R(4,xyz) + \R(3x\S(3)2y) + \F(3,4)xy },表示 $\sqrt[4]{xyz} + \sqrt{3x^3 2y} + \frac{3}{4}xy$。

(3)Symbol 域

语法：{ SYMBOL CharNum [Switches] }

功能：插入 ANSI 字符集中的单个字符或一个字符串。

说明：CharNum 与 ANSI 代码的字符、十进制或十六进制值对应。

2. 编号域

(1)Page 域

语法：{ PAGE [\ * Format Switch] }

功能：在 PAGE 域所在处插入页码。

开关说明：\ * FormatSwitch 为可选开关,该开关可替代在"页码格式"对话框的"数字格式"框中选择的数字样式。要改变页码的字符格式,可修改"数字格式"框中的字符样式。

(2)Section 域

语法：{ SECTION }

功能：插入当前节的编号。

(3)SectionPages 域

语法：{ SECTIONPAGES }

功能:插入一节的总页数。使用该域时,必须将第一节之后每一节的页数从 1 开始重新编号。

3. 链接和引用

(1)Hyperlink 域

语法:{ HYPERLINK "FileName" [Switches] }

功能:插入带有提示文字的超级链接,可以从此处跳转至其他位置。

说明:如果"Filename"要跳转到的目标的位置包含较长的带空格文件名,请用引号括起来,并用双反斜杠替代单反斜杠指定路径。

(2)NoteRef 域

语法:{ NOTEREF Bookmark [Switches] }

功能:插入用书签标记的脚注或尾注引用标记,以便多次引用同一注释或交叉引用脚注或尾注。

说明:Bookmark 引用脚注或尾注引用标记的书签名。书签必须引用文档正文中的引用标记,而不是脚注或尾注窗口中的标记。如果不存在书签,必须创建一个。

(3)PageRef 域

语法:{ PAGEREF Bookmark [\ * Format Switch] }

功能:插入书签的页码,作为交叉引用。

(4)Ref 域

语法:{ [REF] Bookmark [Switches] }

功能:插入指定的书签。

(5)StyleRef 域

语法:{ STYLEREF StyleIdentifier [Switches] }

功能:插入具有指定样式的文本。如果将 STYLEREF 域插入页眉或页脚,则打印出的是当前页上具有指定样式置的第一处或最后一处文本。

说明:StyleIdentifier 要插入文本所具有的样式名。该样式可以是段落样式或字符样式。如果样式名中包含空格,那么请用引号将其括起来。

4. 日期和时间

(1)CreateDate 域

语法:{ CREATEDATE [\@ "Date - Time Picture"] }

功能:插入第一次以当前名称保存文档时的日期和时间。

(2)Date 域

语法:{ DATE [\@ "Date - Time Picture"] [Switches] }

功能:插入当前日期。

(3)Time 域

语法:{ TIME [\@ "Date - Time Picture"] }

功能:插入当前时间。

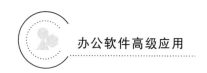

5.索引和目录

（1）Index 域

语法：{ INDEX [Switches] }

功能：建立并插入一个索引。

（2）XE 域

语法：{ XE "Text" [Switches] }

功能：为索引项定义文本和页码。

说明："Text"指索引中显示的文本。要指明一个次索引项，需加入主索引项文本和次索引项文本，并用冒号（:）将其隔开。

6.文档信息

（1）Author 域

语法：{ AUTHOR ["NewName"] }

功能：插入文档作者的姓名。新文档或模板的作者名在"选项"对话框的"用户名"选项卡中指定。

（2）FileName 域

语法：{ FILENAME [Switches] }

功能：插入文档文件名。由"文件"菜单下"选项"对话框的"Word"选项卡中指定。

（3）FileSize 域

语法：{ FILESIZE [Switches] }

功能：插入按字节计算的文档大小。

（4）NumChars 域

语法：{ NUMCHARS }

功能：插入文档包含的字符数，该数字来自"审阅"菜单的"校对"对话框中"字数统计"选项卡。

（5）NumPages 域

语法：{ NUMPAGES }

功能：插入文档的总页数，该数字来自"审阅"菜单的"校对"对话框中"字数统计"选项卡。

（6）NumWords 域

语法：{ NUMWordS }

功能：插入文档的总字数，该数字来自"审阅"菜单的"校对"对话框中"字数统计"选项卡。

7.文档自动化

（1）Compare 域

语法：{ COMPARE expression_r1 Operator expression_r2 }

功能：比较两个值，如果比较结果为真，则显示"1"，如果为假，则显示"0"。

（2）If 域

语法：{ IF expression_r1 Operator expression_r2 TrueText FalseText }

功能：比较两值，根据比较结果插入相应的文字。如果用于邮件合并主文档，则 IF 域可以检查合并数据记录中的信息，如邮政编码或账号等。

1.8 邮件合并

在日常生活工作中用户经常要处理批量信息，如工资条、邀请函等。这类信息共同特点是一部分内容重复，另一部分内容按一定规范变化，且变化部分数据量较多。如果一一制作，非常烦琐，且工作量大。

Word 2019 提供的邮件合并功能除了可以批量处理信函、信封等与邮件相关的文档外，还可以轻松地批量制作标签、工资条、成绩单、准考证等，大大提高用户的工作效率。

1. 邮件合并的基本步骤

（1）建立主文档

主文档是指邮件合并内容的固定不变的部分，如信函中的通用部分、信封上的落款等。建立主文档的过程和平时新建一个 Word 文档类似，在进行邮件合并之前它只是一个普通文档。唯一不同的是在合适的位置留下数据填充的空间。

（2）准备数据源

数据源即数据记录表，其中包含着相关的字段和记录内容。数据源表格可以是 Word 表格、Excel、Access 或 Outlook 中的联系人记录表，也可以是文本文件。

例如，制作会议邀请函，需要创建包含被邀请人姓名的数据源文件。通常用 Excel 创建数据源。

要注意的是，在实际操作中数据表中往往加有大标题，若要用作数据源表，则必须将其删除，使得表格的首行以标题行（字段名）开始。

（3）把数据源合并到主文档中

利用"邮件合并"命令，用户可以将数据源中的数据合并到主文档中，生成目标文档。目标文档的份数取决于数据源中的记录条数。

2. 应用示例

利用邮件合并功能制作"邀请函"，操作步骤如下：

（1）新建一个空白文档作为主文档，输入相关信息，如图 1-37 所示。保存该文档，文件名为"邀请函"。其中，标题为"黑体、二号字"，正文为"楷体、小二号字"，落款和日期为"黑体、小二号字"；行距为"2 倍行距"。

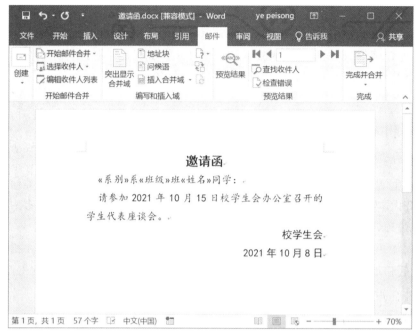

图 1-37　创建邮件合并主文档

（2）新建一个 Excel 文件，输入相关数据，如图 1-38 所示。保存该文档，文件名为"学生信息表. xlsx"。

图 1-38　创建数据源表

（3）打开已创建的主文档，单击"邮件"选项卡下"开始邮件合并"组中的"选择接收人"按钮，在下拉列表中选择"使用现有列表"，弹出"选择数据源"对话框。

（4）在对话框中选择已创建好的数据源 Excel 文件"学生信息表. xlsx"，单击"打开"按钮，弹出"选择表格"对话框。

（5）在"选择表格"对话框中，选择数据所在的工作表，默认为 Sheet1。单击"确定"按钮，自动返回。

（6）在主文档中选中"系别"，单击"邮件"选项卡"编写和插入域"组中的"插入合并域"，选择要插入的域"系别"。

（7）同理，分别选中"班级""姓名"，插入"班级"和"姓名"域。

（8）单击"邮件"选项卡"预览效果"组中的"预览结果"按钮，将显示主文档和数据源关联后的第一条记录，单击"查看记录"按钮，可逐条显示各记录。

（9）单击"邮件"选项卡"完成"组中的"完成及合并"按钮，在下拉列表中选择"编辑单个文档"项，弹出"合并到新文档"对话框，选择"全部"单选按钮，单击"确定"。邮件合并操作成功，生成一个新文档，包含主文档和数据源信息。如图 1-39 所示为两个人的信息结果。

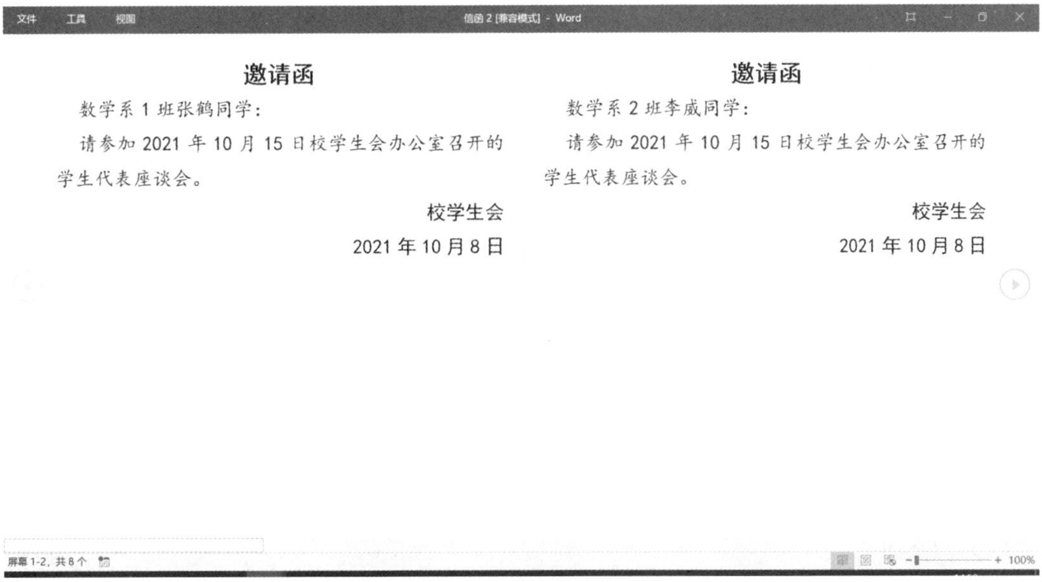

图 1-39　生成的合并文档

1.9　审阅文档

Word 2019 提供的批注和修订是用于审阅别人 Word 文档的两种方法。

批注是阅读者在阅读 Word 文档时所提出的注释、问题、建议或者其他想法，文档原作者可据此决定是否修改文档。批注不会集成到文本编辑中，它们只是对编辑提出建议，

不是文档的一部分。

修订是文档审阅者在文档修订模式下修改原文档,而文档作者可决定是拒绝还是接受修订。

1.9.1 批 注

Word 2019 在文档的页边距或"审阅窗格"中的气球上显示批注。插入到文档的页边距处出现的批注框中,也可从视图中隐藏批注。

1. 插入批注

选择要对其进行批注的文本或项目,或单击文本的末尾处。在"审阅"选项卡的"批注"组中,单击"新建批注",在批注框中或在"审阅窗格"中键入批注文本,如图 1-40 所示。

添加批注后,Word 会在一个独立的批注窗格中对批注进行编号和记录,然后在文档中插入批注引用标记,并用亮红色作为批注文本的底纹。Word 用不同的颜色标识每位审阅者的批注引用标记。

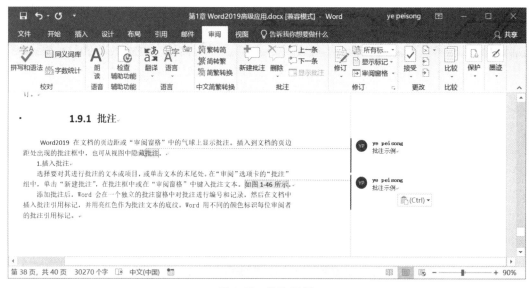

图 1-40 批注示例

2. 删除批注

可删除单个批注,也可以一次性快速删除文档中的所有批注。

(1)删除单个批注

若要删除某个批注,鼠标右键单击该批注,在快捷菜单中选择"删除批注"。

(2)删除所有批注

若要快速删除文档中的所有批注,只要单击文档中的任意一个批注,在"审阅"选项卡上的"批注"组中,单击"删除"下的箭头,然后单击"删除文档中的所有批注"。

说明：

若要删除指定审阅者所做的批注，必须要先标注，再删除。操作步骤如下：

①单击"审阅"选项卡"修订"组中"显示标记"旁边的向下箭头，弹出下拉列表，选择"审阅者"。

②单击要删除其批注的审阅者的姓名或单击"所有审阅者"，设置标记。

3.编辑批注

单击要编辑的批注框的内部，进行所需的更改。如果批注在屏幕上不可见，可单击"审阅"选项卡上"修订"组中的"显示标记"。

4.显示或隐藏批注窗口

如果批注框处于隐藏状态或只显示部分批注，可以在审阅窗格中更改批注。

要显示审阅窗格，需在"修订"组中单击"审阅窗格"下拉列表，选择"水平审阅窗口"或"垂直审阅窗口"。

1.9.2　修　订

利用"修订"功能，审阅者可以在 Word 中对文档进行批改，而保留文档原貌；作者收到修改好的文档后，对所做过的修改一目了然，而且可以选择性地接受修改。这显然比传统的纸质批阅更胜一筹。

1.修订功能的实现

（1）开启/关闭修订模式

单击"审阅"选项卡的"修订"组中"修订"按钮，激活修订状态，"修订"按钮呈高亮显示（变为黄色）状态。反之则关闭修订模式。

（2）使用修订模式

开启修订模式后，定位文档中要修改的内容，按要求进行编辑。所有的修改操作，如插入、修改、删除及格式化都将被标记下来。

例如，如图 1-41 所示，文档中文字与段落的格式改变状况均会在窗口右边显示。

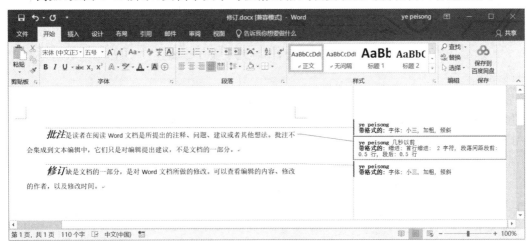

图 1-41　示例

2. 查看修订

首先单击"审阅"选项卡的"修订"组中"显示标记"按钮,弹出下拉列表,可根据需要激活或关闭"批注""墨迹""插入和删除"等选项。

然后单击"审阅"选项卡的"更改"组中"上一条"或"下一条"按钮,逐条显示修订标记。

3. 接受或拒绝修订内容

(1)如果认为修订内容正确,可以单击"审阅"选项卡"更改"组中的"接受"下拉列表,选择"接受并移到下一条""接受修订""接受所有显示的修订"或"接受对文档的所有修订"项,直接接受修订,修订内容的格式即变为正文格式。

(2)如果认为修订内容欠妥,可以单击"审阅"选项卡"更改"组中的"拒绝"下拉列表,选择"拒绝并移到下一条""拒绝修订""拒绝所有显示的修订"或"拒绝对文档的所有修订"项,直接拒绝修订,则修订内容消失。

4. 比较文档

文档在修订后,有时很难区分修订前和修订后的内容,Word 2019 提供了"文档比较"功能,使得用户可以更加直观地浏览文档,区分修订前、后的不同。

操作步骤如下:

(1)修改完 Word 文档后,单击"审阅"选项卡"比较"组中的"比较"下拉箭头,并在其下拉菜单中选择"比较"命令,弹出"比较"对话框。

(2)进入"比较文档"窗口后,选择所要比较的"原文档"和"修订的文档",将各项需要比较的数据设置好,按"确认"按钮。

(3)完成后,即可看到修订的具体内容。同时,比较的文档、原文档和修订的文档也将出现在比较结果文档中。

窗口显示三部分内容:最左侧是比较后有变化的摘要,可以看出有哪些变化;中间是把变化的内容突出显示后的文档;右侧是原文档和修订的文档。

1.10 宏

"宏"是 Word 中多个操作指令的集合,即将几个操作步骤连在一起,通过设置宏按钮一步完成。

在 Word 中经常会进行一些固定的操作,例如页面设置、文本字体格式设置、插入日期时间、插入特殊符号等,可以通过"宏"录制,把这些操作步骤事先记录下来,以后若碰到相同的操作,只需按一下"宏"按钮,即可一键自动完成。

1. 录制宏

设置"宏"命令必须在激活"开发工具"选项状态下才能操作。所以首先在"文件"选项卡下单击"选项"按钮,在弹出的"Word 选项"对话框中选择"自定义功能区",激活"开发工具"。

操作步骤如下：

（1）在 Word 文档中，"开发工具"选项下"代码"组中各功能项如图 1-42 所示。

单击"开发工具"选项卡"代码"组中的"录制宏"按钮，弹出"录制宏"对话框，如图1-43 所示。

图 1-42　代码组中的"宏"功能项　　　　　图 1-43　录制新宏

（2）在"录制宏"对话框中输入宏名，单击"键盘"按钮，弹出"自定义键盘"对话框。在"请按新快捷键"输入框中键盘按下快捷键（如："Ctrl＋5"），单击"指定"按钮，即可为"宏"指定快捷键。

（3）快捷键设置好之后，单击"关闭"按钮，系统立即进入"录制宏"状态。用户按要求对文档进行编辑，Word 2019 将用户所做的所有操作都记录下来。录制完后，单击"代码"组中的"停止录制"即可完成"录制宏"。

2. 运行宏

在文档中将光标移到欲运行宏的位置，单击"代码"组中的"宏"按钮，打开"宏"对话框，选取宏名，单击"运行"按钮。

3. 编辑宏

可以在"宏"对话框中单击"编辑"按钮修改宏命令，也可以单击"代码"中的"Visual Basic"按钮，在 Visual Basic 编辑器中对"宏"进行修改。

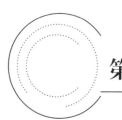

第 2 章　Excel 2019 高级应用

Excel 是 Office 办公软件的一个重要组成部分,利用它可以编写公式以对数据进行计算,以多种方式透视数据,并以各种具有专业外观的图表来显示数据。Excel 电子表格处理软件被广泛地应用于日常管理、财务和金融等众多领域。本章将介绍目前使用比较普遍的 Excel 2019 的高级应用,内容包括用于数据处理的主要函数、数组公式、数据排序、高级筛选、数据透视表(图)等。

2.1　基本概念

Excel 2019 可以进行各种数据的处理、统计分析和辅助决策等操作。要熟练地使用 Excel 2019 进行数据管理和处理,需要对单元格、公式、引用等概念有深入的理解。

2.1.1　工作簿、工作表和单元格

工作簿是包含一个或多个工作表的文件,用户可以用其中的工作表来组织各种相关信息。早期的 Excel 2003 工作簿文件默认扩展名为 xls,自 Excel 2007 开始,工作簿文件默认扩展名为 xlsx。工作表也称为电子表格,是在 Excel 中用于存储和处理数据的主要文档。工作表总是存储在工作簿中。工作表由单元格组成,单元格是工作表中行与列的交叉部分。单个数据的输入和修改都在单元格中进行。

2.1.2　公　式

公式是可以执行计算、返回信息、操作其他单元格的内容、测试条件等操作的式子。公式始终以等号"＝"开头。

公式可以包含下列部分或全部内容:函数、引用、运算符和常量。

函数可以简化和缩短工作表中的公式,尤其在用公式执行很长或复杂的计算时。引用一般指单元格引用,用于表示单元格在工作表上所处的位置。例如,第 A 列和第 5 行

交叉处的单元格,其引用形式为"A5"。运算符即一个标记或符号,指定表达式内执行的计算的类型,有数学、比较、逻辑和引用运算符等。常量不会发生变化,例如,数字"98"以及文本"基本工资"都是常量。表达式以及表达式产生的值不是常量。

以下均为合法的公式:

- =A1+A2+A3,将单元格 A1、A2 和 A3 中的值求和。
- =SUM(A1:A3)/5,将单元格 A1、A2 和 A3 中的值求和后再除以 5。
- =ROUND(B5,2),将单元格 B5 中的数字四舍五入并保留 2 位小数。
- =AND(C1>0,D1>0),测试单元格 C1 和 D1 中的值是否均大于 0。

2.1.3　填充柄

填充柄:位于选定区域右下角的小黑方块 ▭。移动鼠标并指向填充柄时,鼠标的指针变为黑十字形状,此时拖动填充柄到要填充的区域上,就可以实现公式复制或者序列填充。

2.1.4　单元格引用

单元格引用是指对工作表中的单元格或单元格区域的引用。在公式中使用单元格引用,以便 Excel 找到需要公式计算的值或数据。

单元格引用可以出现在各种不同的情况下。例如,在一个公式中使用工作表不同部分中包含的数据,或者在多个公式中使用同一个单元格的值。还可以引用同一个工作簿中其他工作表上的单元格和其他工作簿中的数据。引用其他工作簿中的单元格被称为"链接"或"外部引用"。常见的单元格引用有:

- 工作表中单个单元格。
- 同一工作表中的不同单元格区域。
- 同一工作簿的其他工作表中的单个单元格或单元格区域。

单元格引用举例如表 2-1 所示。

表 2-1　单元格引用举例

公式	引用	说明
=B2+3	单元格 B2	返回 B2 单元格加 3 的值
=SUM(A1:A3,D2:D5)	单元格区域 A1:A3 和 D2:D5	返回指定单元格区域中各单元格的值的和
=Sheet1!A3	Sheet1 工作表中的单元格 A3	返回 Sheet1 中的单元格 A3 的值

公式中的单元格引用方式有三种:相对引用、绝对引用和混合引用。

1. 相对引用

单元格的相对引用是基于包含公式和单元格引用的单元格的相对位置。如果公式所在单元格的位置改变,引用也随之改变。例如,如果单元格 B2 中为公式"=A1",将单元格 B2 中的公式复制或填充到单元格 B3,单元格 B3 中的公式将自动调整为"=A2",此为

行相对变化。如果将单元格 B2 中的公式复制或填充到单元格 C2,单元格 C2 中的公式将自动调整为"＝B1",此为列相对变化。若将单元格 B2 中的公式复制到单元格 C3,单元格 C3 中的公式将自动调整为"＝B2",此时公式中的单元格行列都有变化。单元格相对引用结果如表 2-2 所示。

表 2-2 单元格相对引用

	A	B	C
1			
2		＝A1	＝B1
3		＝A2	＝B2

2. 绝对引用

如果在复制或填充公式时不希望公式中的单元格名称发生改变,那么可以采用单元格的绝对引用。绝对引用的方法是在单元格名称的列标和行号前均加上符号"＄"。例如,如果单元格 B2 中为公式"＝＄A＄1",无论将单元格 B2 中的公式复制或填充到其他哪个单元格,公式中的单元格 A1 不变。单元格绝对引用结果如表 2-3 所示。

表 2-3 单元格绝对引用

	A	B	C
1			
2		＝＄A＄1	＝＄A＄1
3		＝＄A＄1	＝＄A＄1

3. 混合引用

混合引用有两种情况:绝对引用列相对引用行或绝对引用行相对引用列。绝对引用列采用 ＄A1、＄B2 等形式。绝对引用行采用 A＄1、B＄2 等形式。如果公式所在单元格的位置改变,则相对引用将改变,而绝对引用不变。例如,如果单元格 B2 中为公式"＝＄A1",将单元格 B2 中的公式分别复制或填充到单元格 B3、C2 和 C3 的结果如表 2-4 所示。如果单元格 B2 中为公式"＝A＄1",将单元格 B2 中的公式分别复制或填充到单元格 B3、C2 和 C3,结果如表 2-5 所示。

表 2-4 单元格混合引用之绝对引用列

	A	B	C
1			
2		＝＄A1	＝＄A1
3		＝＄A2	＝＄A2

表 2-5 单元格混合引用之绝对引用行

	A	B	C
1			
2		=A$1	=B$1
3		=A$1	=B$1

2.1.5 选择性粘贴

在 Excel 2019 中,可以使用“剪切”“复制”和“粘贴”命令移动或复制整个单元格区域或其内容,也可以复制单元格的特定内容或属性。例如,可以复制公式的结果值而不复制公式本身,这就需要使用“选择性粘贴”命令。例如,有如图 2-1 所示的学生成绩表,使用“复制”和“粘贴”命令将总分和平均分两列复制到 Sheet2 工作表,结果如图 2-2 所示。若要得到正确显示的结果,在 Sheet1 中选择并复制总分和平均分,切换到 Sheet2 工作表,右击单元格 A1,单击快捷菜单中的“选择性粘贴”命令,选择“粘贴数值”中的某一项,如“值和数字格式”,结果如图 2-3 所示。

	A	B	C	D	E	F	G
1	学生成绩表						
2	学号	姓名	语文	数学	英语	总分	平均
3	20172001	贾丽娜	85	71	70	226	75.33
4	20172002	万晓莹	87	80	75	242	80.67
5	20172003	吴萧云	78	64	76	218	72.67
6	20172004	项文华	80	87	82	249	83.00
7	20172005	许小敏	60	68	71	199	66.33
8	20172006	罗金梅	81	83	89	253	84.33
9	20172007	齐明	75	84	67	226	75.33
10	20172008	赵援	68	50	70	188	62.67
11	20172009	罗颖	75	85	81	241	80.33
12	20172010	张永和	67	75	64	206	68.67
13	20172011	陈平	58	69	74	201	67.00
14	20172012	谢彦	94	90	88	272	90.67
15	20172013	王小莉	84	87	83	254	84.67
16	20172014	张立娜	72	65	85	222	74.00
17	20172015	谷金豪	80	71	76	227	75.67

Sheet1 Sheet2 Sheet3 Sheet4 Sheet ...

图 2-1 学生成绩表

	A	B
1	总分	平均
2	#REF!	#REF!
3	#REF!	#REF!
4	#REF!	#REF!
5	#REF!	#REF!
6	#REF!	#REF!

图 2-2 “复制”“粘贴”后的结果

	A	B
1	总分	平均
2	226	75.33
3	242	80.67
4	218	72.67
5	249	83.00
6	199	66.33
7	253	84.33
8	226	75.33
9	188	62.67

图 2-3 “复制”“选择性粘贴”后的结果

“选择性粘贴”的选项较多,各项说明如表 2-6 所示。用户可以根据需要选择执行任一操作。

表 2-6 "选择性粘贴"各选项及其说明

选项	说明
全部	粘贴全部单元格内容和格式
公式	仅粘贴公式
数值	仅粘贴单元格中显示的值
格式	仅粘贴单元格的格式
批注	仅粘贴附加到单元格的批注
验证	粘贴单元格的验证规则
所有使用源主题的单元	粘贴应用到复制数据的文档主题格式中的全部单元格内容
边框除外	粘贴所有应用至已复制单元格的内容和格式,边框除外
列宽	将一列或一组列的宽度粘贴到另一列或一组列
公式和数字格式	仅粘贴单元格中的公式和所有数字格式
值和数字格式	仅粘贴单元格中的数值和所有数字格式
所有合并条件格式	仅粘贴单元格中的内容和条件格式

2.2 编辑技巧

使用 Excel 2019 进行数据编辑和处理时,用户在单元格中输入数字、文本、日期等不同类型的数据,输入完毕后,Excel 对单元格中的内容进行处理。本节将介绍一些特殊数据的输入和编辑技巧。

2.2.1 特殊数据输入

在使用 Excel 时,有时直接输入的数据会自动转换为其他数据,因此,有些特殊数据需要特殊的输入方法。

1. 输入分数

在单元格中输入分数"1/3",如果直接输入,Excel 会自动将其转换成日期型数据,结果为"1 月 3 日"。在单元格中要输入分数,有两种方法。一种方法是在输入的分数前加"0"和空格,即在单元格中输入"0 1/3",然后按回车键,单元格中的值就是分数"1/3"。另一种方法是先设置单元格格式为"分数格式",如图 2-4 所示,然后在单元格中直接输入"1/3"即可。

2. 输入数字文本

在单元格中有时需要输入一些特殊数字,如邮政编码、电话号码、身份证号码等。如果直接输入,Excel 会自动将其转换成数值类型的数据,结果会导致邮政编码首位"0"缺失，或者身份证号末位全为“0”等问题，如图 2-5 所示。

在单元格中要输入文本类型的数字，有两种方法。一种方法是在输入的数字前面加单引号“'”，例如，在单元格中输入“' 330423200309072027”，然后按回车键，单元格中的值就是正确的身份证号“330423200309072027”了。另一种方法是先设置单元格格式为“文本格式”，然后在单元格中直接输入身份证号“330423200309072027”就可以了。

图 2-4　设置单元格格式

	B	C	D	E	F
1	姓名	性别	籍贯	身份证号	
2	苏梦瑶	女	湖北	440923199804011000	
3	吴秀敏	女	浙江	330423199909072000	
4	王志伟	女	安徽	320481199804256000	
5	李慧丽	女	广东	320223199701203000	
6	曹西	女	湖北	320106199810190000	
7	徐杨纶	女	浙江	330401199806031000	
8	俞海波	女	河南	321302199812058000	
9	雷莉萍	女	河北	321324199901180000	
10	胡文娟	女	辽宁	321323199709105000	
11	郭思雨	女	浙江	330405199806081000	
12	陈德孝	女	浙江	330424199701130000	
13	方炬	女	安徽	320402199802073000	
14	盛梅芳	女	山东	320402199812301000	
15	朱亚倩	女	福建	320401199907152000	
16	王晶	女	浙江	330423199804021000	

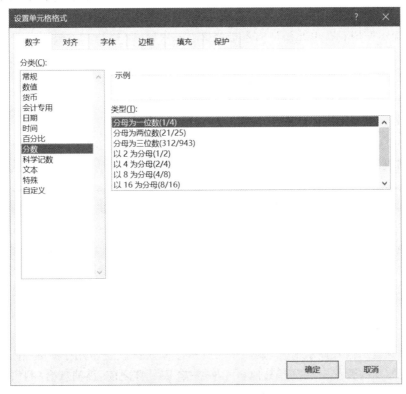

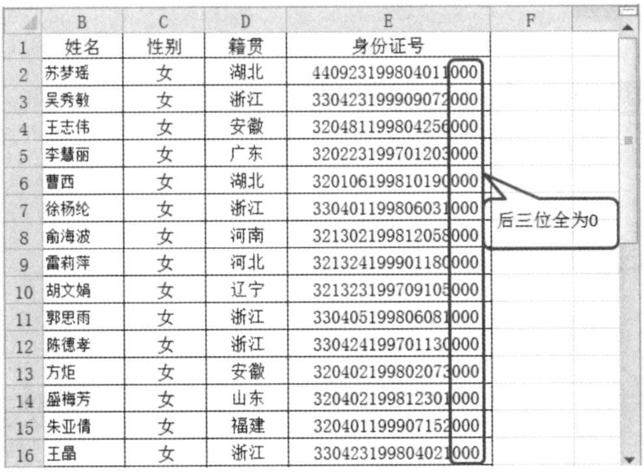

图 2-5　身份证号码输入异常

2.2.2　数据有效性

数据有效性是 Excel 提供的一种功能，用于定义可以在单元格中输入或应该在单元格中输入哪些数据。可以通过配置数据有效性来防止用户输入无效数据，例如，将数据输入限制在某个日期范围、使用列表限制选择或者确保只输入正整数等。或者当用户尝试在单元格中输入无效数据时向其发出警告。此外，还可以通过设置数据有效性验证提供一些消息，提示使用者在单元格中输入符合要求的内容。

用户可以设置以下数据有效性验证。

● 将数据限制为列表中的预定义项。例如，可以将部门类型限制为销售、财务和研发等，如图 2-6 所示。

● 将数字限制在指定范围内。例如，可以限制单元格中的数值不超过 1000。

图 2-6　将数据限制为列表中的预定义项

● 将日期限制在某一时间范围内。例如，可以指定一个介于当前日期及其之后 3 天之内的有效时间。

● 将时间限制在某一时间范围内。例如，可以指定一个供应早餐的时间范围，它限定于自餐馆开始营业的 3 个小时之内。

● 限制文本长度。例如，可以将单元格中允许的文本限制为 5 个或更少的字符。

● 根据其他单元格中的公式或值验证数据有效性。例如，限制奖金不超过工资的 10%。

数据有效性设置位于"数据"选项的"数据工具"组中。单击"数据工具"组中的"数据验证"按钮，选择"数据验证"命令，将打开"数据验证"对话框，如图 2-7 所示。在"设置"选项中可以进行各种数据有效性设置；在"输入信息"选项中可以设置提示信息。当用户选择单元格时就显示输入提示信息，如图 2-8 所示。输入信息通常用于提示用户在单元格中可以输入怎样的数据。在选择其他单元格或按"Esc"键之前，该消息会一直保留；在"出错警告"选项中可以设置警告信息，当用户输入无效数据后就会弹出对话框，显示出错警告，如图 2-9 所示。

用户可以根据需要选择三种不同类型的出错信息，如表 2-7 所示。

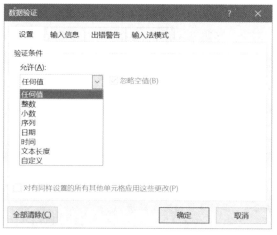

图 2-7　"数据验证"对话框

图 2-8　输入提示信息

表 2-7　有效性验证出错信息

图标	类型	说明
![停止图标]	停止	阻止用户在单元格中输入无效数据。有两个选项："重试"或"取消"
![警告图标]	警告	在用户输入无效数据时向其发出警告,但不会禁止输入无效数据。在出现警告消息时,用户可以单击"是"接受无效输入、单击"否"编辑无效输入,或者单击"取消"删除无效输入
![信息图标]	信息	通知用户输入了无效数据,但不会阻止输入的无效数据。在出现"信息"报错消息时,用户可单击"确定"接受无效值,或单击"取消"拒绝无效值

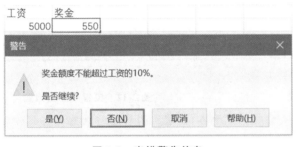

图 2-9　出错警告信息

图 2-10　圈出无效数据

　　用户还可以将数据有效性应用到已在其中输入数据的单元格。可以通过指示 Excel 在工作表上的无效数据周围画上圆圈来突出显示这些数据,如图 2-10 所示。操作方法是:先配置选定单元格的数据有效性(数据大于 0),然后单击"数据工具"组中的"数据验证"按钮,选择"圈释无效数据"命令。如果更正了无效数据,圆圈便会自动消失。

　　若要删除单元格的数据有效性验证,可以使用如下操作步骤:

　　(1)选择相应的单元格。

　　(2)打开"数据验证"对话框。

　　(3)在"设置"选项卡上,单击"全部清除"按钮。

2.2.3　条件格式

　　使用条件格式可以突出显示所关注的单元格或单元格区域;强调异常值;使用数据条、颜色刻度和图标集来直观地显示数据。条件格式基于条件改变单元格区域的外观。如果条件为 True,则基于该条件设置单元格区域的格式;否则,不设置相应格式。

　　下面以学生成绩表为例介绍条件格式的使用。将学生成绩表中平均分 85 以上(包含 85 分)的单元格背景色设置为黄色。具体操作步骤如下:

　　(1)选择"平均分"列中的所有数据单元格。

　　(2)单击"开始"选项的"样式"组中的"条件格式",选择"新建规则"命令,打开"新建格式规则"对话框。

　　(3)在"选择规则类型"列表框中选择"只为包含以下内容的单元格设置格式",在"编

辑规则说明"中设置条件,如图 2-11 所示。

(4)在"新建格式规则"对话框中单击"格式"按钮,弹出"设置单元格格式"对话框,设置单元格背景色为黄色,如图 2-12 所示,单击"确定"按钮,返回"新建格式规则"对话框。

(5)单击"确定"按钮完成条件格式设置。

图 2-11　新建条件格式　　　　　　　　　图 2-12　设置单元格格式

小提示:对于引用同一工作表上的其他单元格,或者引用当前打开的同一工作簿中其他工作表上的单元格时,可以使用条件格式。不能对其他工作簿的外部引用使用条件格式。

若要清除条件格式,可以使用如下操作步骤:

(1)选定要清除条件格式的单元格区域。

(2)单击"开始"选项的"样式"组中的"条件格式",然后单击"清除规则",可以选择"清除单元格的规则",也可以选择"清除整个工作表的规则"。

2.3　常用函数及其使用

为了提高函数的准确性和性能,使函数的功能与预期保持一致并让函数名称更准确地描述其功能,Excel 2019 中的部分函数实施了一些算法更改或重命名,并且在函数库中新增了一些函数。本节将介绍一些常用函数的功能及其使用方法。

2.3.1　函数的基本构成

函数由函数名和位于其后的用圆括号"()"括起来的参数组成,其一般格式如下:

函数名(参数 1,参数 2,…)

因此,一个函数由 4 个基本要素构成:

(1)函数名

函数名取名规则一般是"见名知意",它表示该函数具有的功能。例如,SUM 函数的功能是求和,AVERAGE 函数的功能是求平均值。函数名一般由字母组成,且不区分大小写。

(2)参数

不同的函数要求给定参数的个数和类型也不相同。例如,SUM(A1:A5)要求区域 A1:A5 存放的是数值数据,LEN("这句话由几个字符组成")要求判断的参数必须是一个文本数据,其结果值为 10。

(3)括号

任何一个函数都是用圆括号"()"把参数括起来的,且圆括号"()"必须是英文状态下的标点符号。不管函数是否有参数,函数名后面的圆括号不可省略。例如,TODAY(),表示获取系统当前的日期值,该函数没有参数,但是不能只写函数名 TODAY,而将函数名后面的圆括号忽略,否则将报错"♯NAME?"。

(4)参数分隔符","

Excel 函数的多个参数之间是用逗号","分隔的,且是英文状态下的标点符号。

2.3.2　数学与三角函数

通过"数学和三角函数",可以处理简单的计算,例如,求绝对值、对数字取整、单元格区域中的数值求和等。

1. 求绝对值函数 ABS

(1)一般格式

ABS(number)

(2)函数功能

返回给定数值 number 的绝对值。

(3)参数说明

number 为需要计算其绝对值的实数。例如,ABS(-4.52)的值为 4.52。

2. 向上舍入函数 CEILING

(1)一般格式

CEILING (number, significance)

(2)函数功能

将参数 number 向上舍入(沿绝对值增大的方向)为最接近的指定基数 significance 的倍数。

(3)参数说明

要求两个参数均为数值型。如果 number 和 significance 都为负,则按远离 0 的方向进行向下舍入。如果 number 为负,significance 为正,则按朝向 0 的方向进行向上舍入。如果 number 恰好是 significance 的整数倍,则不进行舍入。

函数 CEILING 的使用举例如表 2-8 所示。

表 2-8　函数 CEILING 使用举例

	公式	结果
1	=CEILING(4.52,0.1)	4.6
2	=CEILING(−4.52,0.1)	−4.5
3	=CEILING(−4.52,−0.1)	−4.6
4	=CEILING(4.52,0.01)	4.52

3. 向下舍入函数 FLOOR

(1)一般格式

FLOOR(number,significance)

(2)函数功能

将参数 number 向下舍入(沿零的方向)为最接近的指定基数 significance 的倍数。

(3)参数说明

要求两个参数均为数值型。如果 number 的符号为正,significance 的符号为负,则函数返回错误值"♯NUM!";如果 number 的符号为正,函数值会向靠近零的方向舍入;如果 number 的符号为负,函数值会向远离零的方向舍入;如果 number 恰好是 significance 的整数倍,则不进行舍入。

函数 FLOOR 的使用举例如表 2-9 所示。

表 2-9　函数 FLOOR 使用举例

	公式	结果
1	=FLOOR(4.52,0.1)	4.5
2	=FLOOR(−4.52,0.1)	−4.6
3	=FLOOR(−4.52,−0.1)	−4.5
4	=FLOOR(4.52,0.01)	4.52

4. 取整函数 INT

(1)一般格式

INT(number)

(2)函数功能

将数值 number 向下舍入到最接近的整数,即函数返回值为小于 number 的最大整数。

(3)参数说明

number 为需要取整的实数。例如,INT(−4.5)的值为−5;INT(4.5)的值为 4。

5. 求余函数 MOD

(1)一般格式

MOD(number,divisor)

（2）函数功能

返回两数相除的余数。函数值的符号与除数相同。

（3）参数说明

number 为被除数，divisor 为除数。例如，MOD(3,2)的值为 1;MOD(−3,2)的值为 −1;MOD(3,−2)的值为 −1。

6. 随机数产生函数 RAND

（1）一般格式

RAND( )

（2）函数功能

返回大于等于 0 及小于 1 的均匀分布随机实数。

（3）参数说明

RAND 函数没有参数。

若要生成 a 与 b 之间的随机实数，可以使用表达式“RAND( ) ∗ (b−a)+a”。

7. 四舍五入函数 ROUND

（1）一般格式

ROUND(number, num_digits)

（2）函数功能

按指定的位数对数值进行四舍五入。

（3）参数说明

number 为需要四舍五入的值，num_digits 为四舍五入的位数。例如，ROUND(2.15，1)的值为 2.2;ROUND(−1.475，2)的值为 −1.48。

8. 求和函数 SUM 系列

● SUM

（1）一般格式

SUM(number1，[number2,…])

（2）函数功能

将指定参数的所有数值相加。

（3）参数说明

number1 为求和对象。[number2,…]部分为可选。例如，SUM(A1:A5)表示将单元格 A1 至 A5 中的所有数值相加;SUM(A1，A3，A5)表示将单元格 A1、A3 和 A5 中的数值相加。

● SUMIF

（1）一般格式

SUMIF(range, criteria, [sum_range])

（2）函数功能

对给定条件指定的单元格求和。

（3）参数说明

range 为用于条件计算的单元格区域。criteri 为条件。sum_range 可选,指定要求和的实际单元格区域,若缺省,求和单元格区域指定为 range。

小提示:针对 criteri 部分,任何文本条件或任何含有逻辑或数学符号的条件都必须使用双引号括起来。如果条件为数字,则无须使用双引号。

函数 SUMIF 的使用举例如表 2-10 所示。

表 2-10　函数 SUMIF 使用举例

	A	B	C
1	性别	语文	数学
2	女	77	90
3	男	85	95
4	女	89	96
5	公式	说明	结果
6	＝SUMIF(A2:A4,"女",C2:C4)	女同学的数学成绩之和	186
7	＝SUMIF(B2:B4,">80",C2:C4)	语文成绩在 80 分以上的人的数学成绩之和	191
8	＝SUMIF(B2:B4,85,C2:C4)	语文成绩为 85 分的人的数学成绩之和	95

● SUMIFS

（1）一般格式

SUMIFS(sum_range, criteria_range1, criteria1, [criteria_range2, criteria2], …)

（2）函数功能

对一组给定条件指定的单元格求和。

（3）参数说明

sum_range 为要求和的单元格区域。criteria_range1 为第一个条件区域。criteria1 为第一个条件。[criteria_range2, criteria2],…是可选项,为附加的条件区域及其关联条件。在该函数中可以对多个单元格区域分别指定条件。

小提示:与 SUMIF 函数不同,SUMIFS 函数的第一个参数是要求和的单元格区域,而非条件区域。

函数 SUMIFS 的使用如表 2-11 所示。

表 2-11　函数 SUMIFS 使用举例

	A	B	C
1	性别	语文	数学
2	女	77	90
3	男	85	95
4	女	89	96
5	公式	说明	结果

续表

	A	B	C
6	＝SUMIFS(C2:C4,A2:A4,"女")	女同学的数学成绩之和	186
7	＝SUMIFS(C2:C4,A2:A4,"女", B2:B4,">80",)	语文成绩在 80 分以上的女同学的数学成绩之和	96

2.3.3　统计函数

在 Excel 中,统计函数用于对数据区域进行统计分析。

1. 求平均值函数 AVERAGE 系列

● AVERAGE

(1)一般格式

AVERAGE (number1,[number2,…])

(2)函数功能

求指定参数的算术平均值。

(3)参数说明

number1 是求平均值的对象。[number2,…]部分为可选。例如,AVERAGE(A1:A5)为求单元格 A1 至 A5 中的所有数值的平均值;AVERAGE(A1,A3,A5)为求单元格 A1、A3 和 A5 中的数值的平均值。

● AVERAGEIF

(1)一般格式

AVERAGEIF(range, criteria, [ave_range])

(2)函数功能

对给定条件指定的单元格求平均值。

(3)参数说明

range 为用于条件计算的单元格区域。criteria 为条件。ave_range 可选,指定要求平均值的实际单元格区域,若缺省,则使用 range。

函数 AVERAGEIF 的使用举例如表 2-12 所示。

表 2-12　函数 AVERAGEIF 使用举例

	A	B	C
1	性别	语文	数学
2	女	77	90
3	男	85	95
4	女	89	96
5	公式	说明	结果
6	＝AVERAGEIF (A2:A4,"女",C2:C4)	女同学的数学成绩的平均分	93
7	＝AVERAGEIF(B2:B4,">80")	语文成绩在 80 分以上的同学的平均分	87

● AVERAGEIFS

（1）一般格式

AVERAGEIFS(ave_range，criteria_range1，criteria1，[criteria_range2，criteria2]，…)

（2）函数功能

对一组给定条件指定的单元格求平均值。

（3）参数说明

ave_range 为要求平均值的单元格区域。criteria_range1 为第一个条件区域。criteria1 为第一个条件。[criteria_range2，criteria2]，…是可选项，为附加的条件区域及其关联条件。

函数 AVERAGEIFS 的使用举例如表 2-13 所示。

表 2-13   函数 AVERAGEIFS 使用举例

	A	B	C
1	性别	语文	数学
2	女	77	90
3	男	85	95
4	女	89	96
5	公式	说明	结果
6	＝AVERAGEIFS（C2：C4，A2：A4，"女"）	女同学的数学成绩的平均分	93
7	＝AVERAGEIFS（C2：C4，A2：A4，"女"，B2：B4，">80"）	语文成绩在 80 分以上的女同学的平均分	89

2.计数函数 COUNT 系列

● COUNT

（1）一般格式

COUNT（value1，[value2]，…）

（2）函数功能

统计区域中包含数值的单元格的数目。

（3）参数说明

value1 为要统计数值个数的第一项或第一个单元格区域。value2 可选，为要统计数值个数的第二项或第二个单元格区域，依此类推。例如，COUNT(A1:A10)是统计单元格 A1 至 A10 中数值的个数。

● COUNTA

（1）一般格式

COUNTA（value1，[value2]，…）

（2）函数功能

统计区域中非空单元格的个数。

（3）参数说明

value1 为要统计非空单元格的第一项或第一个单元格区域。value2 可选，为第二项或第二个单元格区域，依此类推。例如，COUNTA(A1：A10)是统计单元格 A1 至 A10 中非空单元格的个数。

小提示：COUNTA 函数可对包含任何类型信息的单元格进行计数，这些信息包括错误值和空文本。

● COUNTBLANK

（1）一般格式

COUNTBLANK（range）

（2）函数功能

统计区域中空白单元格的个数。

（3）参数说明

range 为要统计空白单元格数目的单元格区域。例如，COUNTBLANK（A1：A10）是统计单元格 A1 至 A10 中空单元格的个数。

● COUNTIF

（1）一般格式

COUNTIF(range, criteria)

（2）函数功能

计算某个区域中满足给定条件的单元格的个数。

（3）参数说明

range 为要计数的单元格区域。criteria 为条件。

函数 COUNTIF 的使用举例如表 2-14 所示。

表 2-14　函数 COUNTIF 使用举例

	A	B	C
1	性别	语文	数学
2	女	77	90
3	男	85	95
4	女	89	96
5	公式	说明	结果
6	＝COUNTIF（A2：A4，"女"）	女同学的人数	2
7	＝ COUNTIF（B2：B4，"＞＝85"）	语文成绩为 85 分及以上的人数	2

● COUNTIFS

（1）一般格式

COUNTIFS(criteria_range1，criteria1，［criteria_range2，criteria2］，…)

（2）函数功能

统计一组给定条件所指定的单元格数目。

（3）参数说明

criteria_range1 为第一个条件区域。criteria1 为第一个条件。〔criteria_range2，criteria2〕，…是可选项，为附加的条件区域及其关联条件。

函数 COUNTIFS 的使用举例如表 2-15 所示。

表 2-15　函数 COUNTIFS 使用举例

	A	B	C
1	性别	语文	数学
2	女	77	90
3	男	85	95
4	女	89	96
5	公式	说明	结果
6	=COUNTIFS(A2:A4,"女",B2:B4,">=80")	语文成绩为 80 分及以上的女同学的人数	1
7	=COUNTIFS(B2:B4,">=80",C2:C4,">=80")	语文和数学成绩均为 80 分及以上的人数	2

3. 求极值函数

● MAX

（1）一般格式

MAX（number1，〔number2,…〕）

（2）函数功能

返回一组数值中的最大值，忽略逻辑值与文本。

（3）参数说明

numbe1 为指定的数值。〔number2,…〕部分为可选。例如，MAX（A1:A5）为求单元格 A1 至 A5 中的最大值；AVERAGE（A1，A3，A5）为求单元格 A1、A3 和 A5 中的最大值。

● MIN

（1）一般格式

MIN(number1，〔number2,…〕)

（2）函数功能

返回一组数值中的最小值。

（3）参数说明

numbe1 为指定的数值。〔number2,…〕部分为可选。例如，MIN（A1:A5）为求单元格 A1 至 A5 中的最小值；AVERAGE（A1，A3，A5）为求单元格 A1、A3 和 A5 中的最小值。

4. 排名函数 RANK

（1）一般格式

RANK（number,ref,〔order〕）

（2）函数功能

返回某数值在一列数值中的相对排名。

（3）参数说明

number 为指定的数值。ref 为一列数值。order 是可选项,指明排名的方式。若 order 为 0 或者缺省,按降序排位;order 不为 0,则按升序排位。

函数 RANK 的使用举例如表 2-16 所示。

表 2-16　函数 RANK 使用举例

	A	B	C
1	语文	数学	总分
2	77	90	167
3	85	95	180
4	89	96	185
5	公式	说明	结果
6	=RANK（C2,C2:C4）	总分为 167 的同学的排名	3

2.3.4　查找和引用函数

当需要在数据清单或表格中查找特定数据,或者查找某一单元格的引用时,可以使用查找和引用函数。

1. 行搜索函数 HLOOKUP

（1）一般格式

HLOOKUP (lookup_value, table_array, row_index_num, [range_lookup])

（2）函数功能

在某单元格区域的首行查找指定的数据,并返回在该区域中指定行的同一列中的对应的数据。

（3）参数说明

lookup_value 为需要在表的第一行中进行查找的数据。table_array 为需要在其中查找数据的单元格区域。row_index_num 为在 table_array 中待返回的匹配值的行序号。range_lookup 为可选项,指明查找时是精确匹配,还是近似匹配。如果该参数取值为 TRUE 或省略,则返回近似匹配值。如果 Range_lookup 为 FALSE,则进行精确查找。

如果函数 HLOOKUP 找不到 lookup_value,且 range_lookup 为 TRUE,则返回小于 lookup_value 的最大值。

函数 HLOOKUP 的使用举例如表 2-17 所示。

表 2-17　函数 HLOOKUP 使用举例

	A	B	C
1	apple	peach	pear
2	9.8	6.5	3.8
3	8.8	6.2	3.6
4	公式	说明	结果
5	=HLOOKUP("apple",A1:C3,2,FALSE)	在首行查找 apple,返回同列中第二行的值	9.8
6	=HLOOKUP("p",A1:C3,3)	在首行查找 p,并返回同列中第 3 行的值。由于找不到 p,因此使用小于 p 的最大值 apple	8.8

小提示:如果 range_lookup 为 TRUE,则 table_array 的第一行的数值必须从左至右按升序排列,否则,函数 HLOOKUP 将不能返回正确的值。如 range_lookup 为 FALSE,则 table_array 不必排序。

2.搜索函数 LOOKUP

为了使 LOOKUP 函数能够正常运行,必须按升序排列查询的数据。

函数 LOOKUP 的使用有两种格式:向量格式和数组格式,分别实现从单行(列)中实现查找和从数组中实现查找。

● 向量格式

(1)一般格式

LOOKUP (lookup_value, lookup_vector, [result_vector])

(2)函数功能

从单行或单列中查找一个值,然后返回第二个单行或单列中相同位置的值。

(3)参数说明

lookup_value 为需要进行查找的数据。lookup_vector 为向量区域,只包含一行或一列,lookup_vector 中的值必须以升序排列,否则,函数 LOOKUP 无法返回正确的值。如果查找时找不到 lookup_value,则与 lookup_vector 中小于或等于 lookup_value 的最大值匹配。result_vector 为可选项,要求与 lookup_vector 大小相同。

向量格式的函数 LOOKUP 的使用举例如表 2-18 所示。

表 2-18　向量格式的函数 LOOKUP 使用举例

	A	B	C
1	月收入	税负	
2	3500	3.57%	
3	4000	4.38%	
4	4500	5.56%	

续表

	A	B	C
5	公式	说明	结果
6	＝LOOKUP（4500，A2：A4，B2：B4）	在 A 列中查找 4500，返回 B 列中同一行的值	5.56%
7	＝LOOKUP（3800，A2：A4，B2：B4）	在 A 列中查找 3800，与小于它的最大值 3500 匹配，然后返回 B 列中同一行内的值	3.57%

● 数组格式

（1）一般格式

LOOKUP（lookup_value, array）

（2）函数功能

从数组的第一行或第一列中查找指定的值，然后返回最后一行或最后一列中相同位置的值。

（3）参数说明

lookup_value 为需要进行查找的数据。array 为一个数组。若 array 所包含的区域中列数多于行数，则在该区域的第一行中搜索 lookup_value 的值；反之，则在第一列中搜索 lookup_value 的值。数组中的值必须以升序排列，否则，函数 LOOKUP 无法返回正确的值。

数组格式的函数 LOOKUP 的使用举例如表 2-19 所示。

表 2-19　数组格式的函数 LOOKUP 使用举例

	公式	说明	结果
1	＝LOOKUP("c",{"a","b","c","d";1,2,3,4;5,6,7,8})	在数组的第 1 行中查找 c，返回最后一行中同一列中的值	7
2	＝LOOKUP("apple",{"a",1;"b",2;"c",3})	在数组的第 1 列中查找 apple，与小于它的最大值 a 匹配，然后返回最后一列中同一行内的值	1
3	＝LOOKUP(56,{0,60,70,80,90},{"E","D","C","B","A"})	在数组的第 1 行中查找 56，与小于它的最大值 0 匹配，然后返回数组最后一行中同一列内的值	E

3. 列搜索函数 VLOOKUP

（1）一般格式

VLOOKUP（lookup_value, table_array, col_index_num, ［range_lookup］）

（2）函数功能

在某单元格区域的第一列查找指定的数据，并返回在该区域中指定列的同一行中的对应的数据。

（3）参数说明

lookup_value 为需要在表的第一行中进行查找的数据。table_array 为需要在其中查找数据的单元格区域。col_index_num 为在 table_array 中待返回的匹配值的列序号。参数 range_lookup 的说明与函数 HLOOKUP 的相同。

函数 VLOOKUP 的使用举例如表 2-20 所示。

表 2-20　函数 VLOOKUP 使用举例

	A	B	C
1	apple	9.8	8.8
2	peach	6.5	6.2
3	pear	3.8	3.6
4	公式	说明	结果
5	=VLOOKUP("apple",A1:C3,3, FALSE)	在第 1 列查找 apple,返回第 3 列中同一行的值	8.8
6	=VLOOKUP("w",A1:C3,2, TRUE)	在第 1 列查找 w,并返回第 2 列同一行中的值。由于找不到 w,因此使用小于 w 的最大值 pear	3.8

2.3.5 逻辑函数

使用逻辑函数可以进行真假值判断,或者进行复合检验。例如,可以使用 IF 函数确定条件为真还是假,并由此返回不同的数值。

1. 逻辑与函数 AND

(1)一般格式

AND(logical1,[logical2],…)

(2)函数功能

检查是否所有参数均为 TRUE,若是,返回 TRUE;只要有一个参数的计算结果为 FALSE,函数返回 FALSE。

(3)参数说明

参数的计算结果必须是逻辑值 TRUE 或 FALSE。logical1 为要检验的第一个条件,第二个条件 logical2 及其后面的条件可以省略。例如,AND($50<60$,$1+2=3$)结果为 TRUE;AND($50<60$,$1>2$)结果为 FALSE。

2. 条件判断函数 IF

(1)一般格式

IF(logical_test,[value_if_true],[value_if_false])

(2)函数功能

判断是否满足某个条件,若结果为 TRUE,返回一个值;否则,返回另一个值。

(3)参数说明

logical_test 是计算结果可能为 TRUE 或 FALSE 的任意值或表达式,若计算结果为 TRUE,则函数返回值为 value_if_true;若计算结果为 FALSE,则函数返回值为 value_if_false。value_if_true 是可选参数,如果 logical_test 的计算结果为 TRUE,并且省略 value_if_true 参数,IF 函数将返回零。value_if_false 也是可选参数,如果 logical_test 的计算结果为 FALSE,并且省略 value_if_false 参数,IF 函数的返回值为零。

在 Excel 2019 中,IF 函数可以嵌套使用,可以使用多个 IF 函数作为 value_if_true 和 value_if_false 参数进行嵌套,以构造更复杂的条件判断。

函数 IF 的使用举例如表 2-21 所示。

表 2-21　函数 IF 使用举例

	A	B	C
1	语文	数学	总分
2	77	90	167
3	85	95	180
4	89	96	185
5	公式	说明	结果
6	=IF(C2>=120,"合格","不合格")	C2 的值大于 120,函数返回"合格"	合格
7	=IF(A2>=80,IF(B2>=80,"优秀","合格"),"合格")	A2 的值小于 80,函数返回"合格"	合格
8	=IF(A3>=80,IF(B3>=80,"优秀","合格"),"合格")	A3 的值大于 80,进一步判断 B3 的值也大于 80,返回"优秀"	优秀

3. 逻辑与函数 OR

(1)一般格式

OR(logical1,[logical2],…)

(2)函数功能

检查是否有一个参数的值为 TRUE,若是,返回 TRUE;若所有参数的计算结果均为 FALSE,函数返回 FALSE。

(3)参数说明

参数的计算结果必须是逻辑值 TRUE 或 FALSE。logical1 为要检验的第一个条件,第二个条件 logical2 及其后面的条件可以省略。例如,OR(1>2,1+2=3)结果为 TRUE;OR(50>60,1>2)结果为 FALSE。

2.3.6　文本函数

通过文本函数,可以在公式中处理字符串。

1. 字符串比较函数 EXACT

(1)一般格式

EXACT(text1,text2)

(2)函数功能

比较两个字符串是否完全相同,若是,返回 TRUE;否则,返回 FALSE。

(3)参数说明

参数 text1 和 text2 均为字符串。在比较过程中,区分字母大小写。例如,EXACT("

excel","excel")的返回值为 TRUE;EXACT（"Excel","excel"）的返回值为 FALSE；EXACT（"ex cel","excel"）的返回值为 FALSE。

2. 查找子串函数 FIND

（1）一般格式

FIND(find_text, within_text, [start_num])

（2）函数功能

返回一个字符串（子串）在另一个字符串（主串）中的起始位置，若主串中找不到子串，返回错误值"♯VALUE!"。

（3）参数说明

find_text 是要查找的字符串。within_text 为主串。start_num 是可选项，指定查找的起始位置。within_text 中的首字符是编号为 1 的字符。start_num 缺省值为 1。例如，FIND("t","student")的返回值为 2;FIND("t","student",3)的返回值为 7。

3. 左取子串函数 LEFT

（1）一般格式

LEFT(text, [num_chars])

（2）函数功能

从字符串的左边第一个字符开始取 num_chars 个字符。

（3）参数说明

text 为要提取子串的字符串。num_chars 可选，指定取字符的个数，缺省值为 1。例如，LEFT("student",3)的返回值为"stu";LEFT（"student"）的返回值为"s"。

4. 求字符串长度函数 LEN

（1）一般格式

LEN(text)

（2）函数功能

返回字符串中字符的个数。空格将作为有效字符进行计数。

（3）参数说明

text 为要求长度的字符串。例如，LEN（"student"）的返回值为 7;LEN（"I am a boy"）的返回值为 10(字符串中包含 3 个空格)。

5. 任意取子串函数 MID

（1）一般格式

MID(text, start_num,num_chars)

（2）函数功能

返回字符串中从指定位置 start_num 开始的 num_chars 个字符。

（3）参数说明

text 为要取子串的字符串。start_num 指定查找的起始位置。num_chars 指定取字符的个数。例如，MID("I am a boy",3,2)的返回值为"am";MID("I am a boy",20,2)的

返回值为空文本,因为查找的起始位置超过了字符串的长度。

6.字符替换函数 REPLACE

(1)一般格式

REPLACE(old_text, start_num, num_chars, new_text)

(2)函数功能

将一个字符串中部分字符用另一个字符串替换。

(3)参数说明

old_text 为要替换掉部分字符的字符串。start_num 指定需要更新的字符的起始位置。num_chars 指定要替换的字符的个数。new_text 是用于替换 old_text 中字符的新字符串。

函数 REPLACE 的使用举例如表 2-22 所示。

表 2-22　函数 REPLACE 使用举例

	A	B	C
1	学号	电话号码	课程名称
2	20212001	05732623001	大学计算机基础
3	20212002	05733645002	办公软件高级应用
4	20212003	05735101253	C 语言程序设计
5	公式	说明	结果
6	=REPLACE(A2,4,1,"7")	将 A2 中的学号第 4 位数字改为 7	20272001
7	=REPLACE(B2,5,0,"8")	在 B2 中的电话号码第 5 位后插入一个数字 8	057382623001
8	=REPLACE(C4,2,2,"")	删除 C4 中"语言"两个汉字	C 程序设计

7.右取子串函数 RIGHT

(1)一般格式

RIGHT(text, [num_chars])

(2)函数功能

从字符串 text 最右边的第一个字符开始取 num_chars 个字符。

(3)参数说明

text 为要提取子串的字符串。num_chars 为可选项,指定取字符的个数,缺省值为 1。例如,RIGHT ("I am a boy",3)的返回值为"boy";RIGHT ("I am a boy")的返回值为"y"。

8.格式转换函数 TEXT

(1)一般格式

TEXT (value, format_text)

(2)函数功能

根据指定的格式将数值转换成文本。

（3）参数说明

value 为要转换的数值。format_text 为指定的格式。例如,TEXT(102.5,"￥0.00")
的返回值为"￥102.50";TEXT(102.56,"＃＃＃.＃")的返回值为"102.6"。

2.3.7 日期与时间函数

通过日期与时间函数,可以在公式中分析和处理日期值和时间值。

1.返回日期值函数 DATE

（1）一般格式

DATE (year, month,day)

（2）函数功能

根据指定的年月日返回一个代表日期的数值。

（3）参数说明

三个参数均为整数。year 表示年份。month 表示一年中从 1 月至 12 月的各个月。
Day 表示一个月中从 1 日到 31 日的各天。例如,DATE(2017,10,1)返回 2017－10－1。

2.返回当前日期函数 TODAY

（1）一般格式

TODAY ()

（2）函数功能

返回系统当前日期。

（3）参数说明

函数 TODAY 无参数。要注意,函数名 TODAY 后面的圆括号"()"不能省略。

3.返回天数的函数 DAY

（1）一般格式

DAY (serial_number)

（2）函数功能

返回某日期的天数,介于 1 到 31 之间。

（3）参数说明

serial_number 表示某个日期。例如,DAY(DATE(2017,10,1))返回 1。

4.返回月份的函数 MONTH

（1）一般格式

MONTH (serial_number)

（2）函数功能

返回某日期的月份,介于 1 到 12 之间。

（3）参数说明

serial_number 表示某个日期。例如,MONTH(DATE(2017,10,1))返回 10。

5. 返回年份的函数 YEAR

(1)一般格式

YEAR（serial_number）

(2)函数功能

返回某日期的年份,介于 1900 到 9999 之间。

(3)参数说明

serial_number 表示某个日期。例如,YEAR(DATE(2017,10,1))返回值为 2017;如果某人出生于 1998 年,使用公式"＝YEAR(TODAY())－1998"可以计算出这个人的年龄。

6. 返回星期号的函数 WEEKDAY

(1)一般格式

WEEKDAY(serial_number,[return_type])

(2)函数功能

返回某日期为星期几。默认情况下,函数返回 1(星期日)到 7(星期六)之间的整数。

(3)参数说明

serial_number 表示某个日期。参数 return_type 为可选项,用于确定返回值类型的数字。若 return_type 值为 1,或者缺省,函数返回值为数字 1(星期日)到数字 7(星期六);若 return_type 值为 2,函数返回值为数字 1(星期一)到数字 7(星期日)。return_type 还有更多取值,请参考相关帮助信息。

7. 返回当前日期和时间函数 NOW

(1)一般格式

NOW（）

(2)函数功能

返回系统当前日期和时间。

(3)参数说明

函数 NOW 无参数。要注意,函数名 NOW 后面的圆括号"()"不能省略。

8. 返回小时函数 HOUR

(1)一般格式

HOUR（serial_number）

(2)函数功能

返回某时间的小时数,是介于 0 到 23 之间的一个整数。

(3)参数说明

serial_number 表示某个时间。

若 A2 单元格中是一个时间"15:30:25",则使用公式"＝HOUR(A2)"得到小时数 15。

9. 返回分钟函数 MINUTE

(1)一般格式

MINUTE（serial_number）

（2）函数功能

返回某时间的分钟数，是一个 0 到 59 之间的整数。

（3）参数说明

serial_number 表示某个时间。

若 A2 单元格中是一个时间"15：30：25"，则使用公式"＝MINUTE(A2)"得到分钟数 30。

2.3.8　数据库函数

当需要统计或分析数据清单中的数值是否符合特定条件时，可以使用数据库函数。因为"数据库"的英文是"database"，所以，在 Excel 中，数据库函数名有一个共同的特点，都以字母"D"开头。"数据库"一般是指包含一组相关数据的列表，其中包含相关信息的行被称为"记录"，而包含数据的列被称为"字段"。列表或数据库的第一行一般是标题行，以区别每一列。

很多数据库函数的功能与统计函数相同，但函数的参数格式不同。数据库函数中常见的参数如表 2-23 所示。

表 2-23　数据库函数中常见的参数

参数名	说明
database	构成列表或数据库的单元格区域
field	指定函数所使用的列。可以是带双引号的列标签，也可以是该列在数据库中的序号
criteria	包含所指定条件的单元格区域。此区域包含至少一个列标签，并且列标签下方至少有一个指定列条件的单元格

1. 求平均值函数 DAVERAGE

（1）一般格式

DAVERAGE(database, field, criteria)

（2）函数功能

对列表或数据库中满足指定条件的列中的数值求平均值。

（3）参数说明

见表 2-23。

函数 DAVERAGE 的使用举例如表 2-24 所示。

表 2-24　函数 DAVERAGE 使用举例

	A	B	C
1	性别	语文	数学
2	女	77	80
3	男	85	95
4	女	89	96

	A	B	C
5		性别	数学
6		女	>=85
7	公式	说明	结果
8	=DAVERAGE(A1:C4,2,B5:B6)	数据库中所有女生的语文成绩平均分	83
9	=DAVERAGE(A1:C4,"数学",B5:B6)	数据库中所有女生的数学成绩平均分	88
10	=DAVERAGE（A1:C4,3,B5:C6）	数据库中数学成绩是 85 分及其以上的女生的数学成绩平均分	96

2.计数函数 DCOUNT

（1）一般格式

DCOUNT(database,field,criteria)

（2）函数功能

从满足指定条件的数据库的字段（列）中,统计数值单元格的个数。

（3）参数说明

见表 2-23。

函数 DCOUNT 的使用举例如表 2-25 所示。

表 2-25　函数 DCOUNT 使用举例

	A	B	C
1	性别	语文	数学
2	女	77	80
3	男	85	95
4	女	89	96
5		性别	数学
6		女	>=85
7	公式	说明	结果
8	=DCOUNT（A1:C4,2,B5:B6）	数据库中女生的人数	2
9	=DCOUNT（A1:C4,"数学",C5:C6）	数据库中数学成绩是 85 分及其以上的人数	2
10	=DCOUNT（A1:C4,3,B5:C6）	数据库中数学成绩是 85 分及其以上的女生的人数	1

3.求和函数 DSUM

（1）一般格式

DSUM(database,field,criteria)

（2）函数功能

对列表或数据库中满足指定条件的列中的数值求和。

（3）参数说明

见表 2-23。

函数 DSUM 的使用举例如表 2-26 所示。

表 2-26　函数 DSUM 使用举例

	A	B	C
1	性别	语文	数学
2	女	77	80
3	男	85	95
4	女	89	96
5		性别	数学
6		女	＞＝85
7	公式	说明	结果
8	=DSUM（A1:C4,2,B5:B6）	数据库中所有女生的语文成绩求和	166
9	=DSUM（A1:C4,"数学",B5:B6）	数据库中所有女生的数学成绩求和	176
10	=DSUM(A1:C4,3,B5:C6)	数据库中数学成绩是 85 分及其以上的女生的数学成绩求和	96

4. 求最大值函数 DMAX

（1）一般格式

DMAX（database，field，criteria）

（2）函数功能

返回列表或数据库中满足指定条件的列中的最大值。

（3）参数说明

见表 2-23。

函数 DMAX 的使用举例如表 2-27 所示。

表 2-27　函数 DMAX 使用举例

	A	B	C
1	性别	语文	数学
2	女	77	80
3	男	85	95
4	女	89	96
5		性别	数学
6		女	＞＝85

续表

	A	B	C
7	公式	说明	结果
8	=DMAX（A1:C4,2,B5:B6)	数据库中女生的语文成绩最高分	89
9	=DMAX(A1:C4,"数学",B5:B6)	数据库中女生的数学成绩最高分	96
10	=DMAX（A1:C4,2,B5:C6)	数据库中数学成绩是 85 分及其以上的女生的语文成绩最高分	89

5.求最小值函数 DMIN

（1）一般格式

DMIN (database, field, criteria)

（2）函数功能

返回列表或数据库中满足指定条件的列中的最小值。

（3）参数说明

见表 2-23。

函数 DMIN 的使用与函数 DMAX 类似,此处不再举例说明。

6.获取唯一值函数 DGET

（1）一般格式

DGET (database, field, criteria)

（2）函数功能

从数据库的列中提取符合指定条件的单个值(唯一存在)。

（3）参数说明

见表 2-23。

函数 DGET 的使用举例如表 2-28 所示。

表 2-28　函数 DGET 使用举例

	A	B	C
1	姓名	性别	数学
2	王晶	女	80
3	林杰	男	95
4	潘单	女	96
5		性别	数学
6		女	＞90
7	公式	说明	结果
8	=DGET（A1:C4,1,B5:C6)	数据库中数学成绩是 90 分以上的女生的姓名	潘单

2.3.9　财务函数

财务函数可以进行一般的财务计算,如确定贷款的支付额、投资的未来值或净现值,以及债券或息票的价值等。在 Excel 中,财务函数中常见的参数如表 2-29 所示。

表 2-29　财务函数中常见的参数

参数名	意义	说明
fv	未来值	在所有付款发生后的投资或贷款的价值,缺省值一般为 0
nper	期间数	投资(或贷款)的付款期总数
pmt	付款	对于一项投资或贷款的定期支付数额
pv	现值	在投资期初的入账款项或贷款的价值。例如,贷款的现值为所借入的本金数额
rate	利率	投资或贷款的利率
type	类型	用以指定各期的付款时间是在期初还是期末。取值为 0 或者省略表示期末;取值为 1 表示期初

1. 求未来收益的函数 FV

(1)一般格式

FV(rate,nper,pmt,[pv],[type])

(2)函数功能

基于固定利率及等额分期付款方式,返回某项投资的未来值。

(3)参数说明

见表 2-29。

函数 FV 的使用举例如表 2-30 所示。

表 2-30　函数 FV 使用举例

	A	B	
1	数据	说明	
2	7%	年利率	
3	10	投资付款期总数(单位:年)	
4	−2400	各期应付金额	
5	−10000	现值	
7	公式	说明	结果
8	＝FV(A2,A3,A4,A5)	在上述条件下按年投资,最后的投资收益总金额	52830.99
9	＝FV（A2/12,A3 * 12,A4/12,A5）	在上述条件下按月投资,最后的投资收益总金额	54713.58

小提示:应保证函数中所指定的 rate 和 nper 的单位一致。例如,同样是 10 年期年利

率为 7% 的放贷,如果按月支付,rate 应为 7%/12,nper 应为 10 * 12。

2. 求利息偿还额的函数 IPMT

（1）一般格式

IPMT(rate, per, nper, pv, [fv], [type])

（2）函数功能

在固定利率及定期偿还条件下,返回给定期数内对某项投资回报（或贷款偿还）的利息部分。

（3）参数说明

见表 2-29。

函数 IPMT 的使用举例如表 2-31 所示。

表 2-31　函数 IPMT 使用举例

	A	B	
1	数据	说明	
2	8%	年利率	
3	15	贷款年限	
4	500000	贷款总额	
5	公式	说明	结果
7	＝IPMT（A2,1,A3,A4）	在上述条件下贷款第一年的利息	－40000.00
8	＝IPMT（A2/12,1,A3 * 12,A4）	在上述条件下贷款第一个月的利息	－3333.33
9	＝IPMT（A2/12,2,A3 * 12,A4）	在上述条件下贷款第二个月的利息	－3323.70

3. 求等额分期偿还额的函数 PMT

（1）一般格式

PMT(rate, nper, pv, [fv], [type])

（2）函数功能

在固定利率条件下,计算贷款的等额分期偿还额。

（3）参数说明

见表 2-29。

函数 PMT 的使用举例如表 2-32 所示。

表 2-32　函数 PMT 使用举例

	A	B	
1	数据	说明	
2	8%	年利率	
3	15	贷款年限	
4	500000	贷款总额	

续表

	A	B	
5	公式	说明	结果
7	＝PMT（A2，A3，A4）	在上述条件下贷款的年支付额	−58414.77
8	＝PMT（A2/12，A3＊12，A4）	在上述条件下贷款的月支付额	−4778.26
9	＝PMT（A2/12，A3＊12，A4，，1）	在上述条件下月初支付贷款的月支付额	−4746.62

4. 求投资现值的函数 PV

（1）一般格式

PV(rate, nper, pmt, [fv], [type])

（2）函数功能

返回某项投资一系列将来偿还额的当前总值。

（3）参数说明

见表 2-29。

函数 PV 的使用举例如表 2-33 所示。

表 2-33　函数 PV 使用举例

	A	B	
1	数据	说明	
2	8％	投资收益年利率	
3	15	投资年限	
4	200	每月支出	
5	公式	说明	结果
7	＝PV（A2/12，A3＊12，A4）	在上述条件下，于月末支付，投资年金的现值	−20928.12
8	＝PV（A2/12，A3＊12，A4，，1）	在上述条件下，于月初支付，投资年金的现值	−21067.64
9	＝PV（A2，A3，A4＊12）	在上述条件下，按年且年末支付，投资年金的现值	−20542.75

5. 求资产的线性折旧值函数 SLN

（1）一般格式

SLN（cost，salvage，life）

（2）函数功能

返回某项资产在一个期间中的线性折旧值。

（3）参数说明

cost 为资产原值。salvage 资产在折旧期末的价值（也称为"资产残值"）。life 为资产的折旧期数(也称为"资产的使用寿命")。

函数 SLN 的使用举例如表 2-34 所示。

表 2-34　函数 SLN 使用举例

	A	B	
1	数据	说明	
2	3000000	资产原值	
3	10	使用寿命(单位:年)	
4	350000	资产残值	
5	公式	说明	结果
7	=SLN(A2,A4,A3)	每年的折旧值	265000.00
8	=SLN(A2,A4,A3*12)	每月的折旧值	22083.33
9	=SLN(A2,A4,A3*12*365)	每天的折旧值	60.50

6. 按年限总和折旧法计算的资产折旧值函数 SYD

(1)一般格式

SYD(cost,salvage,life,per)

(2)函数功能

返回某项资产按年限总和折旧法计算的指定期间的折旧值。

(3)参数说明

cost 为资产原值。salvage 为资产残值。life 为资产的使用寿命。per 为期数。

函数 SYD 的使用举例如表 2-35 所示。

表 2-35　函数 SYD 使用举例

	A	B	
1	数据	说明	
2	3000000	资产原值	
3	10	使用寿命(单位:年)	
4	350000	资产残值	
5	公式	说明	结果
7	=SYD(A2,A4,A3,1)	第一年的年折旧值	481818.18
8	=SYD(A2,A4,A3,5)	第五年的年折旧值	289090.91
9	=SYD(A2,A4,A3*12,1)	第一个月的折旧值	43801.65
10	=SYD(A2,A4,A3*12,10)	第十个月的折旧值	40516.53

2.3.10　信息函数

如果要获取指定单元格或区域的相关信息,如单元格的内容、格式和个数等,可以使

用信息函数。

1. 检测函数 IS 系列

IS 系列函数的函数语法格式一致,此类函数可检验指定值并根据参数取值返回 TRUE 或 FALSE,下面进行统一说明。

(1)一般格式

函数名(value)

(2)参数说明

参数 value 是要检验的值。

IS 系列函数的说明如表 2-36 所示。

表 2-36　IS 系列函数

函数名	value 的值	返回值
ISBLANK	空白单元格	TRUE
ISERR	任意错误值(除去 ♯N/A)	TRUE
ISERROR	任意错误值,如 ♯N/A、♯VALUE!、♯DIV/0! 等	TRUE
ISLOGICAL	逻辑值	TRUE
ISNA	错误值 ♯N/A(值不存在)	TRUE
ISNONTEXT	不是文本的任意项	TRUE
ISNUMBER	数值	TRUE
ISREF	引用	TRUE
ISTEXT	文本	TRUE

2. 检测参数类型的函数 TYPE

(1)一般格式

TYPE (value)

(2)函数功能

检测参数的数据类型,并返回一个正整数。若参数为数值型,返回 1;若参数为文本型,返回 2;若参数为逻辑值,返回 4。

(3)参数说明

参数 value 是要检验的值。例如,TYPE ("女")返回值为 2;TYPE (TRUE)返回值为 4。

2.4　数组公式

在 Excel 中,利用数组公式可实现对多个数据的计算,避免了逐个计算所带来的烦琐操作,从而使计算效果得到大幅度提高。本章将重点介绍数组的概念,以及数组公式的创建与应用。

2.4.1　概　念

数组（array）是由数据元素组成的集合，这些数据元素可以是数值、文本、日期等各种类型。在 Excel 中，根据构成元素的不同，把数组分为常量数组和单元格区域数组两种。

1. 常量数组

常量数组可以同时包含多种数据类型。用花括号"{}"将构成数组的常量括起来，同一行中的元素用逗号","分隔，行与行之间用分号";"分隔。

常量数组中的元素不能是其他数组、公式或函数。此外，数值不能包含百分号、货币符号、逗号或圆括号。例如，{3.14,"red",TRUE}是一个 1 行 3 列的常量数组；{1,2,3；4,5,6}为一个 2 行 3 列的常量数组；{"A",1;"B",2;"C",3}为一个 3 行 2 列的常量数组。下面的常量数组不正确：{1,2,SUM(A2:A8)}。

2. 单元格区域数组

单元格区域数组是通过对一组连续的单元格区域进行引用而得到的数组。例如，在数组公式中{A1:B3}是一个 3 行 2 列的单元格区域数组。

2.4.2　创建数组公式

数组公式是对一组或多组值执行多重计算，并返回一个或多个结果。在 Excel 中，用户可以根据需要，创建计算单个结果的数组公式或者计算多个结果的数组公式。

1. 创建计算单个结果的数组公式

可以使用数组公式执行生成单个结果的多项运算。这种类型的数组公式可用一个数组公式代替多个不同的公式，从而简化了计算操作。

例如，给出某股东持有的几支股票的股价和股数，利用数组公式计算其股票的总价值。计算方法如表 2-37 所示。

表 2-37　计算单个结果的数组公式的应用

	A	B	C	D
1	股票名称	中国太保	中国石化	工商银行
2	股份	500	800	1500
3	价格	25.89	4.86	4.45
5	数组公式	说明	结果	
7	{=SUM(B2:D2＊B3:D3)}	股票的总价值	23508	

在将公式{=SUM(B2:D2＊B3:D3)}作为数组公式输入时，Excel 会将每只股票的股数与价格相乘（500＊25.89、800＊4.86、1500＊4.45），然后再将这些计算结果相加，结果为 23508。

创建数组公式的步骤如下：

(1)单击需要输入数组公式的单元格。

(2)输入要使用的公式,如"＝SUM(B2:D2＊B3:D3)"。

(3)按组合键"Ctrl＋Shift＋Enter",Excel 会自动在公式两边插入一对大括号"{}"。

小提示:在公式左右两边手动键入大括号"{}"不会将该公式转换为数组公式,必须按组合键"Ctrl＋Shift＋Enter"才能创建数组公式。

2. 创建计算多个结果的数组公式

要使用数组公式计算多个结果,必须将数组输入到与数组参数具有相同列数和行数的单元格区域中。

创建计算多个结果的数组公式的操作步骤如下:

(1)选中需要输入数组公式的单元格区域。

(2)输入要使用的公式。

(3)按组合键 Ctrl＋Shift＋Enter。

例如,利用数组公式计算学生总成绩,结果如图 2-13 所示。

F3			✕ ✓ *fx*	{=C3:C22+D3:D22+E3:E22}	
▲	A	B	C	D	E	F

	A	B	C	D	E	F
1	学生成绩表					
2	学号	姓名	语文	数学	英语	总分
3	20172001	贾丽娜	85	71	70	226
4	20172002	万晓莹	87	80	75	242
5	20172003	吴萧云	78	64	76	218
6	20172004	项文华	80	87	82	249
7	20172005	许小敏	60	68	71	199
8	20172006	罗金梅	81	83	89	253
9	20172007	齐明	75	84	67	226
10	20172008	赵援	68	50	70	188
11	20172009	罗颖	75	85	81	241
12	20172010	张永和	67	75	64	206
13	20172011	陈平	58	69	74	201
14	20172012	谢彦	94	90	88	272
15	20172013	王小莉	84	87	83	254
16	20172014	张立娜	72	65	85	222
17	20172015	谷金豪	80	71	76	227

| ◀ ▶ | Sheet1 | Sheet2 | Sheet3 | Sheet4 | Sheet … | ⊕ |

就绪

图 2-13　利用数组公式求总分

2.4.3　编辑数组公式

如果要对已有的数组公式进行修改,可以进行如下操作:

(1)选中包含数组公式的单元格区域,或者单击该区域中任一单元格。

(2)重新编辑公式。

(3)按组合键"Ctrl＋Shift＋Enter"。

小提示:只要编辑数组公式,大括号"{}"就会从数组公式中消失,必须再次按组合键"Ctrl＋Shift＋Enter"才能重新显示大括号,并将这些更改应用于数组公式。

如果工作表中的数据量很大,用鼠标拖动选定单元格区域比较麻烦。选中包含数组

公式的单元格区域有一个快捷的方式,操作步骤如下:

(1)单击数组公式中的某个单元格。

(2)在"开始"菜单的"编辑"组中,单击"查找和选择",然后单击"定位条件"命令,显示如图 2-14 所示的"定位条件"对话框。

(3)在"定位条件"对话框中,选择"当前数组",然后单击"确定"按钮。

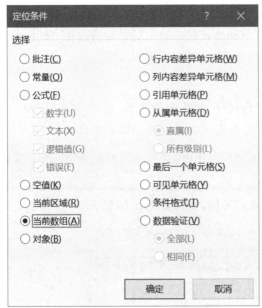

图 2-14　"定位条件"对话框

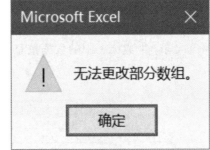

图 2-15　删除数组公式报错

2.4.4　删除数组公式

在 Excel 中,不允许删除数组公式中部分单元格的内容。例如,单击数组公式中的某个单元格,或者选中部分单元格,然后按"Delete"键,会弹出如图 2-15 所示的报错信息对话框。

若要删除数组公式,操作步骤如下:

(1)选中包含数组公式的单元格区域。

(2)按"Delete"键。

2.5　数据管理与分析

在 Excel 中,对数据进行处理的手段非常丰富,不仅可以利用公式和函数对数据进行各种计算,还可以对数据进行有效组织、分析与管理。本节将介绍数据排序、分类汇总、数据筛选、数据透视表和数据透视图等内容。

2.5.1 排　序

对数据进行排序是数据分析不可或缺的组成部分。例如,将货物名称按字母顺序排列;将产品按库存量从高到低的顺序编制目录等。对数据进行排序有助于快速直观地显示数据并更好地理解数据,提高组织与查找所需数据的效率,最终做出更高效的决策。

在 Excel 中,可以对一列或多列中的数据按文本、数值大小以及日期和时间进行升序或降序排序。还可以按自定义序列(如大、中和小)或格式(包括单元格颜色、字体颜色等)进行排序。大多数排序操作都是列排序,当然,也可以按行进行排序。

1. 按单列数据排序

用户可以根据需要选择对一列数据进行排序,操作步骤如下:

(1)将活动单元格定位于要排序的列中(单击该列中的任一单元格)。

(2)在"数据"选项卡的"排序和筛选"组中,单击 ![A/Z升序图标] "升序"(从小到大)或者 ![Z/A降序图标] "降序"(从大到小)按钮进行排序。

例如,对学生成绩表中的数据按总分降序排序,结果如图 2-16 所示。

	A	B	C	D	E	F
1	学生成绩表					
2	学号	姓名	语文	数学	英语	总分
3	20172012	谢彦	94	90	88	272
4	20172018	刘晓瑞	94	82	82	258
5	20172019	肖凌云	82	87	88	257
6	20172013	王小莉	84	87	83	254
7	20172006	罗金梅	81	83	89	253
8	20172004	项文华	80	87	82	249
9	20172002	万晓莹	87	80	75	242
10	20172009	罗颖	75	85	81	241
11	20172016	张玲玲	84	80	75	239
12	20172017	邓云卿	78	80	73	231
13	20172015	谷金豪	80	71	76	227
14	20172001	贾丽娜	85	71	70	226
15	20172007	齐明	75	84	67	226
16	20172014	张立娜	72	65	85	222
17	20172020	徐小君	72	64	85	221

图 2-16　按"总分"降序排序的结果

小提示:如果排序的区域中含有区域数组公式,排序时会弹出"无法更改部分数组"的报错信息。

2. 按多列数据排序

在如图 2-16 所示的学生成绩表中,细心的读者会发现第 14 行和 15 行,两个学生的总分都为 226,当出现总分相同的情况又该如何处理呢?一般会增加排序条件,如果总分相同,根据语文成绩降序排序。若语文成绩还相同,再根据数学成绩降序排序等。在Excel 中,对多列数据排序的操作步骤如下:

(1)单击工作表数据区域中的任一单元格。

（2）在"数据"选项卡的"排序和筛选"组中，单击"排序"按钮，显示"排序"对话框，如图 2-17 所示。

（3）在"列"下的"主要关键字"框中，选择要排序的第一列。

（4）在"排序依据"下，选择排序类型，选择如下：

● 若要按文本、数字或日期和时间进行排序，请选择"数值"。

● 若要按格式进行排序，请选择"单元格颜色""字体颜色"或"单元格图标"。

（5）在"次序"下，选择"升序"或"降序"的排序方式。

（6）单击"添加条件"按钮，然后重复步骤（3）到（5），增设第二组排序条件，依此类推，直到所有的排序条件设置完毕。最后单击"确定"按钮。

图 2-17　"排序"对话框

图 2-18　"排序选项"对话框

小提示：为了明确排序的列，要排序的单元格区域最好包含列标题。

若要按行进行排序，只要在"排序"对话框中，单击"选项"按钮，显示"排序选项"对话框，如图 2-18 所示。单击"按行排序"单选钮，然后单击"确定"按钮即可。

2.5.2　分类汇总

如果要让工作表中的数据按某列进行分类，按类别进行统计汇总，如求和、求平均值和计数等，并把计算结果显示出来，可以使用 Excel 的分类汇总功能。

在进行分类汇总操作之前，需要确保数据区域中要对其进行分类汇总计算的每个列的第一行都具有一个标签（列标题），每个列中都包含类似的数据，并且该区域不包含任何空白行或空白列。

1. 创建单个分类汇总

有食品销售记录表（见图 2-19），对表中的数据按商品类别进行分类汇总，计算每一类食品的销售额。具体操作如下：

（1）先按分类字段（本例中为"商品类别"）进行排序，使同一类食品的记录连续显示。

（2）单击数据区域中的任一单元格。

（3）在"数据"选项卡上的"分级显示"组中，单击"分类汇总"按钮，显示"分类汇总"对话框。

（4）选择分类字段为"商品类别"，汇总方式为"求和"，选定汇总项为"销售额"，如图

2-20所示。

(5)单击“确定”按钮，分类汇总结果如图 2-21 所示。

	A	B	C	D	E
1	食品销售记录表				
2	商品类别	商品名称	单价（元）	数量	销售额（元）
3	肉脯类	牛肉干	20.3	5	101.5
4	蜜饯类	橄榄	10.5	5	52.5
5	肉脯类	牛肉干	20.3	3	60.9
6	肉脯类	烤鱼片	18.9	3	56.7
7	蜜饯类	山楂	6.5	8	52
8	饼干类	威化饼干	6.8	4	27.2
9	肉脯类	牛肉干	20.3	5	101.5
10	饼干类	鸡蛋卷	15.6	2	31.2
11	蜜饯类	山楂	6.5	10	65
12	蜜饯类	橄榄	10.5	3	31.5
13	肉脯类	烤鱼片	18.9	5	94.5
14	饼干类	威化饼干	6.8	3	20.4
15	饼干类	鸡蛋卷	15.6	3	46.8

图 2-19　食品销售记录表

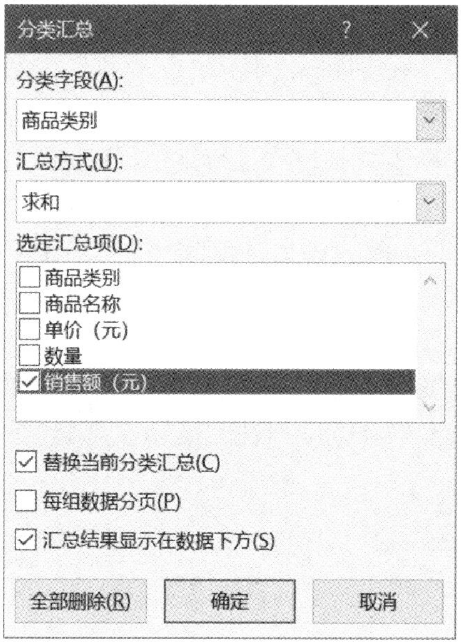

图 2-20　“分类汇总”对话框

	A	B	C	D	E
1	食品销售记录表				
2	商品类别	商品名称	单价（元）	数量	销售额（元）
3	肉脯类	牛肉干	20.3	5	101.5
4	肉脯类	牛肉干	20.3	3	60.9
5	肉脯类	烤鱼片	18.9	3	56.7
6	肉脯类	牛肉干	20.3	5	101.5
7	肉脯类	烤鱼片	18.9	5	94.5
8	肉脯类 汇总				415.1
9	蜜饯类	橄榄	10.5	5	52.5
10	蜜饯类	山楂	6.5	8	52
11	蜜饯类	山楂	6.5	10	65
12	蜜饯类	橄榄	10.5	3	31.5
13	蜜饯类 汇总				201
14	饼干类	威化饼干	6.8	4	27.2
15	饼干类	鸡蛋卷	15.6	2	31.2
16	饼干类	威化饼干	6.8	3	20.4
17	饼干类	鸡蛋卷	15.6	3	46.8
18	饼干类 汇总				125.6
19	总计				741.7

图 2-21　分类汇总结果

2. 创建嵌套分类汇总

对图 2-19 所示食品销售记录表按商品类别进行分类汇总，计算每一类食品的销售额。在同一类的食品中，再按商品名称进行分类汇总，计算每种食品的总销售数量。

具体操作步骤如下：

(1)先对分类字段(本例中为“商品类别”和“商品名称”)进行排序，如图 2-22 所示，使同一类食品和同一种食品的记录连续显示。

图 2-22 排序设置

（2）单击数据区域中的任一单元格。

（3）在"数据"选项卡上的"分级显示"组中，单击"分类汇总"按钮，显示"分类汇总"对话框。

（4）选择分类字段为"商品类别"，汇总方式为"求和"，选定汇总项为"销售额"，单击"确定"按钮。

（5）再次在"数据"选项卡上的"分级显示"组中，单击"分类汇总"按钮，显示"分类汇总"对话框。

（6）选择分类字段为"商品名称"，汇总方式为"求和"，选定汇总项为"数量"，不选择"替换当前分类汇总"复选框，如图 2-23 所示。

（7）单击"确定"按钮，结果如图 2-24 所示。

小提示：若要只显示分类汇总和总计的汇总，可以单击行编号旁边的分级显示符号 **1 2 3**。使用 **+** 和 **-** 符号来显示或隐藏各个分类汇总的明细数据行。

图 2-23 插入嵌套分类汇总

3. 删除分类汇总

如果要撤销分类汇总，操作步骤如下：

（1）单击包含分类汇总的区域中的任一单元格。

（2）在"数据"选项卡上的"分级显示"组中，单击"分类汇总"。

（3）在"分类汇总"对话框中，单击"全部删除"按钮。

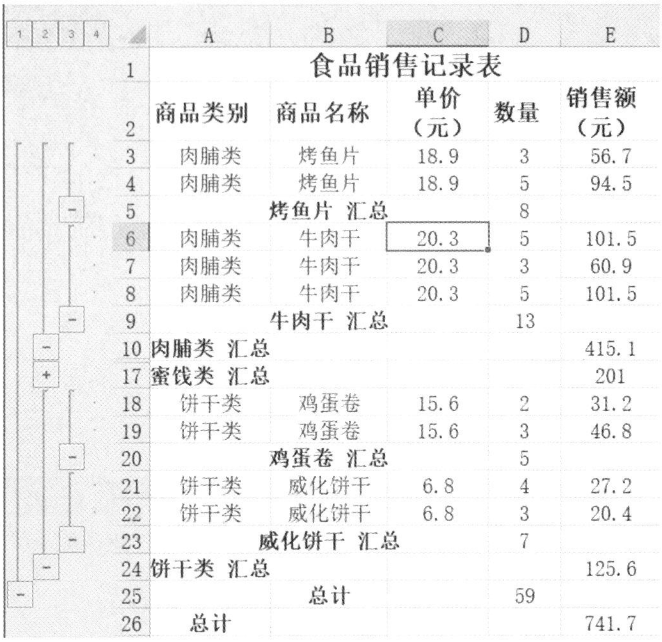

	A	B	C	D	E
1	食品销售记录表				
2	商品类别	商品名称	单价（元）	数量	销售额（元）
3	肉脯类	烤鱼片	18.9	3	56.7
4	肉脯类	烤鱼片	18.9	5	94.5
5		烤鱼片 汇总		8	
6	肉脯类	牛肉干	20.3	5	101.5
7	肉脯类	牛肉干	20.3	3	60.9
8	肉脯类	牛肉干	20.3	5	101.5
9		牛肉干 汇总		13	
10	肉脯类 汇总				415.1
17	蜜饯类 汇总				201
18	饼干类	鸡蛋卷	15.6	2	31.2
19	饼干类	鸡蛋卷	15.6	3	46.8
20		鸡蛋卷 汇总		5	
21	饼干类	威化饼干	6.8	4	27.2
22	饼干类	威化饼干	6.8	3	20.4
23		威化饼干 汇总		7	
24	饼干类 汇总				125.6
25		总计		59	
26	总计				741.7

图 2-24　嵌套分类汇总结果

2.5.3　筛　选

通过筛选工作表中的信息，可以快速查找数值，可以筛选一个或多个数据列。不但可以利用筛选功能控制要显示的内容，而且还能控制要排除的内容。筛选过的数据仅显示那些满足指定条件的行，不希望显示的行则被隐藏起来。

在筛选数据时，如果一个或多个列中的数值不能满足筛选条件，整行数据都会被隐藏起来。用户可以按数字值或文本值筛选，或按单元格颜色筛选那些设置了背景色或文本颜色的单元格。

1. 自动筛选

使用自动筛选可以创建三种筛选类型：按值列表、按格式或按条件筛选。对于每个单元格区域或列表来说，这三种筛选类型是互斥的。

例如，在学生基本信息统计表中，要求对数据进行筛选，筛选条件是：籍贯为浙江，并且入学成绩大于或等于 520。

具体操作步骤如下：

(1)单击数据区域任一单元格。

(2)在“数据”选项卡的“排序和筛选”组中，单击“筛选”按钮。

(3)单击“籍贯”旁边的箭头按钮，显示一个筛选器选择列表。

(4)清除“(全选)”复选框，然后选中“浙江”复选框，如图 2-25 所示，单击“确定”按钮，显示籍贯为浙江的学生的记录。

图 2-25　筛选器选择列表

（5）单击"入学成绩"旁边的箭头按钮 ▼ ,显示筛选器选择列表,单击"数字筛选"→
"大于或等于"命令,显示"自定义筛选条件"对话框。

（6）在"自定义筛选条件"对话框中设置条件,如图 2-26 所示,单击"确定"按钮。筛选
结果如图 2-27 所示。

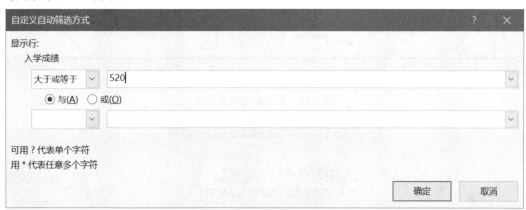

图 2-26　"筛选"条件设置

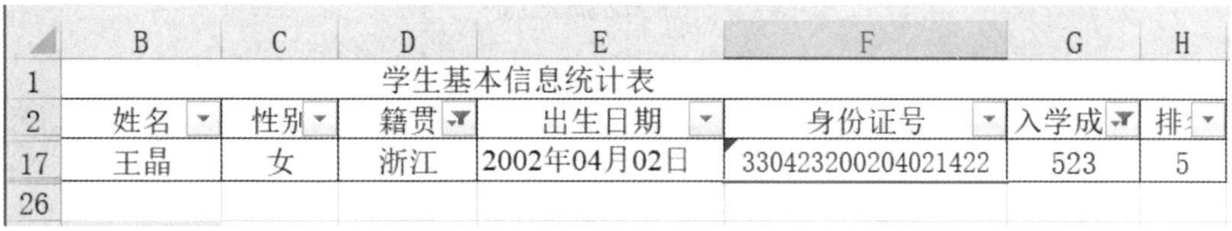

	B	C	D	E	F	G	H
1			学生基本信息统计表				
2	姓名	性别	籍贯	出生日期	身份证号	入学成	排名
17	王晶	女	浙江	2002年04月02日	330423200204021422	523	5
26							

图 2-27　自动筛选的最终结果

2.高级筛选

如果要筛选的数据需要复杂条件,例如,籍贯为浙江,或者入学成绩大于或等于520,这就需要使用高级筛选的功能。

高级筛选的工作方式与自动筛选有两个方面的不同。

(1)高级筛选操作过程中会显示"高级筛选"对话框,而不是"自动筛选"列表。

(2)高级筛选时,需要单独的条件区域,在其中设置筛选条件,Excel将"高级筛选"对话框中的单独条件区域用作高级条件的源。

例如,在学生基本信息统计表中,要求对数据进行筛选,筛选条件是:籍贯为浙江,或者入学成绩大于或等于520。

具体操作步骤如下:

(1)在数据区域外选择空白区域作为条件区域,输入高级条件,如图2-28所示。

(2)单击要筛选的数据区域中任一单元格。

(3)在"数据"选项卡的"排序和筛选"组中,单击"高级"按钮,显示"高级筛选"对话框。

(4)设置"列表区域"(要筛选的数据区域)和条件区域,单击"将筛选结果复制到其他位置",设置显示结果的起始单元格为A27,如图2-29所示。

(5)单击"确定"按钮,完成筛选操作,结果如图2-30所示。

	B	C	D	E	F	G	H	I	J	K	L	M
1				学生基本信息统计表								
2	姓名	性别	籍贯	出生日期	身份证号	入学成绩	排名					
3	苏梦瑶	女	湖北	2003年04月01日	440923200304011408	521	6			籍贯	入学成绩	
4	吴秀敏	女	浙江	2003年09月07日	330423200309072027	516	8			浙江		
5	王志伟	男	安徽	2003年04月25日	320481200304256212	520	7				>=520	
6	李慧丽	女	广东	2003年01月20日	320223200301203561	547	2					
7	曹西	女	湖北	2003年10月19日	320106200310190465	559	1					
8	徐杨纶	女	浙江	2002年06月03日	330401200206031002	502	16					
9	俞海波	男	河南	2003年12月05日	321302200312058810	508	13					
10	雷莉萍	女	河北	2003年01月18日	321324200301180107	499	18					
11	胡文娟	女	辽宁	2004年09月10日	321323200409105003	506	14					

图2-28　高级筛选条件区域

图2-29　"高级筛选"对话框

27	学号	姓名	性别	籍贯	出生日期	身份证号	入学成绩	排名
28	202145509101	苏梦瑶	女	湖北	2003年04月01日	440923200304011408	521	6
29	202145509102	吴秀敏	女	浙江	2003年09月07日	330423200309072027	516	8
30	202145509103	王志伟	男	安徽	2003年04月25日	320481200304256212	520	7
31	202145509104	李慧丽	女	广东	2003年01月20日	320223200301203561	547	2
32	202145509105	曹西	女	湖北	2003年10月19日	320106200310190465	559	1
33	202145509106	徐杨纶	女	浙江	2002年06月03日	330401200206031002	502	16
34	2021455091010	郭思雨	女	浙江	2003年06月08日	330405200306081121	510	11
35	2021455091011	陈德孝	女	浙江	2003年01月13日	330424200301130041	506	14
36	2021455091015	王晶	女	浙江	2002年04月02日	330423200204021422	523	5
37	2021455091018	章静静	女	浙江	2003年03月07日	330403200303074121	511	9
38	2021455091019	范云特	男	湖南	2003年01月11日	441900200301110034	529	4
39	2021455091020	刘源进	男	江西	2004年04月15日	440524200404150617	531	3
40	2021455091022	何奕奕	女	浙江	2003年04月30日	330407200304301541	501	17

图 2-30　高级筛选结果

小提示:高级筛选的条件区域必须具有列标签。

高级筛选时,复杂条件中一般有两种逻辑运算:与、或。在条件区域中,当条件表达式在同一行时,表示这些条件是"与"的逻辑关系;当条件表达式在不同行时,多个条件之间是"或"的逻辑关系。条件区域及其表示的筛选条件举例说明见表 2-38。

表 2-38　筛选条件举例说明

	A	B	C
1	籍贯	入学成绩	入学成绩
2	浙江	＞＝520	＜550
3	广东	＜500	
4			
5	条件区域	表示的条件	
6	A1:B2	籍贯＝"浙江"AND 入学成绩＞＝520	
7	A1:A3	籍贯＝"浙江"OR 籍贯＝"广东"	
8	A1:B3	(籍贯＝"浙江"AND 入学成绩＞＝520)OR (籍贯＝"广东"AND 入学成绩＜500)	
9	B1:C3	(入学成绩＞＝520 AND 入学成绩＜550) OR(入学成绩＜500)	

3. 清除筛选

若要清除对某一列的筛选,单击该列标题上的"筛选"按钮,然后单击"从＜"列标签"＞中清除筛选"命令。例如,单击"从"籍贯"中清除筛选"命令后,就清除了对"籍贯"列的筛选。

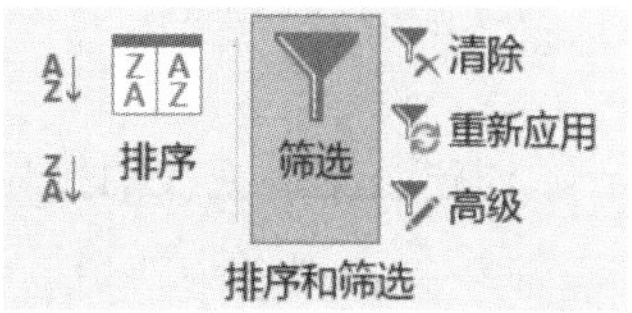

若要清除所有筛选,以便重新显示数据区域中的所有行,只要在"数据"选项卡上的"排序和筛选"组中,单击"清除"按钮,如图 2-31 所示。

图 2-31　"排序和筛选"组

若要取消筛选状态,消除所有列标签旁边的箭头按钮 ，只要在"数据"选项卡的"排序和筛选"组中,再次单击"筛选"按钮即可。

2.5.4　数据透视表(图)

数据透视表是一种可以快速汇总大量数据的交互式方法。使用数据透视表可以深入分析数值数据。数据透视表对于汇总、分析、浏览和呈现汇总数据非常有用。

数据透视图是提供交互式数据分析的图表,与数据透视表类似。可以更改数据的视图,查看不同级别的明细数据,或通过拖动字段和显示或隐藏字段中的项来重新组织图表的布局。数据透视图有助于形象呈现数据透视表中的汇总数据,以便轻松查看、比较和分析关键数据,判定趋势,并做出明智的决策。

1. 创建数据透视表

首先为数据透视表定义数据源,确保数据区域具有列标题,并且该区域中没有空行。

例如,根据如图 2-32 所示的"学生基本信息统计表",创建数据透视表,要求:显示各省学生的入学成绩平均分。

图 2-32　学生基本信息统计表

创建数据透视表的操作步骤如下:

(1)单击数据单元格区域内的任一单元格。

(2)在"插入"选项卡上的"表格"组中,单击"数据透视表"按钮,选择"表格和区域",显示"来自表格或区域的数据透视表"对话框。

(3)选择表格或区域。在对话框的"表/区域"框中验证单元格区域(Excel 会自动确定数据透视表的区域,也可以键入不同的区域来替换它)。

(4)选择放置数据透视表的位置。可以执行下列操作之一:

● 若要将数据透视表放置在新工作表中,并以单元格 A1 为起始位置,则单击"新建工作表"。

● 若要将数据透视表放在现有工作表中的特定位置,则选择"现有工作表",然后在"位置"框中指定放置数据透视表的单元格区域的第一个单元格。

在本例中选择"现有工作表",然后在位置框中指定放置数据透视表的首地址为单元格 A27,如图 2-33 所示。

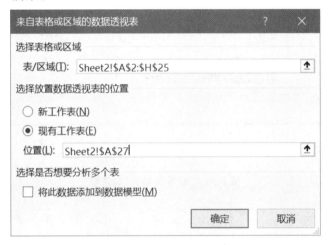

图 2-33　创建数据透视表

(5)单击"确定"按钮。Excel 会将空的数据透视表添加至指定位置并显示数据透视表字段列表,以便用户添加字段、创建布局以及自定义数据透视表。

(6)在"数据透视表字段列表"中,在字段部分中单击并按住相应的字段名称,然后将它拖到布局部分中的所需区域中。

根据本例的题目要求,将字段"籍贯"拖到"行"布局框中;将字段"入学成绩"拖到"值"布局框中,如图 2-34 所示。

图 2-34　为数据透视表创建布局

图 2-35　更改数值统计方式

(7)更改数值统计方式。单击"值"布局框中的"求和项"右侧的"下箭头",在弹出的快捷菜单中选择"值字段设置"命令,如图 2-35 所示,显示"值字段设置"对话框。在"自定义名称"框中输入"入学成绩平均值"(也可以不改,取默认值);汇总方式列表框中选择"平均值",如图 2-36 所示。单击"确定"按钮,完成数据透视表的创建,结果如图 2-37 所示。

图 2-36 "值字段设置"对话框

图 2-37 创建的数据透视表

2. 创建数据透视图

创建数据透视图的操作步骤与创建数据透视表类似,不同的是在步骤(2)中,在"插入"选项卡上的"图表"组中,单击"数据透视图"按钮,然后单击"数据透视图"命令。

在新建数据透视图时,Excel 将自动创建与它相关联的数据透视表。一般数据透视表会显示在数据透视图的左侧。

　　小提示：数据透视图及其相关联的数据透视表必须始终位于同一个工作簿中。

　　根据如图 2-32 所示的"学生基本信息统计表"，创建数据透视图，要求：显示各省学生的入学成绩平均分。将数据透视图放置在新工作表中，并以单元格 A1 为起始位置。

　　参考创建数据透视表的操作步骤，根据要求创建的数据透视图如图 2-38 所示。数据透视图能更直观地反映数值数据的汇总情况，便于数据的对比。

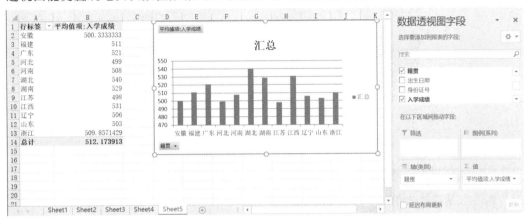

图 2-38　根据要求创建的数据透视图

　　用户可以根据需要修改数据透视图的类型。如将"柱形图"改为"饼图"，只要在图表区域空白处右击，在弹出的快捷菜单中单击"更改图表类型"命令，如图 2-39 所示。在显示的"更改图表类型"对话框中选择相应的图表类型即可。

　　用户还可以根据需要对图表做进一步的修饰和完善。如"添加数据标签""添加趋势线"等，只要在图表区域的图形上右击，弹出如图 2-40 所示的快捷菜单，然后单击相应的菜单命令完成操作。

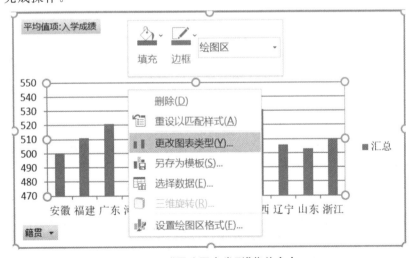

图 2-39　"更改图表类型"菜单命令

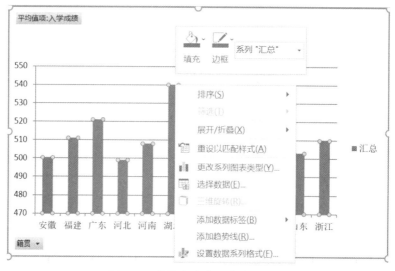

图 2-40   修饰和完善图表快捷菜单

3. 删除数据透视表

删除数据透视表的操作步骤如下：

（1）在要删除的数据透视表的任意位置单击，显示"数据透视表工具"，上面添加了"分析"和"设计"选项卡。

（2）在"选项"选项卡上的"操作"组中，单击"选择"按钮，在显示的菜单中，单击"整个数据透视表"命令，如图 2-41 所示。

（3）按"Delete"键。

图 2-41   选择整个数据透视表

小提示：删除与数据透视图相关联的数据透视表会将该数据透视图变为标准图表，将无法再透视或者更新该标准图表。

4. 删除数据透视图

删除数据透视图的操作很简单，步骤如下：

（1）单击要删除的数据透视图的空白区域，选定它。

（2）按"Delete"键。

小提示：删除数据透视图不会删除相关联的数据透视表。

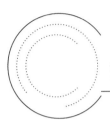

第 3 章　PowerPoint 2019 高级应用

　　演示文稿由"演示"和"文稿"两个词语组成,这说明它是用于演示而制作的文档。演示文稿能将文档、表格等枯燥的东西,结合图片、图表、声音、影片和动画等多种元素,通过电脑、投影仪等设备生动地展示给观众。

　　PowerPoint 2019 作为当前使用范围最广的演示文稿制作软件,在日常工作生活中的各个领域都有着非常广泛的应用,无论是制作工作类演示文稿,还是制作娱乐生活类演示文稿,都能轻松方便地完成。

　　演示文稿不仅可以表达演讲者的思想和观点,而且可用于传授知识、促进交流以及宣传文化等。PowerPoint 2019 不仅继承了以前版本的强大功能,更以全新的界面和便捷的操作模式引导用户更快速地制作出图文并茂、声形兼具的多媒体演示文稿。

3.1　PPT 制作流程和设计原则

　　优秀的演示文稿并不是轻轻松松就可以制作出来的,它需要制作者长时间地积累和不断地摸索、学习。优秀的演示文稿不论是字体的搭配、幻灯片的配色,还是多媒体或动画的运用,都有一定的技巧和规则,不但要美观好看,而且要清晰、易读,同时,整个演示文稿的主题要明确,设计风格要符合主题,动画要适宜,不能喧宾夺主,最好能给人一种直接的视觉冲击力。如图 3-1 所示为优秀演示文稿所必须具备的基本条件。

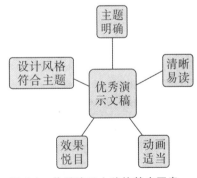

图 3-1　优秀演示文稿的基本要素

3.3.1　PPT 制作流程

无论要制作什么类型的演示文稿,其过程都是类似的,并不是一开始就启动 PowerPoint 2019 开始制作,而应在制作演示文稿之前,先对演示文稿进行策划,确定演示文稿的主题和风格,搭建好演示文稿的框架,并收集到足够的素材。

前期准备完毕后,就可以使用 PowerPoint 制作演示文稿了,包括制作幻灯片母版、添加文本内容、插入图片和表格等。在制作过程中,还要对各个对象进行美化。当制作完成后,还要测试演示文稿的放映效果,对不足之处进行修改,以避免在实际演示过程中出现意外情况。

正确的制作流程不仅可以让演示文稿在制作中快速无误,而且能提高演示文稿的质量,达到更好地宣传、说明的效果。如图 3-2 所示为制作演示文稿的流程。

图 3-2　演示文稿制作流程

3.3.2　PPT 设计原则

PPT 的设计非常重要,如何让受众对 PPT 感兴趣而不是让他们昏昏欲睡,全靠 PPT 的设计。必须要注意的是,PPT 演示的目的在于传达信息,帮助观众了解问题,它是一种辅助工具,而不是主角,所以千万不能以自我为中心。在设计 PPT 的时候,要经常站在受众的角度换位思考下,看这个设计是否能够帮助受众更好地接受演讲者要表达的信息,如果对于受众接受信息有帮助,那就保留,否则就应该放弃。

一个成功的 PPT 在设计方面需要把握以下几个原则:

(1)优秀的策划和设计。在制作演示文稿前有一个整体规划非常重要,包括演示文稿由哪些内容组成、切入点是什么、用哪种方式表达、要达到什么效果等,都需一一考虑。

(2)符合思维逻辑的架构。演示文稿切忌结构混乱,让观众不知所云。演讲者在注意幻灯片合理结构的前提下,还可事先将内容大纲整理打印出来,分发给观众。

(3)精练、简洁的文字。PPT 不是作文,也不是演讲稿,因此,大段晦涩枯燥的文字不仅无法为 PPT 加分,反而会导致糟糕的效果。

(4)图片、图表的巧妙运用。图片是幻灯片最重要的元素之一,其排列方法和内容会直接影响到幻灯片的效果。职场、商务类演示文稿中通常数据非常多,此时图表的使用非常重要,它可以让 PPT 更精美、清晰。

(5)动画效果的设计。动画是 PPT 的灵魂,只有美观的排版而没有合适的动画,也会使观赏者在观赏幻灯片时感到乏味。为了活跃演讲气氛,就需增加 PPT 的动感效果。

(6)多媒体效果的运用。PPT 既然具有多媒体演示的功能,那么完全可以巧用这些多媒体元素,让 PPT 告别无趣的无声模式。

3.2　图片的应用

在 PPT 中,图片比文字能够产生更大的视觉冲击力,也能够使页面更加简洁美观,因此在用 PowerPoint 制作演示文稿时,经常会使用图片,但是有时图片不符合设计要求,此时就需要对图片进行适当的处理,以达到更好的效果。本节将介绍 PowerPoint 2019 中图片处理的一些应用技巧。

3.2.1　图片的美化技巧

在幻灯片制作的过程中,图片的简单处理不一定要依靠像 Photoshop 这类专门的图像处理软件。PowerPoint 2019 为设计者提供了丰富的图像处理功能。在幻灯片中选择图片对象,会出现如图 3-3 所示的"图片工具"|"格式"选项卡,可以在此对图片对象进行插入屏幕截图、裁剪、删除背景、更改颜色、修改图片样式等操作。

图 3-3　"图片工具"|"格式"选项卡

1. 插入屏幕截图

在制作幻灯片的过程中,如果需要在幻灯片中插入屏幕图像,通常会使用 QQ 等软件中的截图工具,或者其他专业的制图工具,这些截图方式不仅麻烦而且也不一定准确。PowerPoint 2019 提供了屏幕截图工具,单击"插入"选项卡中的"屏幕截图"按钮,即可实现该功能。如图 3-4 所示为插入了屏幕截图的幻灯片。

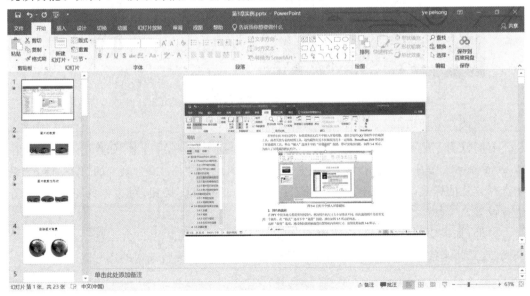

图 3-4　幻灯片中插入屏幕截图

2. 图片的裁剪

在 PPT 中很多地方都需要用到图片,然而图片的尺寸大小却要求不同,因此裁剪图片是很常见的一个操作。在"格式"选项卡中单击"裁剪"按钮,弹出如图 3-5 所示的列表。

选择"裁剪"选项,通过拖拉裁剪柄裁剪出想要的内容和尺寸,裁剪效果如图 3-6 所示。

图 3-5 "裁剪"列表　　　　　　　　　　图 3-6 "裁剪"效果

3. 图片背景删除

在幻灯片制作中,有的图片插入幻灯片后经常带有一定的背景色,图片的背景色与当前幻灯片的背景颜色不同,显得图片很突兀。此时可以单击"格式"选项卡下"调整"组中的"删除背景"按钮,鼠标随即变成一支笔的模样,用它单击图片的背景,图片背景就会变成透明了。删除图片背景效果如图 3-7 所示。

需要注意的是,在使用 PowerPoint 2019 删除图片背景时,需要选择背景比较简单的、容易和主要部分区分开的图片,否则使用该功能后,有可能将需要保留的主要部分同时删除。

图 3-7 删除背景效果

4. 为图片添加边框

有时候为了统一风格,可以给 PPT 中的图片加上统一的边框,如图 3-8 所示。在 PowerPoint 2019 中,要给图片加上边框可以双击图片,在"格式"选项卡的"图片样式"组中选择合适的样式,或者单击"图片样式"组中的"图片边框"按钮,对边框的粗细、颜色等进行设置。

另外,如果要调整图片的旋转角度,可以选定图片,在图片上方会出现一个绿色的小圆圈,这是用来控制旋转的控制点,拖动这个控制点就可以旋转选定的图片。

图 3-8　图片统一加边框

5.使用 SmartArt 图形

　　SmartArt 图形能够直观地表现各种层级关系、附属关系、并列关系或循环关系等常用的关系结构。这里将以常见的组织结构图为例,来介绍 SmartArt 图形中文字添加、结构更改和布局设置等常见的操作技巧。

　　把图 3-9 所示的幻灯片中的文本创建成如图 3-10 所示的幻灯片中的 SmartArt 图形,具体操作如下:

PPT制作流程

- 1、策划方案
- 2、收集素材
- 3、添加对象
- 4、编辑美化
- 5、放映测试

PPT制作流程

图 3-9　使用文本的幻灯片　　　　**图 3-10　使用 SmartArt 图形的幻灯片**

　　(1)选择幻灯片中需要转换成 SmartArt 图形的文本,在文本上右击,选择"转换为 SmartArt"命令或者,在如图 3-11 所示的 SmartArt 图形列表中选择"连续块状流程",效果如图 3-12 所示。

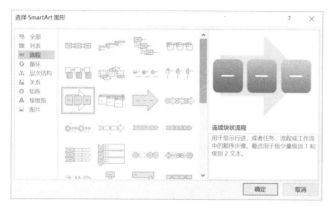

PPT制作流程

图 3-11　SmartArt 图形列表　　　　图 3-12　"连续块状流程"效果图

（2）在"设计"选项卡中，单击"SmartArt"组中的"更改颜色"按钮，弹出"更改颜色"列表，选择"彩色"组中的"彩色-个性色"。在"设计"选项卡的"SmartArt 样式"组中选择"文档的最佳匹配对象"中的"强烈效果"，使 SmartArt 图像具备三维效果，最终效果如图3-10所示。

3.2.2　图片的瘦身技巧

在制作幻灯片的过程中，随着大量图片的加入，幻灯片的体积也越来越大，我们有必要对这些图片进行处理，让幻灯片不至于太过庞大，可以从以下三个方面考虑。

1.图片格式

下面先简单介绍以下三种最常见的图片格式。

（1）BMP（Bitmap，位图）

BMP 是 Window 操作系统中的标准图像文件格式。它采用位映射存储格式，除了图像深度可选以外，不采用其他任何压缩，因此，BMP 文件所占用的空间很大，通常比同一幅图像的压缩图像文件格式要大很多。在图片画质上，BMP 位图是最好的。

（2）JPEG（Joint Photographic Experts Group，联合图像专家组）

JPEG 格式的文件后缀名为.jpg 或.jpeg，是一种有损压缩格式，适合在网络上传输，是非常流行的图形文件格式。JPEG 压缩技术十分先进，它用有损压缩方式去除冗余的图像数据，在获得极高的压缩率的同时能展现十分丰富生动的图像。

（3）GIF（Graphics Interchange Format，图像互换格式）

GIF 分为静态 GIF 和动画 GIF 两种，扩展名为.gif，是一种压缩位图格式，支持透明背景图像，"体型"很小，网上很多小动画都是 GIF 格式。其实 GIF 是将多幅图像保存为一个图像文件，从而形成动画，所以归根到底 GIF 仍然是图片文件格式。但 GIF 只能显示 256 色，因此画质是最差的。

从以上介绍可以看出，同一幅图片，保存为 BMP 格式时画质最好，体积最大；保存为 JPG 格式时画质跟体积都适中；保存为 GIF 格式时画质就要差得多。因此，制作 PPT 时，我们一般选择 JPG 格式的图片比较合适。如果要用到 BMP 图片，可以先用相应的图像处理软件把图片格式转换成 JPG 格式。

2.图片品质

随着数码相机像素的提高，现在好多用做素材的图片品质越来越高，容量也越来越大,有的图片分辨率高达 2048×1536 甚至更高。实际上我们投影时用的分辨率一般是 800×600,高一点的是 1024×768,完全没必要用分辨率过高的图片。因此可以通过减小图片的尺寸来缩小图片的体积,具体可以通过 Photoshop 这类图像处理软件来实现,在这里我们不多做介绍了。

　　3. 利用 PowerPoint 提供的压缩图片功能

　　压缩图片的具体方法为:选中需要压缩的图片,单击"格式"选项卡下的"调整"组中的"压缩图片"按钮,打开如图 3-13 所示的"压缩图片"对话框,在其中有 4 个目标输出类型的选项,选择适合条件的单选按钮即可。如果需要对演示文稿中的所有图片进行压缩,则取消选中"仅应用于此图片"复选框,最后单击"确定"按钮,完成图片的压缩操作。

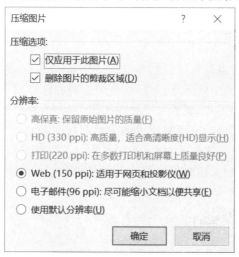

图 3-13　"压缩图片"对话框

3.2.3　图片的巧妙切换

　　在用 PowerPoint 进行课件设计时,常常需要这样的效果:单击小图片就可看到该图片的放大图,如图 3-14 所示。那么我们如何在 PowerPoint 中实现这种效果呢?

图 3-14　点小图,看大图

　　一种思路是:首先在主幻灯片中插入许多小图片,然后将每张小图片都与一张空白幻灯片相链接,最后在空白幻灯片中插入相应的放大图片。这样只需单击小图片就可看到相应的放大图片了,如果单击放大图片还需返回到主幻灯片,还应在放大图片上设置链接,链接回主幻灯片。

这种思路虽然比较简单,但操作起来很烦琐,而且完成后我们会发现,设计出来的幻灯片结构混乱,很容易出错,尤其是不易修改,如果要更换图片,就得重新设置超链接。

其实还有一种方便的方法,只需要通过在幻灯片中插入 PowerPoint 演示文稿对象就可以实现。具体操作步骤如下:

(1)建立一张新的幻灯片,选择"插入"选项卡"文本"组中的"对象"按钮,在"插入对象"对话框的"对象类型"列表框中选择"Microsoft PowerPoint 演示文稿",单击"确定"按钮。此时就会在当前幻灯片中插入一个"PowerPoint 演示文稿"的编辑区域。

(2)在此编辑区域中我们就可以对插入的演示文稿对象进行编辑了,在该演示文稿对象中插入所需的图片,把图片的大小设置为与幻灯片大小相同,退出编辑后,就可发现图片以缩小方式显示了。

(3)最后,对其他图片也进行同样的操作。为了提高效率,也可以将这个插入的演示文稿对象进行复制,更改其中的图片,并排列它们之间的位置就可以了。

这样就实现了点击小图片、观看大图片的效果。其实,这里的小图片实际上是插入的演示文稿对象。单击小图片相当于对插入的演示文稿对象进行"演示观看",而演示文稿对象在播放时就会自动全屏幕显示,所以我们看到的图片就好像被放大了一样,而我们单击放大图片时,插入的演示文稿对象实际上已被播放完了,它就会自动退出,所以就回到了主幻灯片中。

3.2.4　电子相册的制作

电子相册的制作并不需要专业的软件,用 PowerPoint 也可以很轻松地制作出专业级的电子相册。在 PowerPoint 2019 中,电子相册的具体制作过程如下:

(1)新建一个空白演示文稿,单击"插入"选项卡"图片"组中的"相册"按钮。

(2)在如图 3-15 所示的"相册"对话框中选择要放入本相册的图片,用户可以选择从磁盘或是像扫描仪、数码相机这样的外设添加图片。

图 3-15　"相册"对话框

（3）被选择插入的图片文件都会出现在"相册"对话框的"相册中的图片"文件列表中，单击图片名称可在预览框中看到相应的效果。单击图片文件列表下方的"↑"和"↓"按钮可改变图片出现的先后顺序，单击"删除"按钮可删除被加入的图片文件。

（4）通过图片"预览"框下方提供的六个按钮，我们还可以旋转选中的图片，改变图片的对比度和亮度等。

（5）接下来是相册的版式设计。单击"图片版式"右侧的下拉列表，可以指定每张幻灯片中图片的数量和是否显示图片标题。单击"相框形状"右侧的下拉列表可以为相册中的每一个图片指定相框的形状。单击"主题"框右侧的"浏览"按钮可以为幻灯片指定一个合适的主题。

以上操作完成之后，单击对话框中的"创建"按钮，PowerPoint 就自动生成了一个电子相册。如果需要进一步地对相册效果进行美化，我们还可以对幻灯片辅以一些文字说明，设置背景音乐、过渡效果和切换效果等。

3.3　多媒体的应用

在演示文稿中使用声音、视频等多媒体元素，能将演示文稿变为丰富多彩的多媒体文件，使得幻灯片中展示的信息更美妙、更多元化，让展示效果更具感染力。

3.3.1　声音的使用

声音是在幻灯片中使用最频繁的多媒体元素，常见的声音格式有 MP3、WMA、WAV、MIDI、CDA、AIFF 和 AU 等。

1. 连续播放声音

在某些场合，需要声音连续的播放，譬如图片欣赏，伴随着声音出现一幅幅图片，在幻灯片切换的时候需要声音保持连续。具体操作步骤如下：

（1）把光标定位在要出现声音的第一张幻灯片，单击"插入"选项卡下的"媒体"组中的"音频"按钮，选择合适的声音文件插入幻灯片，出现如图 3-16 所示的音频图标。在此可以预览音频播放效果，调整播放进度、音量大小等。

图 3-16　音频图标

（2）选中插入的音频图标，在"播放"选项卡中选择"放映时隐藏""循环播放，直到停

止""播放返回开头"复选框,在"开始"下拉列表框中选择"跨幻灯片播放",如图 3-17
所示。

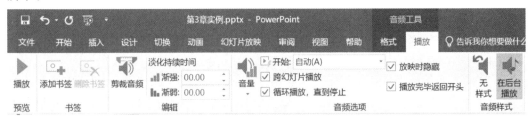

图 3-17 "播放"选项卡

2.剪裁声音

用户可以对 PowerPoint 2019 中插入的声音文件根据实际的放映需要进行剪裁,只
保留需要播放的某个声音片段。

选中幻灯片中的声音图标,切换到"播放"选项卡"编辑"组中单击"剪裁音频"按钮,打
开如图 3-18 所示的"剪裁音频"对话框,对音频进行剪裁操作。

图 3-18 "剪裁音频"对话框

3.录制幻灯片

在 PowerPoint 中,可以将幻灯片放映过程录制下来,对幻灯片进行解说配音,适用于
某些需要重复放映幻灯片的场合。录制幻灯片的具体操作步骤如下:

(1)在电脑上安装设置好麦克风。

(2)单击"幻灯片放映"选项卡"设置"组中的"录制幻灯片演示"下拉按钮,选择"从当
前幻灯片开始录制",如图 3-19 所示。

(3)弹出如图 3-20 所示的"录制幻灯片演示"界面,进入幻灯片放映状态,一边播放幻
灯片一边对着麦克风讲解旁白。

(4)录制完毕后,在每张幻灯片的右下角会自动显示一个预览标,可以查看录制的
效果。

图 3-19　"录制幻灯片"下拉列表　　　　　图 3-20　"录制幻灯片"界面

3.3.2　视频的使用

在 PowerPoint 2019 中,也可以加入视频文件,以增加演示文稿的播放效果,同时 PowerPoint 2019 提供了多样的视频处理功能。

1.插入视频

单击"插入"选项卡"媒体"组中的"视频"按钮,弹出如图 3-21 所示的"视频"下拉列表,可以插入三种类型的视频:文件中的视频、来自网站的视频和剪切画视频。插入视频后可以控制视频的播放,进行播放进度、声音大小等的调整,如图 3-22 所示。

图 3-21　"视频"下拉列表　　　　　图 3-22　插入视频效果

2.调整视频的海报框架

海报框架是指视频文件在没有正式播放的时候所展示的画面。默认情况下,插入视频的海报框架为黑色或者视频的第一帧画面,用户可以根据需要调整视频的海报框架,用其他图片或者视频的预览图像来代替。

调整视频海报框架的方法比较简单,选中幻灯片中的视频文件后,单击"格式"选项卡中的"海报框架"下拉按钮,弹出如图 3-23 所示的"海报框架"下拉列表。可以选择"当前帧"和"文件中的图像"作为视频的海报框架。"当前帧"仅在视频播放过程中出现,表示将截取当前视频播放过程中的图像作为视频的海报框架。

图 3-23 "海报框架"下拉列表

3. 为视频添加书签

在视频中需要关注的地方可以通过添加书签的方式,使得在播放视频的时候可以快速跳转到指定的位置。

当视频播放需要关注的位置时,单击"书签"组的"添加书签"按钮,此时会在视频的相应位置插入一个黄色的点,可以根据需要添加多个书签,如图 3-24 所示。

在播放视频时,只需要单击书签就可以实现快速跳转。如果要删除书签,选择要删除的书签,单击"播放"选项卡"书签"组中的"删除书签"按钮即可。

4. 剪裁视频

与声音文件相同,用户对在幻灯片中插入的视频文件也可以进行剪裁,以满足放映的需要。选中插入的视频文件,单击"播放"选项卡"编辑"组中的"剪裁视频"按钮,打开如图3-25 所示的"剪裁视频"对话框,在其中可以删减视频中不需要的部分。

图 3-24 添加了书签的视频

图 3-25 "剪裁视频"对话框

3.4 美化和修饰演示文稿

PowerPoint 2019 的一大特色就是可以使演示文稿的所有幻灯片具有统一的外观。控制幻灯片外观的方法有四种:主题、母版、幻灯片版式和背景。

3.4.1　主　题

主题是一组设计设置，其中包含颜色设置、字体选择和对象效果设置，它们都可用来创建统一的外观。演示文稿应用主题时，新主题的幻灯片母版将取代原演示文稿的幻灯片母版。应用主题之后，添加的每张新幻灯片都会拥有相同的自定义外观。用户可以修改任意主题以适应需要，或在已创建的演示文稿基础上建立新主题。

1. 应用 PowerPoint 2019 提供的主题

要应用 PowerPoint 主题，操作步骤如下：

（1）打开要应用设计的演示文稿，选择要应用主题的幻灯片，可在幻灯片浏览视图下完成此任务。

（2）查看"设计"选项卡下的"主题"组，如图 3-26 所示，查找并选择要使用的主题，查找时只要将鼠标放到某张主题上就会出现该主题的名称。如果所需主题在其中则选择它，如果没有则单击主题右侧的下拉菜单，打开主题库，如图 3-27 所示。

（3）单击希望应用的主题，如果在第一步中选择了一张幻灯片，则将主题应用到整个演示文稿；如果选择了几张幻灯片，则仅为这些幻灯片应用该主题。

图 3-26　"设计"选项卡

图 3-27　主题库

2. 创建自定义主题

如果 PowerPoint 2019 提供的主题不满足用户的要求，也可以自己创建主题。首先按照需求设置幻灯片母版的格式，包括：幻灯片版式、背景、主题颜色和主题字体，然后将幻灯片主题保存为新主题。操作步骤如下：

（1）在如图 3-27 所示的主题库中选择"保存当前主题"命令，打开"保存当前主题"对话框。

（2）在"文件名"文本框中为新建主题文件键入名称。

（3）单击"保存"，新主题即保存在电脑硬盘中。

3.4.2 母 版

幻灯片母版控制幻灯片上所键入的标题和文本的格式与类型。PowerPoint 2019 中的母版有幻灯片母版、备注母版和讲义母版。幻灯片母版包含文本占位符和页脚（如日期、时间和幻灯片编号）占位符。

单击"视图"选项卡下的"幻灯片母版"命令，打开"幻灯片母版"视图，如图 3-28 所示。如果要修改多张幻灯片的外观，不必一张张幻灯片进行修改，而只需在幻灯片母版上做一次修改即可。PowerPoint 2019 将自动更新已有的幻灯片，并对以后新添加的幻灯片应用这些更改。如果要更改文本格式，可选择占位符中的文本并做更改。例如，将占位符文本的颜色改为蓝色将使已有幻灯片和新添幻灯片的文本自动变为蓝色。

母版还包含背景项目，例如放在每张幻灯片上的图形。如果要使个别幻灯片的外观与母版不同，应直接修改该幻灯片而不用修改母版。

图 3-28 "幻灯片母版"视图

3.4.3 幻灯片版式

幻灯片版式即幻灯片里面元素的排列组合方式。创建新幻灯片时，可以从预先设计好的幻灯片版式中进行选择。例如，有一个版式包含标题、文本和图表占位符，而另一个版式包含标题和剪贴画占位符。可以移动或重置其大小和格式，使之可与幻灯片母版不同，也可以在创建幻灯片之后修改其版式。应用一个新的版式时，所有的文本和对象都保留在幻灯片中，但是可能需要重新排列它们以适应新版式。

幻灯片确定一种版式后，有时还可能需要更换。更换幻灯片版式的操作方法如下：单击"开始"选项卡,选择"幻灯片"组中的"幻灯片版式"命令,打开"幻灯片版式"任务窗格,在其中选择一种幻灯片版式后将其应用到幻灯片上。

3.4.4　幻灯片的背景

用户可以为幻灯片设置不同的颜色、图案或者纹理等背景,不仅可以为单张幻灯片设置背景,而且可对母版设置背景,从而快速改变演示文稿中所有幻灯片的背景。

1. 改变幻灯片背景色

改变幻灯片背景色,操作方法如下:

(1)若要改变单张幻灯片的背景,可以在普通视图或者幻灯片视图中显示该幻灯片。如果要改变所有幻灯片的背景,可以进入幻灯片母版中。

(2)单击"设计"选项卡,选择"变体"组下的"背景样式"命令,出现如图 3-29 所示的"背景样式"选项框。

(3)选择相应的背景样式应用到幻灯片中。

2. 改变幻灯片的填充效果

改变幻灯片的填充效果,操作方法如下:

(1)若要改变单张幻灯片的背景,可以在普通视图或者幻灯片视图中选择该幻灯片。

(2)单击"设计"选项卡,选择"自定义"组下的"设置背景格式"命令,出现"设置背景格式"对话框,如图 3-30 所示。

(3)在填充选项卡中设置相应的填充效果。

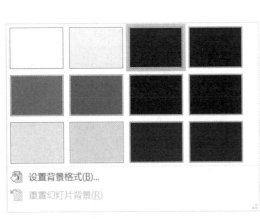

图 3-29　"背景样式"选择框

图 3-30　"设置背景格式"对话框

(4)在"渐变填充"单选框中,选择填充颜色的过渡效果,可以设置一种颜色的浓淡效果,或者设置从一种颜色逐渐变化到另一种颜色。在"图片或纹理填充"单选框中,可以选择填充纹理。在"图案填充"单选框中,选择填充图案。

(5)若要将更改应用到当前幻灯片,可单击"关闭"按钮;若要将更改应用到所有的幻

灯片和幻灯片母版,可单击"全部应用"按钮。单击"重置背景"按钮可撤销背景设置。

3.5 动画设置

动画是幻灯片中使用最频繁的功能之一,它能使幻灯片中的各个对象产生动态效果,增强幻灯片的动感和美感。掌握动画的应用技巧,能使幻灯片的质量更上一层楼。

3.5.1 设置动画效果

幻灯片放映时,可以对某些特定的对象增加动画,这些对象有幻灯片标题、幻灯片字体、文本对象、图形对象、多媒体对象等。

1. 设置动画效果

设置动画效果的操作步骤如下:

(1)在普通视图中,选择要设置动画效果的幻灯片。

(2)选择"动画"选项卡,出现如图 3-31 所示的"动画效果"任务窗格。

图 3-31 "动画效果"任务窗格

(3)选中要设置动画效果的文本或者对象,如果要设置的动画效果出现在当前任务窗格中,则选中它。如果没有出现,可单击动画窗格右侧的下拉列表,弹出如图 3-32 所示的"动画效果"任务窗格。从中选择某类动画效果,包括:进入效果、强调效果、退出效果和动作路径,从某类动画效果中选择某个动画效果(比如飞入的进入效果)。

图 3-32 "动画效果"任务窗格

（4）如果弹出的菜单中没有要设置的动画效果，单击"更多其他效果"（比如"彩色延伸"的强调效果），出现如图 3-33 所示的"更改强调效果"对话框，选择"彩色延伸"强调效果。

（5）还可对设置好的动画效果更改效果选项，可单击"动画效果"任务窗格右侧的"效果选项"，打开如图 3-34 所示的"效果选项"库，选择相应的效果选项。注意效果选项随选择的动画的不同而不同，如"飞入"动画的效果选项为飞入方向设置，而"形状"动画的效果选项为方向和形状设置。

图 3-33 "更改强调效果"对话框

图 3-34 "效果选项"库

（6）在"动画"选项卡中的"计时"组中还可设置动画效果的计时效果。可以选择一种动画效果的开始方式，如果选择"单击时"，表示鼠标单击时播放该动画效果；如果选择"与上一动画同时"，表示该动画效果和前一个动画效果同时播放；如果选择"上一动画之后"，表示该动画效果在前一个动画效果之后自动播放。在"持续时间"框中，可以设置动画的播放持续时间。在"延时"框中可设置出现该动画之前的等待时间。

（7）通过以上设置在"动画窗格"中的动画效果列表中会按次序列出设置的动画效果列表，同时在幻灯片窗格中的相应对象上会显示出动画效果标记。"动画窗格"的显示可通过"高级动画"组中的"动画窗格"按钮来完成。

（8）如要修改动画效果，可单击"动画效果"库中的其他动画效果。

（9）如要在已设置动画效果的对象上再添加一个动画效果，例如，希望某一对象同时具有"进入"和"退出"效果，或者希望项目符号列表以一种方式进入，然后以另一种方式强调每一要点，可单击"动画"选项卡下的"添加动画"按钮。

（10）如果对设置的动画效果不满意，可以单击"动画"库中的"无"，删除选定的动画效果。

2. 自定义动画类型

自定义动画类型共有四大类，每一类效果都有专门的用途及不同的图标颜色。

（1）进入（绿色）：设置项目在幻灯片上出现的动画效果。不在幻灯片的其他部分出现时马上出现，或者以某种不寻常的方式出现（例如飞入或者淡出），或者以这两种方式出现。

（2）强调（黄色）：项目已经在幻灯片上，并且以某种方式更改它，例如，它可以缩小、放大、摆动或改变颜色。

（3）退出（红色）：在幻灯片消失之前，项目从幻灯片上消失，并且可以指定它以某种不寻常的方式退出。

（4）动作路径：项目在幻灯片上按预设路径移动。

3. 设置自定义动画效果

如果要对设置的动画效果进行更多的设置，可以按以下步骤进行设置：

（1）在"动画窗格"列表中，选择要设置的动画效果。

（2）单击列表右边的下拉按钮，在弹出的菜单中选择"效果选项"，打开如图 3-35 所示的相应效果选项对话框。

（3）在"效果"选项卡中可以设置动画播放方向、动画增强效果等。

（4）单击"计时"选项卡，打开如图 3-36 所示的"飞入"效果计时对话框，可以设置动画播放开始时间、速度和触发动作。

图 3-35　"飞入"效果选项对话框　　　　图 3-36　"飞入"效果计时对话框

4. 调整动画播放次序

调整动画播放次序的操作步骤如下：

（1）选择要调整动画次序的幻灯片。

（2）在"动画窗格"的"动画效果"列表中，按住要移动的列表项进行拖动，会有一条插入线指示插入的位置，达到所需的位置后松开鼠标左键，列表项会重新排序，动画效果标记也会进行相应调整。单击动画效果列表框下面"重新排序"的"向上"或"向下"按钮，也可以对动画次序进行重新调整。

5.动画刷

以往在 PowerPoint 中,如果在某一页面制作了动画效果,那么,这个动画效果是无法通过复制到其他页面中去的,更不用说在多个 PowerPoint 幻灯片中复制动画效果了。在 PowerPoint 2019 中,新增了名为"动画刷"的工具,该工具允许用户把现成的动画效果复制到其他 PowerPoint 页面中。而且,动画刷工具,可以帮助用户把其他 PowerPoint 中的优秀的动画复制到自己的 PowerPoint 中加以利用,以节省制作 PowerPoint 的时间。

PowerPoint 2019 的动画刷使用起来非常简单,选择一个带有动画效果的幻灯片元素,点击 PowerPoint 功能区动画标签下的高级动画中的动画刷按钮,或直接使用动画刷的快捷键"Alt＋Shift＋C",这时,鼠标指针会变成带有小刷子的样式,与格式刷的指针样式差不多。找到需要复制动画效果的页面,在其中的元素上单击鼠标,则动画效果已经复制下来了。在多个 PowerPoint 之间复制动画效果也是这么简单。通过 PowerPoint 2019 的动画刷工具,用户可以快速地制作 PowerPoint 动画。

3.5.2　动画实例

1.滚动字幕

在 PowerPoint 2019 中制作一个从下往上循环滚动的字幕的具体步骤如下:

(1)在幻灯片的文字框中输入文字,譬如"滚动的字幕",设置好字体、格式等。把文字对象拖到幻灯片的最左边,并使得最后一个字刚好拖出。

(2)在"动画"选项卡中,进入动画效果选择"字幕式",效果选项选择"自底部","开始"选项选择"上一动画之后",持续时间设为 10 秒。

(3)单击"动画"选项卡中的"动画窗格"按钮,在"动画窗格"任务窗格中单击文本框动画效果右边的下拉按钮,选择"效果"选项。

(4)弹出对应效果的对话框,在"计时"选项卡中把"重复"设为"直到下一次单击",如图 3-37 所示,单击"确定"按钮。

图 3-37　"计时"选项卡

2. 动态图表

数据图表类的幻灯片往往会让人觉得乏味，不过为其添加适当的动画效果，再枯燥的图表也能生动起来。在幻灯片中要把如表 3-1 所示的销售额比较表的数据以动态三维簇状柱形图的方式呈现，具体操作步骤如下：

表 3-1　销售额比较表

姓名	第一季度	第二季度	第三季度	第四季度
张三	25.3	21.2	33.9	35.4
李四	28.4	35.4	29.8	35.1
王五	44.3	42.7	47.6	42.2

（1）单击"插入"选项卡"插图"组中的"图标"按钮，在图 3-38 所示的"插入图表"对话框中选择"三维簇状柱形图"，单击"确定"按钮。

（2）把表 3-1 的数据输入相应的数据表中，退出数据编辑状态，生成三维簇状图。

（3）在"动画"选项卡中进入动画效果并选择"擦除"，效果选项选择"自底部"和"按系列中的元素"，"开始"选项选择"上一动画之后"。

（4）这样一个动态的图表设置就完成了，各数据柱形将以自底部擦除的形式逐步显现，效果如图 3-39 所示。

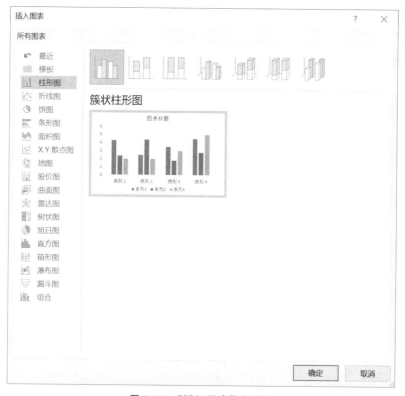

图 3-38　"插入图表"对话框

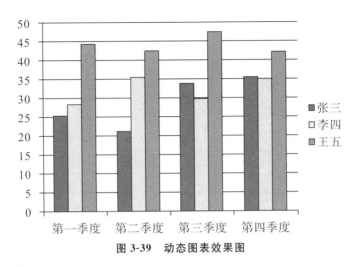

图 3-39　动态图表效果图

3. 跳动的小球

实现以下效果：按下"开始跳动"按钮，让小球跳动。具体操作步骤如下：

（1）单击"插入"选项卡"插图"组中的"形状"按钮，在"形状"下拉列表中选择"动作按钮：自定义"，在幻灯片右下角画出一个动作按钮，弹出"动作设置"对话框，设置"无动作"。右击该动作按钮，选择"编辑文字"命令，输入"开始跳动"，按钮制作完成。

（2）单击"插入"选项卡"插图"组中的"形状"按钮，在形状下拉列表中选择"椭圆"，绘制出圆形小球。

（3）选中小球对象，在"动画"选项卡的"动画"组中，将动作路径设为"自定义路径"，在"效果选项"下拉列表选择"曲线"，绘制出小球的运动路径，如图 3-40 所示。

（4）在"动画窗格"中单击椭圆动画效果右边的下拉按钮，选择"效果选项"，弹出如图 3-41 所示的"自定义路径"对话框，在"计时"选项卡中设置触发器，选择"单击下列对象时启动效果"单选框，在下拉列表中选择"动作按钮：自定义 4：开始跳动"，单击"确定"按钮，完成跳动的小球设置。

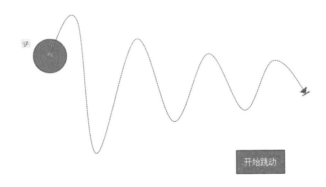

图 3-40　小球的运动路径

图 3-41 "自定义路径"对话框

3.6 演示文稿的放映与输出

一个演示文稿创建后，可以根据演示文稿的用途、放映环境或受众需求，选择不同的放映方式和输出形式。本节将介绍演示文稿的放映和输出方面的知识和技巧。

3.6.1 演示文稿的放映

在不同的场合、不同的需求下，演示文稿需要有不同的放映方式，PowerPoint 2019 为用户提供了多种幻灯片放映方式。

1. 手动放映

在完成所有的设置之后，就可以放映幻灯片了，在放映过程中幻灯片全屏显示，采用人工的方式控制幻灯片。下面是手动放映时经常要用到的一些技巧。

（1）放映时的常用快捷键

控制幻灯片的前进：按"Enter"键；按空格键；单击鼠标；右击鼠标，在弹出的快捷菜单中选择"下一张"；按"Page Down"键；按向下或向右方向键。

控制幻灯片的后退：右击鼠标，在弹出的快捷菜单中选择"上一张"；按"Backspace"键；按"Page Up"键；按向上或向左方向键。

切换到第一张/最后一张幻灯片："Home"键/"End"键。

直接跳转到某张幻灯片：输入数字后按"Enter"键。

（2）使用画笔

在幻灯片放映时，可以使用画笔功能在屏幕上做标记，以突出和强调重点。使用画笔的步骤如下：

①右击鼠标，弹出如图 3-42 所示的快捷菜单。

②选择"指针选项"子菜单下的一种画笔形状，如图 3-43 所示。

③鼠标指针变成一支画笔的形状，在屏幕上相应的位置画线或写字。

④选择"墨迹颜色"设置画笔的颜色。

图 3-42　"定位至幻灯片"子菜单　　　　图 3-43　"指针选项"子菜单

2. 排练计时

如果希望随着幻灯片的放映，同时讲解幻灯片中的内容，就不能用人工设定的时间，因为人工设定的时间不能精确判断一张幻灯片所需的具体时间。如果使用排练功能就可解决这个问题，在排练放映时自动记录使用时间，便可精确设定放映时间。

打开要设置放映时间的演示文稿，单击"幻灯片放映"选项卡下的"排练计时"命令，此时开始排练放映幻灯片，同时开始计时。在屏幕上除显示幻灯片外，还有一个"录制"对话框，如图 3-44 所示，在该对话框中显示有时钟，记录当前幻灯片的放映时间。当幻灯片放映时间到达，准备放映下一张幻灯片时，单击带有箭头的换页按钮，即开始记录下一张幻灯片的放映时间。如果认为该时间不合适，可以单击"重复"按钮，对当前幻灯片重新计时。放映到最后一张幻灯片时，屏幕上会显示一个确认的消息框，如图 3-45 所示，询问是否接受已确定的排练时间。幻灯片的放映时间设置好以后，就可以按照设置的时间进行自动放映。

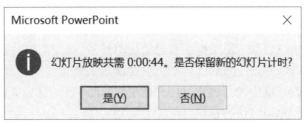

图 3-44　"录制"对话框　　　　图 3-45　确认排练计时对话框

3. 自定义放映

把一套演示文稿,针对不同的听众,将不同的幻灯片组合起来,形成一套新的幻灯片,并加以命名;然后根据各种需要,选择其中的自定义放映名进行放映,这就是自定义放映的含义。创建自定义放映的操作步骤如下:

(1)在演示文稿窗口,选择"幻灯片放映"选项卡,单击"自定义幻灯片放映"命令,弹出"自定义放映"对话框,如图 3-46 所示。

(2)单击"新建"按钮,弹出"定义自定义放映"对话框,如图 3-47 所示。在该对话框的左边列出了演示文稿中的所有幻灯片的标题或序号。

图 3-46 "自定义放映"对话框

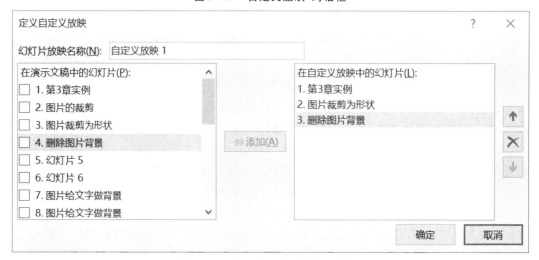

图 3-47 "定义自定义放映"对话框

(3)从中选择要添加到自定义放映的幻灯片后,单击"添加"按钮,这时选定的幻灯片就出现在右边框中。当右边框中出现多个幻灯片标题时,可通过右侧的上、下箭头调整顺序。

(4)如果右边框中有选错的幻灯片,选中幻灯片后,单击"删除"按钮就可以从自定义放映幻灯片中删除,但它仍然在演示文稿中。幻灯片选取并调整完毕后,在"幻灯片放映名称"框中输入名称,单击"确定"按钮,回到"自定义放映"对话框。如果要预览自定义放映,单击"放映"按钮。

(5)如果要添加或删除自定义放映中的幻灯片,单击"编辑"按钮,重新进入"设置自定义放映"对话框,利用"添加"或"删除"按钮进行调整。如果要删除整个自定义的幻灯片放映,可以在"自定义放映"对话框中选择其中要删除的自定义名称,然后单击"删除"按钮,则自定义放映被删除,但原来的演示文稿仍存在。

4.交互式放映

放映幻灯片时,默认顺序是按照幻灯片的次序进行播放。可以通过设置超级链接和动作按钮来改变幻灯片的播放顺序,从而提高演示文稿的交互性,实现交互式放映。

(1)超链接

超级链接广泛应用于 Internet 中,也越来越多地应用于各种文档中。对于 PowerPoint 这一信息传播工具,超级链接也起着重要的作用。

用户可以在演示文稿中添加超级链接,然后利用它跳转到不同的位置。例如,跳转到演示文稿的某一张幻灯片、其他文件、Internet 上的 Web 页等。

插入超级链接的步骤:

①选择要创建超级链接的起点,可以是文本或者图片。

②单击"插入"选项卡下的"链接"命令,弹出"插入超链接"对话框,如图 3-48 所示。

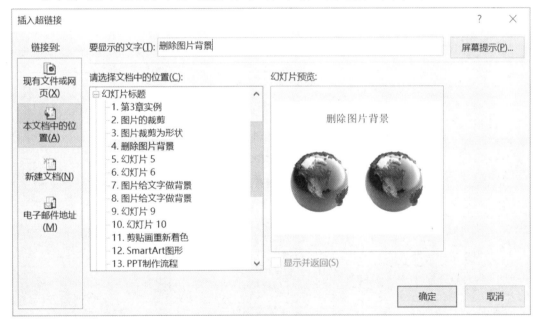

图 3-48　"插入超链接"对话框

③用户可以在此插入如下几种超级链接:

● 链接到其他演示文稿、文件或 Web 页的超级链接;

● 本文档中的其他位置;

● 新建文档;

● 电子邮件地址。

④如要链接到本文档中的某张幻灯片,则单击"本文档中的位置",在"请选择文档中的位置"中选择某张幻灯片,按"确定"按钮完成操作。

（2）动作按钮

可以通过动作按钮来实现超链接的功能。将动作按钮加到幻灯片上后，幻灯片放映时，单击动作按钮可以跳转到某一指定的位置（如跳转到演示文稿的某张幻灯片、其他演示文稿、Word 文档，或者跳转到 Internet 上）或执行某个应用程序。

在幻灯片上插入动作按钮的操作步骤如下：

①在普通视图或幻灯片视图中，找到待插入动作按钮的幻灯片。

②选择"插入"选项卡，单击"形状"命令，在形状类型中选择"动作按钮"，选择一种动作按钮（如"自定义"按钮），如图 3-49 所示。

③将鼠标指针移到幻灯片上欲放置动作按钮的位置，然后按住鼠标左键拖动到所需大小，释放鼠标左键后，将弹出如图 3-50 所示的"操作设置"对话框。

④可以设置鼠标的动作为"单击"或"移过"。选中"超链接到"单选按钮，在下拉列表框中选择要跳转到的位置，如果要链接到本演示文稿中其他幻灯片，可以选择"幻灯片"命令；选择"运行程序"可以启动某个应用程序；如果要在执行该动作时产生伴随声音，则要选中"播放声音"复选框。

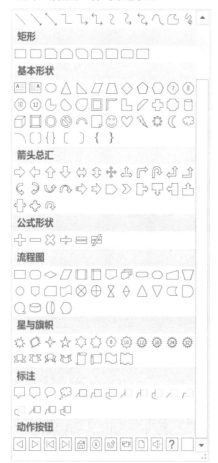

图 3-49　"动作按钮"类型

图 3-50　"操作设置"对话框

5.设置放映方式

PowerPoint 2019 为用户提供了多种幻灯片放映方式,按照用户的需要,可以使用不同的幻灯片放映方式。

设置幻灯片放映方式的操作步骤如下:

①单击"幻灯片放映"选项卡下的"设置放映方式"命令,出现"设置放映方式"对话框,如图 3-51 所示。

②在"放映类型"区中,可选中"讲演者放映(全屏幕)""观众自行浏览(窗口)"或者"在展台浏览(全屏幕)"单选按钮。

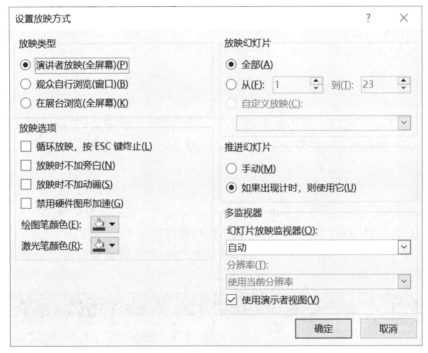

图 3-51 "设置放映方式"对话框

(1)设置幻灯片的放映类型

● 演讲者放映:此方式是最为常用的一种放映方式。在放映过程中幻灯片全屏显示,演讲者自动控制放映全过程,可采用自动或人工方式控制幻灯片,同时还可以暂停幻灯片放映、添加记录、录制旁白等。

● 观众自行浏览:此放映方式适用于小规模的演示,幻灯片显示在小窗口内。该窗口提供相应的操作命令,允许移动、复制、编辑和打印幻灯片。通过该窗口上的滚动条,可以从一张幻灯片移到另一张幻灯片,同时打开其他程序。

● 展台浏览:这种方式一般适用于大型放映,如在展览会场等,此方式自动放映演示文稿,不需专人管理便可达到交流的目的。用此方式放映前,要事先设置好放映参数,以确保顺利进行。放映时可自动循环放映,鼠标不起作用,按"Esc"键终止放映。

(2)设置放映特征

● 如果选中"循环放映,按"Esc"键终止"复选框,则循环放映演示文稿。当放映完最

后一张幻灯片后,再次切换到第一张幻灯片继续进行放映,若要退出放映,可按"Esc"键。

● 如果选中"放映时不加旁白"复选框,则在放映幻灯片时,将隐藏伴随幻灯片的旁白,但并不删除旁白。

● 如果选中"放映时不加动画"复选框,则在放映幻灯片时,将隐藏幻灯片上的对象所加的动画效果,但并不删除动画效果。

(3)设置幻灯片的放映范围

● 在"幻灯片"区中,如果选中"全部"单选按钮,则放映整个演示文稿。

● 如果选中"从"单选按钮,则可以在"从"数值框中,指定放映的开始幻灯片编号,在"到"数值框中,指定放映的最后一张幻灯片编号。

● 如果演示文稿中包含自定义放映,则选中"自定义放映"单选按钮,然后在右边的列表框中选择自定义放映的名称。

6.幻灯片切换

切换效果就是指在幻灯片放映过程中,当一张幻灯片转到下一张幻灯片上时所出现的特殊效果。幻灯片放映增加切换效果后,可以吸引观众的注意力,但也不宜设置过多的切换效果,以免使观察者只注意到切换效果而忽略了幻灯片的内容。

设置幻灯片的切换效果,其操作步骤如下:

①在幻灯片浏览视图中,选择一个或多个要添加切换效果的幻灯片。

②单击"切换"选项卡,打开如图 3-52 所示的幻灯片"切换"任务窗格。

③设置幻灯片的切换方式、持续时间、切换声音和换片方式。

④在"换片方式"区域可选择幻灯片的换页方式,可以实现鼠标单击时切换,也可以每隔一定时间自动切换。

图 3-52 幻灯片"切换"任务窗格

⑤如果要将幻灯片切换效果应用到所有幻灯片上,则可单击"全部"命令。

⑥如果在"应用于所选幻灯片"列表中选择"无切换",则可以删除幻灯片的切换效果。

3.6.2 演示文稿的输出

演示文稿制作完成以后,PowerPoint 2019 提供了多种输出方式,包括:将演示文稿打包成 CD、广播幻灯片。

1. 将演示文稿打包成 CD

PowerPoint 2019 可以把 PPT 演示文稿打包成 CD 的功能,可打包演示文稿和所有支持文件,包括链接文件,并从 CD 上自动运行演示文稿。一般在制作演示文稿的计算机上将演示文稿打包成安装文件,然后可以在其他计算机上运行。

将演示文稿打包成 CD 的操作步骤如下:

（1）打开要打包的演示文稿。

（2）选择"文件"菜单下的"保存并发送"命令，单击"将演示文稿打包成 CD"下的"打包成 CD"命令，打开如图 3-53 所示的"打包成 CD"对话框。

（3）在"将 CD 命名为"文本框中输入文件名。

（4）若要添加其他演示文稿或其他不能自动包含的文件，可单击"添加"按钮，选择要添加的文件然后单击"添加"按钮。如果要更改文件的播放次序，可单击向上或向下按钮；如果要删除文件，可单击"删除"按钮。

（5）若要更改默认设置，可单击"选项"按钮，打开如图 3-54 所示的"选项"对话框。若要包括 TrueType 字体，则可选中"嵌入的 TrueType 字体"复选框；在"增强安全性和隐私保护"中可设置打开和修改文件的密码。

图 3-53　"打包成 CD"对话框

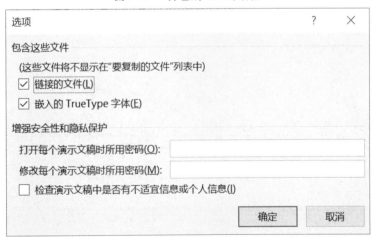

图 3-54　"选项"对话框

（6）单击"复制到 CD"按钮，将演示文稿复制到 CD。

（7）如果计算机上没有安装刻录机或放入刻录盘，可以将打包的文件复制到计算机的

文件夹中,单击"复制到文件夹"按钮,打开"复制到文件夹"对话框,输入文件夹名称和位置后单击"确定"按钮。

2. 广播幻灯片

在 PowerPoint 2019 中,新增加了一个广播幻灯片的功能,这个功能使得观众或其他用户可以通过网络观看 PowerPoint 的放映。这样就可以解决以往在放映 PowerPoint 幻灯片时,投影过小使得后面的观众看不清的弊病。使用 PowerPoint 2019 的广播幻灯片功能,只要大家都有电脑,接入网络,就可以同步观看 PPT 了。因此,这个功能非常适合在电子教室中使用。

在 PowerPoint 2019 中找到幻灯片放映标签下的"广播幻灯片"项,在广播幻灯片窗口中单击"启动广播"按钮,在弹出的窗口中单击"开始广播"按钮,根据提示,在 PowerPoint 2019 配置广播之后输入自己的 WINDOWS LIVE ID,也就是原来的 MSN 用户名和密码,当 PowerPoint 2019 连接上服务之后就会自动分配一个地址,将这个地址发送给网络上的观众,观众通过浏览器打开这个网址,就可以同步观看正在放映的 PowerPoint 幻灯片了。

第 4 章　Access 2019 高级应用

　　数据库技术是信息系统的核心和基础,数据库的应用极大地促进了计算机应用向各行各业的渗透。Microsoft Access 2019 是目前使用比较广泛的关系数据库管理系统。它适合于中小企业的数据库管理应用,是典型的桌面数据库管理系统。

　　本章将重点介绍数据库的基础知识、Microsoft Access 2019 数据库的创建、表的建立和维护、查询的基本操作、窗体设计以及创建报表等内容。读者不仅可以了解数据库技术的重要性,而且可以掌握 Microsoft Access 2019 数据库(以下简称 Access 数据库)的使用。

4.1　数据库基础知识

　　在系统介绍数据库的应用之前,首先介绍一些数据库的基本概念和最常用的术语。

4.1.1　基本概念

数据、数据库、数据库管理系统和数据库系统是数据库技术的最基本的概念。

1. 数据

　　通常,我们对数据(data)的认识可能就是 28、4/5、−1.5、4.3% 等数值,其实数值类型的数据是对数据的一种传统的和狭义的理解。数据的种类还有很多,比如文本(text)、图形(graph)、图像(image)、音频(audio)、视频(video)、人的档案记录、商品交易记录等,这些都是数据。若要用计算机处理数据,就需要将它们经过数字化后存入计算机,然后再进行相关的计算处理。

　　在日常生活中,人们通常直接用自然语言来描述事物。例如,描述某校计算机系的一位学生的基本情况:张杰,男,2003 年 11 月 15 日生,浙江嘉兴市,2021 年 9 月 12 日入学。在计算机中可以这样来表示:

　　(202145509130,张杰,男,2003−11−15,浙江嘉兴市,2021−9−12)

即把学生的姓名、性别、出生日期、出生地、入学日期的内容组织在一起，可能还需要加入其他信息，例如所在系、专业、班级等，可以体现在学号中，组成一个"记录"。这里的学生记录就是描述学生的数据。这样的数据是有数据结构的。记录是计算机中表示和存储数据的一种常见的格式。

2. 数据库

数据库(Database,DB)是指按照一定格式长期存储在外存储器上的有组织的、可共享的数据集合。

数据库中的数据不针对某一应用，而是面向全组织，具有整体的结构化特征，具有较小的冗余度、较高的数据独立性、易扩展性，并可为各种用户共享。不同的用户可以按各自的用法使用数据库中的数据；多个用户可以同时共享数据库中的数据资源，即不同的用户可以同时存取数据库中的同一个数据。数据共享性不仅满足了各用户对信息内容的要求，同时也满足了各用户之间信息通信的要求。

3. 数据库管理系统

数据库管理系统(Database Management System,DBMS)是一个系统软件，负责对数据库中的数据进行统一管理。

数据库管理系统是一种操纵和管理数据库的大型软件，用于建立、使用和维护数据库。它对数据库进行统一的管理和控制，以保证数据库的安全性和完整性。用户通过它访问数据库中的数据，数据库管理员也通过它进行数据库的维护工作。它可使多个应用程序和用户用不同的方法同时或在不同时刻建立、修改和查询数据库。

数据库管理系统的主要类型有 4 种：文件管理系统、层次数据库系统、网状数据库系统和关系数据库系统，其中关系数据库系统的应用最为广泛。

4. 数据库系统

数据库系统(Database System,DBS)是为了适应数据处理的需要而发展起来的一种较为理想的数据处理系统，是存储介质、处理对象和管理系统的集合体，能够实现有组织地、动态地存储大量相关数据，提供数据处理和信息资源共享的便利手段。

数据库系统一般由数据库、计算机硬件(包括网络与通信设备)、计算机软件(操作系统和数据库管理系统)和人员构成。其中，人员包括数据库管理员(DataBase Administrator,DBA)、程序员和终端用户。

在数据库系统、数据库管理系统和数据库三者之中，数据库管理系统是数据库系统的基础与核心。数据库是数据库管理系统的管理对象。

4.1.2 数据管理技术的产生和发展

数据管理的水平是与计算机硬件、软件的发展相适应的。数据管理技术主要经历了三个阶段的发展：人工管理阶段、文件系统阶段、数据库系统阶段。

1. 人工管理阶段

20 世纪 50 年代中期以前，计算机主要用于科学计算。在硬件方面，计算机的外存只有磁带、卡片、纸带,没有磁盘等直接存取的存储设备,存储量非常小;软件方面,没有操作系统,没有高级语言,数据处理的方式是批处理,即机器一次处理一批数据,直到运算完成为止,然后才能进行另外一批数据的处理,中间不能被打断,原因是此时的外存如磁带、卡片等只能顺序输入。

人工管理阶段的数据具有以下几个特点:数据不保存、数据不独立、数据不共享,由应用程序管理数据。

2. 文件系统阶段

20 世纪 50 年代后期到 60 年代中期,数据管理发展到文件系统阶段。此时的计算机不仅用于科学计算,还大量用于管理。硬件方面,有了磁盘等可以直接存取的外部存储设备;软件方面,操作系统中已有了专门管理数据的软件,称为"文件系统"。从处理方式上讲,不仅有了文件批处理,而且能够联机实时处理。联机实时处理是指在需要的时候随时从存储设备中查询、修改或更新数据。

文件系统的特点是:

(1)数据长期保留。数据可以长期保留在外存上反复处理,即可以经常进行查询、修改和删除等操作。

(2)数据的独立性。由于有了操作系统,利用文件系统进行专门的数据管理,使得程序员可以集中精力在算法设计上,而不必过多地考虑细节。

当然,文件系统仍存在不足:数据共享性差,冗余度大。当不同的应用程序所需的数据有部分相同时,仍需建立各自的独立数据文件,而不能共享相同的数据;数据和程序缺乏足够的独立性。文件中的数据是面向特定的应用的,文件之间是孤立的,不能反映现实世界事物之间的内在联系。

3. 数据库系统阶段

20 世纪 60 年代后期以来,计算机的应用越来越广。硬件方面,已经有大容量的磁盘,价格也不断下降。相反,软件价格上升,软件的编制和维护成本增加。在处理方式上,实时处理要求增多,以文件系统作为数据管理手段已经不能满足应用的要求。

为实现多用户、多应用共享数据的需求,数据库技术应运而生,出现了对数据进行统一管理的软件系统,这个系统软件称为数据库管理系统(DBMS)。数据库管理系统将程序员进一步解脱出来,就像当初操作系统将程序员从直接控制物理读写中解脱出来一样。程序员此时不需要再考虑数据库中的数据是否因为改动而造成不一致,也不用担心由于应用功能的扩充,而导致程序重写,数据结构重新变动。

随着计算机科学和技术的发展,数据库技术与通信技术、面向对象技术、多媒体技术等相互渗透、相互结合,使数据库系统有了新的发展。例如,数据库技术与通信技术结合产生了分布式数据库系统,与面向对象技术结合产生了面向对象数据库系统,与多媒体技术结合产生了多媒体数据库系统等。

数据库系统具有以下特点:

办公软件高级应用

（1）数据结构化

数据结构化是数据库系统与文件系统的本质区别。在数据库系统中，数据不再针对某个应用，而是面向全组织；不但数据内部是有结构的，而且整体是结构化的，数据之间是有联系的。

（2）数据共享性高，冗余度低，易扩充

数据库从整体的观点来看待和描述数据。数据不再是面向某一应用，而是面向整个系统，因此数据可以被多个用户、不同应用共享。数据共享可以大大减少数据的冗余，节约存储空间，缩短存取时间，避免数据之间的不相容和不一致。数据库系统弹性大，易于扩充，可以适应各种应用需求。当需求改变或增加时，只要重新选择数据子集或者加上一部分数据，便可以满足更多、更新的要求。

（3）数据独立性高

在数据库系统中，数据是由数据库管理系统进行统一管理的。应用程序只用简单的逻辑结构来操作数据，无须考虑数据在存储器上的物理位置与结构，实现了应用程序与数据的总体逻辑结构、物理存储结构之间的独立，便于对应用程序的维护和修改。

（4）统一的数据管理和控制

数据库可以被多个用户或应用程序共享，多个用户可能同时使用同一个数据库。数据库管理系统提供了数据的安全性控制、数据的完整性控制及并发控制、数据库恢复等功能。

4.1.3　数据模型

模型是对现实世界中某个对象特征的模拟和抽象。例如，一架航模飞机、一辆模型汽车、一条船模，都是具体的模型。

数据模型也是一种模型，它是对现实世界数据特征的抽象。由于计算机不能直接处理现实世界中的具体事物，所以人们首先要把具体的事物转换成计算机能够处理的数据。把现实世界中具体的事物用数据模型这个工具来抽象、表示和处理。

各种机器上实现的DBMS软件都是基于某种数据模型的。数据模型应该满足三个方面的要求：一是比较真实地模拟现实世界；二是容易为人所理解；三是便于在计算机上实现。开发数据库应用有着不同的阶段，需要使用不同的数据模型，分为概念数据模型、逻辑数据模型和物理数据模型。

1. 概念数据模型

概念数据模型（conceptual data model）简称概念模型，是现实世界到机器世界的一个中间层次，是按用户的观点来对数据和信息建模，是用户与数据库设计人员交流的语言。它独立于任何数据库管理系统。概念模型必须转换成逻辑模型，才能在DBMS中实现。下面介绍一些概念模型中涉及的概念。

（1）实体

客观存在并且可以区分的事物称为实体。它可以是人或物，也可以是抽象的概念或联系。例如一个职工、一个部门、一次授课、学生选课等。

134

　　描述实体的特性称为实体的属性，一个实体可以由若干个属性来描述。例如学生实体用学号、姓名、性别和出生日期等若干个属性描述。属性的具体取值称为属性值，例如属性组(202145509130,张杰,男,2003－11－15)就描述了一个具体的学生。每个属性的取值范围叫作值域，例如性别的值域为(男,女)。

　　属性值所组成的属性组表示一个实体，同时又表示了一种实体型，如(学号,姓名,性别,出生日期)表示学生实体的实体型。实体值是指某个具体的实体的取值，例如(202145509130,张杰,男,2003－11－15)就是一个实体值。

　　相同类型实体的集合称为实体集。例如,(202145509130,张杰,男,2003－11－15)是一个具体的学生，而所有学生的集合就是一个实体集。

　　(2)联系

　　在现实世界中，事物内部以及事物之间是有联系的，这些联系在信息世界中反映为实体(型)内部的联系和实体(型)之间的联系。实体内部的联系通常指组成实体属性的各个属性之间的联系；实体之间的联系通常指不同实体之间的联系。

　　两个实体之间的联系可以分为三种：

　　● 一对一联系。实体集 A 中的任意一个实体，实体集 B 中至多有一个实体与之联系，反之亦然，则称实体集 A 与实体集 B 具有一对一联系，记作 1∶1。

　　● 一对多联系。实体集 A 中的任意一个实体，实体集 B 中有 n 个实体(n≥0)与之联系，则称实体集 A 与实体集 B 具有一对多联系，记作 1∶n。反之，是多对一联系，记作 n∶1。

　　● 多对多联系。实体集 A 中的任意一个实体，实体集 B 中有 n 个实体(n≥0)与之联系；反之，对于实体集 B 中的任意一个实体，实体集 A 中也有 m 个实体(m≥0)与之对应，则称实体集 A 与实体集 B 具有多对多联系，记作 m∶n。

　　概念模型的表示方法最常用的是实体—联系方法(Entity-Relationship Approach)，简称 E-R 方法。该方法是由 P.P.S.Chen 在 1976 年提出的。E-R 方法用 E-R 图来描述某一组织的概念模型。

　　在 E-R 图中：①长方形框表示实体集，框内写上实体型的名称。②用椭圆框表示实体的属性，并用有向边把实体框及其属性框连接起来。③用菱形框表示实体间的联系，框内写上联系名，用无向边把菱形框及其有关的实体框连接起来，在旁边标明联系的种类。如果联系也具有属性，则把属性框和菱形框也用无向边连接上。

　　两个实体型之间可能存在的三种不同的联系如图 4-1 所示。

　　实体的描述如图 4-2 所示。

　　例如,要表示学生选课的 E-R 图如图 4-3 所示。

　　实体—联系方法是抽象和描述现实世界的有力工具。用 E-R 图表示的概念模型独立于具体的 DBMS 所支持的逻辑数据模型，它是各种逻辑数据模型的共同基础，因而比逻辑数据模型更一般、更抽象、更接近现实世界。

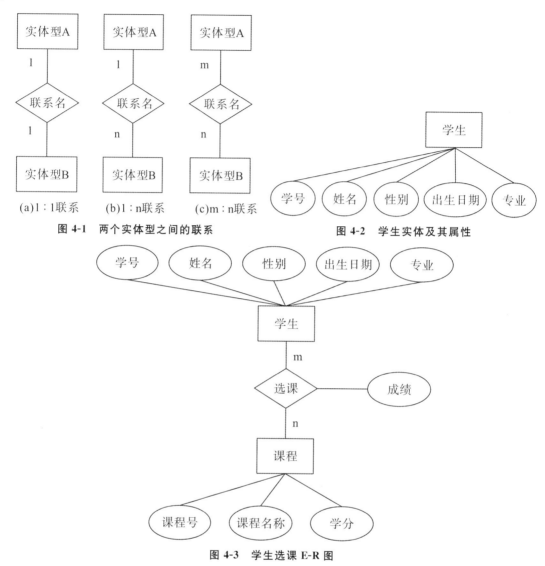

图 4-1　两个实体型之间的联系

图 4-2　学生实体及其属性

图 4-3　学生选课 E-R 图

2.逻辑数据模型

逻辑数据模型(logical dada model)简称逻辑模型,是从计算机的角度对数据建模,主要用于 DBMS 的实现。逻辑模型主要包括层次模型、网状模型、关系模型、面向对象模型和对象关系模型等。通常所说的数据模型一般指逻辑数据模型。

(1)层次模型

用树型结构表示实体及其之间联系的模型称为层次模型,如图 4-4 所示。层次模型中将数据组织成一对多的关系,采用关键字来访问其中每一层次的每一部分。

优点:存取方便且速度快;结构清晰,容易理解;数据修改和数据库扩展容易实现;检索关键属性十分方便。

缺点:结构呆板,缺乏灵活性;同一属性数据要存储多次,数据冗余大(如公共边);不适合于拓扑空间数据的组织。

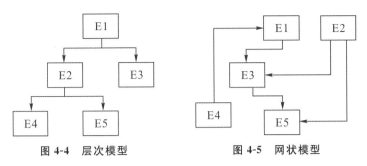

图 4-4　层次模型　　　　　图 4-5　网状模型

（2）网状模型

用网状结构表示实体及其之间联系的模型称为网状模型，如图 4-5 所示。网状模型中用连接指令或指针来确定数据间的显式连接关系，是具有多对多类型的数据组织方式。

优点：能明确而方便地表示数据间的复杂关系；数据冗余小。

缺点：网状结构复杂，增加了用户查询和定位的困难；需要存储数据间联系的指针，使得数据量增大；数据的修改不方便（指针必须修改）。

（3）关系模型

以二维表的形式表示实体与实体之间联系的模型称为关系模型，如表 4-1 所示。关系模型中，一个二维表就是一个关系，每一个关系都是一个二维表。

优点：结构特别灵活，概念单一，满足所有布尔逻辑运算和数学运算规则形成的查询需要；能搜索、组合和比较不同类型的数据；增加和删除数据非常方便；具有更高的数据独立性、更好的安全保密性。

缺点：数据库大时，查找满足特定关系的数据费时；对空间关系无法满足。

层次模型、网状模型和关系模型是三种重要的数据模型。其中应用最广泛的是关系模型，它也是目前最重要的一种数据模型。

表 4-1　课程表

课程号	课程名称	学分
33110	高等数学	5
22950	大学英语	4
32101	大学物理	2
33118	…	…

3. 物理数据模型

物理数据模型（physical data model）简称物理模型，是对数据最底层的抽象。它描述数据在系统内部的表示方法和存取方法，在磁盘或磁带上的存储方式和存取方法，是面向计算机系统的。物理模型的具体实现是 DBMS 的任务，数据库设计人员要了解和选择物理模型，一般用户则不必考虑物理级的细节。

4.1.4　关系术语

关系数据库系统采用关系模型作为数据的组织方式。20 世纪 80 年代以来，计算机

厂商新推出的数据库管理系统几乎都支持关系模型,例如 Oracle、DB2、Microsoft SQL Server、MySQL 和 Microsoft Access 等。关系模型是建立在严格的数学概念的基础上的,由一组关系组成。以下简单介绍常用的主要关系术语。

1. 关系

一个关系的数据结构是一张规范化的二维表,如表 4-2 所示。

表 4-2　学生信息表

学号	姓名	性别	出生日期	学院
202145699121	王小平	男	2001.11.5	商贸管理学院
202145739122	黄丽丽	女	2002.2.28	文法学院
202145509223	张文博	男	2003.5.25	信息工程学院
202145509224	…	…	…	…

2. 元组

二维表中的一行为一个元组,即记录。如表 4-2 所示的学生信息表中包含多个记录。

3. 属性

二维表中的一列为一个属性,即字段。给每个属性起一个名称即属性名(字段名)。如学生信息表中有 5 列,对应 5 个属性(学号、姓名、性别、出生日期和学院)。

4. 域

属性(字段)的取值范围,例如年龄一般为 1～150 岁。性别的域是(男,女),学院的域是全校所有二级学院的集合。

5. 主键

又称为码。表中的某个属性或者属性组,它可以唯一标识一个元组,例如表 4-2 中的学号,可以唯一确定一个学生,学号即为主键。表 4-1 中的课程号为课程表的主键。若有成绩表(学号,课程号,成绩),则学号＋课程号为主键。

6. 外键

表中的某个属性不是本表的主键,但它是另一个表的主键,那么这个属性就是外键。例如,学号是成绩表的外键。

7. 关系模式

对关系的描述,一般表示为:关系名(属性 1,属性 2,…,属性 n)

例如表 4-2 的关系可以描述为:学生信息表(学号,姓名,性别,出生日期,学院)。

在关系模型中,实体以及实体间的联系都是用关系来表示的,例如,学生、课程以及学生选课在关系模型中可以如下表示:

学生信息表(学号,姓名,性别,出生日期,专业)

课程表(课程号,课程名称,学分)

选课成绩表(学号,课程号,成绩)

关系模型要求关系必须是规范化的,就是要求关系必须满足一定的规范条件,这些规范条件中最基本的一条就是关系的每一个分量必须是不可分的数据项,也就是不允许表中有表。

8.完整性

完整性指数据库中各个表及其表之间的数据的有效性、一致性和兼容性。数据库的完整性包括实体完整性、参照完整性和用户自定义完整性。

(1)实体完整性。指一个表中主键的取值必须是确定的、唯一的,且主键不允许为空值。

(2)参照完整性。指表与表之间数据的一致性和兼容性。例如,在学生信息表与成绩表之间的参照完整性要求:在成绩表中出现的学号的值必须是学生表中已经存在的某个学号。

(3)用户自定义完整性。由实际应用中用户的需求决定。通常对某个字段的取值进行限制,多个字段取值的条件约束等。如成绩表中成绩的取值为 $0\sim100$。

9.关系操作

关系的基本运算有:选择、投影和连接。

(1)选择。从关系中找出满足条件的元组的操作。选择是从行的角度进行计算。例如,从学生信息表中选出男生的记录就属于选择操作。

(2)投影。从关系中找出若干属性组成新的关系。投影是从列的角度进行计算。例如,从学生信息表中找出学生的姓名和学院就属于投影操作。

(3)连接。从两个关系中找出属性间满足一定条件的元组,组成新的关系。连接是以两个表作为操作对象的。如果需要连接两个以上的表,就需要进行两两连接。例如,将"学生信息表"和"成绩表"这两个关系按照学号相等进行连接操作,就可以得到一张新的学生成绩表。

4.2　数据库和表

要实现数据库应用,首先要建立数据库。而建立数据库之前,则要从实际应用的需求出发,对所涉及的数据进行分析、组织、设计,进而架构数据库。创建了数据库和表之后,就可以输入数据,进行数据的查询、显示和报表的输出等操作。

4.2.1　设计数据库

架构数据库是实现数据库应用最基础、最关键的工作,也是一项复杂的任务,是有经验的系统分析与设计人员通过对需求的充分理解后进行全面考虑和分析得到的结果。设计一个数据库一般需要考虑以下几个方面的问题:

(1)需要创建几个二维表才能把数据有效地组织存储起来?

(2)每个表应该有哪些类型的字段?

(3)表与表之间有怎样的联系?

下面以实现学生成绩管理系统为例介绍 Access 数据库的设计过程。

1. 根据需求确定概念模型

根据学生成绩管理系统的实际功能,分析数据需求,应该包括学生基本信息、课程相关信息和学生成绩信息等,确定相关实体及其属性,以及实体之间的联系。图 4-3 所示的学生选课 E-R 图很清晰地描述了实体及其联系。

2. E-R 图转换为数据模型

将概念模型转化成数据模型,根据 E-R 图得到的关系模型为:

学生信息表(学号,姓名,性别,出生日期,专业)

课程表(课程号,课程名称,学分)

选课成绩表(学号,课程号,成绩)

其中,选课成绩表将学生信息表与课程表之间的多对多联系(m:n)分为两个一对多联系(1:n)。将学生信息表与课程表的主键都插入到选课成绩表中。

3. 向特定的 DBMS 规定的模型转换

根据学生成绩管理系统数据库设计的数据模型,可以构建 Access 关系数据库表对象。除了明确表对象之外,还需要确定表中每个字段名与数据类型。三个表对象如下:

(1)学生信息表。字段有:学号(文本)、姓名(文本)、性别(文本)、出生日期(日期/时间)、专业(文本)。

(2)课程表。字段有:课程号(文本)、课程名称(文本)、学分(数字)。

(3)选课成绩表。字段有:学号(文本)、课程号(文本)、成绩(数字)。

其中,学生与课程是多对多联系(m:n),即一个学生可以选多门课,一门课可以由多个学生选。

在 Access 2019 中,常用的字段类型说明如表 4-3 所示。

表 4-3 Access 2019 常用的字段类型

类型	说明	大小
短文本	文本或文本和数字的组合,或者不需要计算的数字	最多 255 个字符
长文本	长文本或文本和数字的组合	最大 1GB
数字	用于数学计算的数值数据	1、2、4 、8 或者 16 个字节等
日期/时间	从 100 到 9999 年的日期与时间值	8 个字节
货币	货币值或用于数学计算的数值数据	8 个字节
是/否	"是"和"否"值,只包含两者之一的字段	1 位
自动编号	向表中添加一条新记录时,自动插入的一个唯一的顺序号(每次递增 1)或随机编号	4 个字节
OLE 对象	存储图像、图表、声音等	最大 1GB(受磁盘容量限制)
超链接	文本,或文本和存储为文本的数字的组合。链接到本地或网络上的地址	Hyperlink 的每一部分最多只包含 2048 个字符

4.2.2　创建数据库及表

数据库设计完成后,就可以在 Access 2019 中新建数据库。Access 2019 采用了一种支持许多产品增强功能的新型文件格式。创建一个新数据库时,默认情况下该数据库使用这种新型文件格式,并使用.accdb 文件扩展名。但是,这种新型文件格式不能用早期版本的 Access 打开,也不能与其链接,而且它不支持复制,也不支持用户级安全性。如果需要在早期版本的 Access 中使用数据库,或者需要使用复制功能或用户级安全性,则必须使用早期版本的文件格式。早期版本的 Access 数据库使用.mdb 文件扩展名。

1. 新建数据库

启动 Access 2019 后,选择"文件"选项卡,单击"新建"→"空白数据库",数据库文件名为"score.accdb"。单击"创建"按钮,完成新数据库的创建。

2. 新建表

表是用于存储有关特定主题(例如学生或课程)的数据的数据库对象。一个数据库可以包含多个表,每个表用于存储有关不同主题的信息。表由记录和字段组成。每个表可以包含许多不同数据类型(例如文本、数字、日期和超链接)的字段。字段的数据类型指示字段存储的数据种类。

创建一个新数据库后,该数据库将打开,系统自动创建名为"表 1"的新表,在数据表视图中打开该新表。Access 会自动创建一个主键,并为它指定字段名 ID 和"自动编号"数据类型。创建表的步骤如下:

(1)选中 ID 字段,在"表格工具/字段"选项卡的"属性"组中,单击"名称和标题"按钮,如图 4-6 所示。

(2)打开"输入字段属性"对话框,在"名称"文本框中输入"stu_id",在"标题"文本框中输入"学号"。

(3)在"表格工具/字段"选项卡的"格式"组中,将学号字段数据类型改为"短文本"。

(4)在"学号"字段右侧,单击添加新的字段,如图 4-7 所示,选择字段类型,输入字段名称,在"表格工具/字段"选项卡的"属性"组中,单击"名称和标题"按钮,设置字段标题。用同样的方法添加其余字段。

(5)单击"文件"菜单中的"保存"命令,在"另存为"对话框中输入表的名称"student",单击"确定"按钮,保存新建的表。

图 4-7　添加字段

图 4-6　设置字段属性

通过选择"创建"选项卡,单击"表格"组中的"表"按钮,在数据表视图中用类似的方法可以新建"course"表(课程表)。

可以使用设计视图创建"grade"表(选课成绩表)。操作步骤如下:

(1)选择"创建"选项卡,单击"表格"组中的"表设计"按钮,打开表设计视图。

(2)输入字段名称"stu_id",在"数据类型"下拉列表框中选择"查询向导",如图 4-8 所示。

(3)根据查询向导,选择与 student 表中的"stu_id"字段相对应,以便输入与查询。

(4)用相同的方法添加"course_id"字段,与 course 表中的"course_id"字段相对应。

(5)同时选中"stu_id"和"course_id"两个字段,选择"表格工具/设计"选项卡,在"工具"组中单击"主键"按钮,设置 grade 表的主键,如图 4-9 所示。

(6)添加字段"成绩",设置数据类型为数字型后保存。

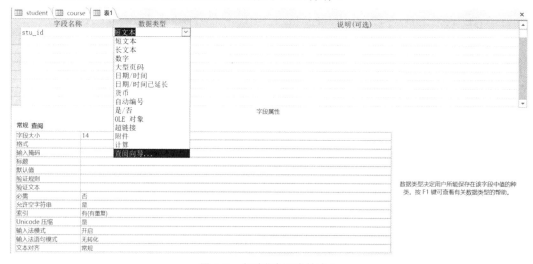

图 4-8　新建"选课成绩表"

除了在数据表视图或者设计视图中创建表之外,用户还可以通过导入一个已有的

Excel 表格来创建一个新表。选择"外部数据"选项卡,单击"导入并链接"组中的"新数据源"→"文件"→"Excel"命令,如图 4-10 所示,然后根据向导操作即可。

图 4-9　创建主键

图 4-10　导入 Excel 表

3. 建立表之间的关联

为了保证数据库中三个表中的数据的参照完整性,必须建立表之间的关联。操作如下:

(1)选择"数据库工具"选项卡,单击"关系"组中的"关系"按钮。

(2)将三个表拖到"关系"窗口中,即可见到三个表之间的关联关系,如图 4-11 所示,单击"保存"按钮创建关联。

若要修改表之间的关联,可以在关联线段上右击,单击"编辑关系"快捷菜单命令,显示"编辑关系"对话框,图 4-12 显示"student"表和"grade"表的关系。

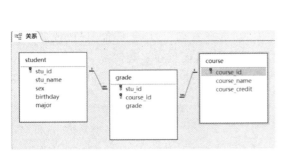

图 4-11　创建表之间关联　　　　　　图 4-12　编辑关系

至此,数据库 score.accdb 中的三个表创建完毕。接下来的工作是在表中输入数据。

4.2.3 表的维护与操作

用户可以直接在表中输入和编辑数据,也可以将 Excel 工作簿、其他数据库、文本文件等外部数据导入到当前的 Access 数据库中。

输入数据时,要注意数据的类型必须与该字段设置的数据类型一致,否则 Access 显示错误消息。

在表中输入数据操作如下:

(1)在导航窗格中双击要使用的表。默认情况下,Access 在"数据表视图"中打开表。

(2)单击要编辑的字段,然后输入数据。

student 表中数据输入结果如图 4-13 所示。用同样的方法将数据输入到 course 表和 grade 表中。因为选课成绩表与学生信息表、课程表建立了关联,所以,该表中的学号或者课程号除了键盘输入外,还可以从下拉列表中选择输入,如图 4-14 所示。

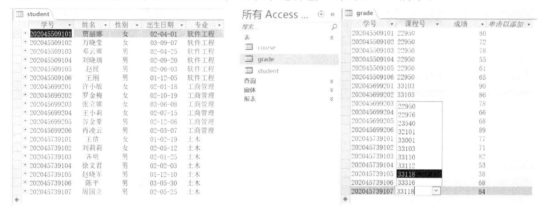

图 4-13 在学生信息表中输入数据   图 4-14 在选课成绩表中输入数据

4.3 建立查询

如果要查看、添加、更改或删除数据库中的数据,则需要考虑使用查询。在 Access 中,可以使用查询筛选数据、执行数据计算和汇总数据,还可以使用查询自动执行许多数据管理任务,并在提交数据更改之前查看这些更改。

用于从表中检索数据或进行计算的查询称为"选择查询"。用于添加、更改或删除数据的查询称为"操作查询"。操作查询会更改表中的数据,而且在多数情况下,这些更改不能恢复,所以一般在进行操作查询前要对原表进行"备份"。查询得到的结果数据一般称为"记录集"(record sets)。

4.3.1 使用查询向导创建查询

在 Access 中,可以使用查询向导创建查询。共有四种查询向导:简单查询向导、交叉表查询向导、查找重复项查询向导和查找不匹配项查询向导。例如,如果要分别统计

student 表中各专业男生和女生的人数,可以使用交叉表查询向导创建查询,操作步骤如下:

(1)打开数据库 score.accdb 后,在"创建"选项卡中,单击"查询"组中的"查询向导"按钮.

(2)在打开的"新建查询"对话框中,选择"交叉表查询向导"选项,单击"确定"按钮。

(3)在打开的"交叉表查询向导"对话框中,选择用于建立查询的 student 表,单击"下一步"按钮。

(4)选择 major(专业)作为交叉表中的行标题,如图 4-15 所示,单击"下一步"按钮。

(5)选择 sex(性别)作为交叉表中的列标题,单击"下一步"按钮。

(6)在字段列表框中选择"学号",在函数列表框中选择"计数",并勾选为每行进行小计的复选框,如图 4-16 所示,单击"下一步"按钮。

(7)输入查询名称,单击"完成"按钮,结果如图 4-17 所示。

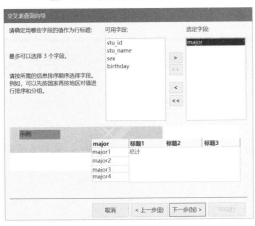

图 4-15　选择交叉表中的行标题 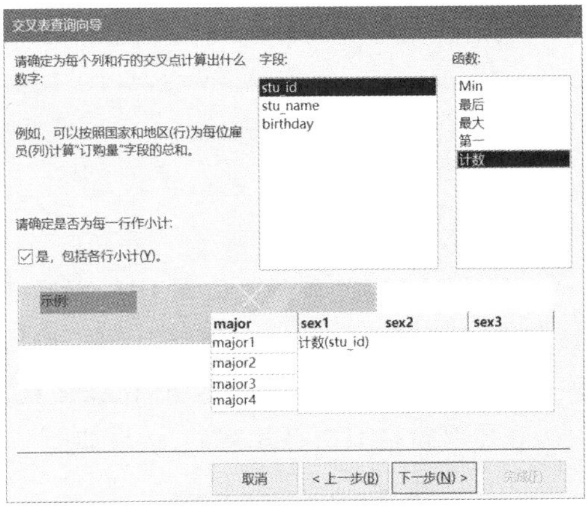　　　　　图 4-16　明确统计函数

在 Access 中,还可以通过在窗体中创建数据透视表列表来显示交叉表数据,而无须创建单独的查询。

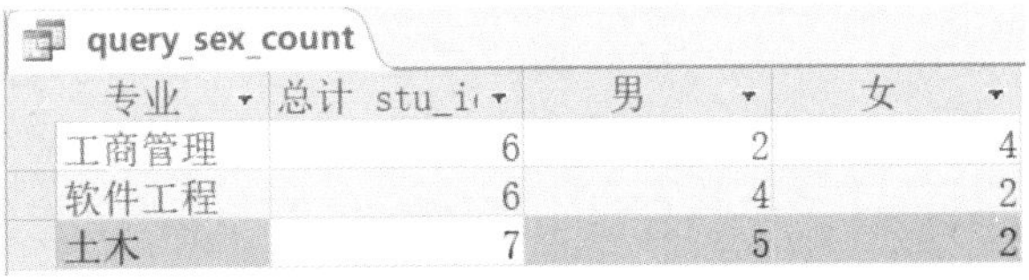

如果要了解学生信息表中是否有同名的学生,可以创建"查找重复项查询"。如果要查找未选课学生的信息,可以创建"查找不匹配项查询"。

图 4-17　交叉表查询结果

4.3.2　在设计视图中创建查询

在 Access 中,还可以在查询设计视图下创建查询。例如,如果要查找单科成绩 80 分以上(包括 80 分)的学生学号、姓名、课程名称、成绩和专业等信息。

在这个查询中涉及 student、course 和 grade 三个表中的数据。创建查询的具体操作步骤如下:

(1)打开数据库 score.accdb 后,在"创建"选项卡中,单击"查询"组中的"查询设计"

按钮。

（2）打开表格选择对话框，依次将三个表添加到查询窗口中。

（3）选择查询中需要显示的字段，并且对"成绩"字段设置条件"＞＝80"，如图 4-18 所示。

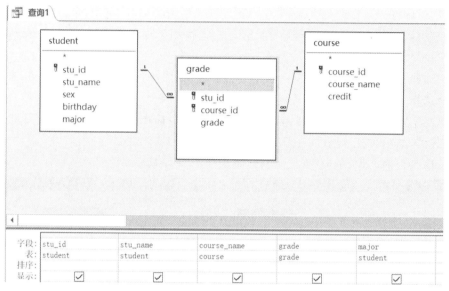

图 4-18　选择字段并设置查询条件

（4）单击窗口标题栏左侧的"保存"按钮，打开"另存为"对话框，输入查询名称"单科 80 分以上的成绩"，单击"确定"按钮保存查询。

在导航窗格双击打开查询，结果如图 4-19 所示。

学号	姓名	课程名称	成绩	专业
202045509101	贾丽娜	大学英语	80	软件工程
202045699201	许小敏	OFFICE高级应	90	工商管理
202045699202	罗金梅	OFFICE高级应	86	工商管理
202045699206	肖凌云	OFFICE高级应	89	工商管理
202045739103	齐明	C语言程序设计	82	土木
202045739107	周国立	C语言程序设计	84	土木

图 4-19　成绩查询结果

在 Access 中进行查询设计时，合理的查询条件设置非常关键。查询条件又称为查询准则。一个查询条件对应一个条件表达式。条件表达式一般由字段名、运算符、常数和函数组成。条件表达式中有以下常用的运算符：

（1）逻辑运算符：AND（与）、OR（或）和 NOT（非）等。

（2）比较运算符：＞（大于）、＜（小于）、＞＝（大于等于）、＜＝（小于等于）、＝（等于）、＜＞或！＝（不等于）、Between、in、Link 等。如"Between 85 And 100"表示介于 85 到 100 之间，"in("202145509101","202145509105")"表示编号在 202145509101～202145509105

范围内。Like 运算符用于查找字段的部分值,表达式中可以使用通配符,如"?"表示该位置任意单个字符;"＊"表示该位置任意个字符;"♯"表示该位置任意一个数字。在查询条件表达式中使用 Like 运算符可以实现模糊查询。

(3)算术运算符:＋(加)、－(减)、＊(乘)、/(除)、\(整除)、ˆ(乘方)、MOD(求余数)等。

(4)字符串运算符:&。& 用于连接字符串,如"浙江"&"嘉兴"的结果为"浙江嘉兴"。在设置查询条件时,可以对相同字段或不同字段输入多个条件。

4.3.3　参数查询

前面创建的查询,查询条件都是固定不变的。若用户希望根据不同的条件查找记录,就需要创建不同的查询。其实,Access 也提供了动态查询的功能。用户只要在查询的过程中输入不同的参数值,就可以查询得到不同的结果,这种查询称为"参数查询"。

例如,如果要查找某门课不及格的学生学号、姓名、课程名称和成绩等信息,可以创建"参数查询"得到结果。具体操作步骤如下:

(1)打开数据库 score.accdb 后,在"创建"选项卡中,单击"查询"组中的"查询设计"按钮,打开表格选择对话框,依次将三个表添加到查询窗口中。

(2)选择查询中需要显示的字段,在"课程名称"字段的条件行中输入"[请输入课程名称]",并且在"成绩"字段的条件行中输入"<60",如图 4-20 所示。

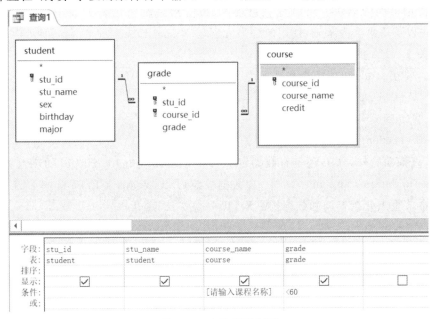

图 4-20　查询设计视图

(3)单击"保存"按钮,在"另存为"对话框中输入查询名称"query_grade_fail",单击"确定"按钮保存查询。

在导航窗格双击打开查询,输入参数值"C 语言程序设计",如图 4-21 所示,单击"确定"按钮,得到查询结果如图 4-22 所示。

办公软件高级应用

图 4-21　输入查询的参数

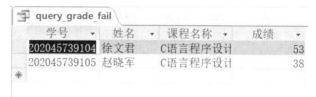

图 4-22　不及格学生查询结果

创建参数查询时,不仅可以使用一个参数,还可以使用两个或两个以上的参数。多个参数查询的创建过程与一个参数查询的创建过程一样。

4.3.4　SQL 查询

如果要在数据库中检索数据,可以使用结构化查询语言,即 SQL(Structured Query Language)。SQL 是一种近似英语的计算机语言,但数据库程序可以理解这种语言。事实上,用户运行的每个查询均由 Access 译成等价的 SQL 语句才能在系统中执行。

Access 为每个已经建立的查询提供了 SQL 语句的视图,可以在 SQL 视图中查看和修改查询。了解 SQL 的工作原理可以帮助用户创建更好的查询,也便于用户理解如何修改查询,得到所需结果。

SQL 和许多计算机语言不同的是,即使对于初学者也不难阅读和理解。使用 SQL 时,必须使用正确的语法。语法是一组规则,按这组规则将语言元素正确地组合起来。SQL 语法以英语语法为基础,使用的许多元素与 Visual Basic for Applications (VBA)语法相同(关于 VBA 的介绍见第 5 章)。

例如,要在 student 表中查找姓名为"王小莉"的学生的所有信息,SQL 语句如下:

```
SELECT student. *
FROM student
WHERE (student.stu_name = "王小莉");
```

除了查询功能外,SQL 还具有数据定义(Data Definition Language,DDL)、数据操纵(Data Manipulation Language,DML)和数据控制(Data Control Language,DCL)等方面的功能,本节重点介绍查询和数据操纵语句。

1. SQL 查询语句

SQL 的核心是数据库查询语句。SQL 查询语句的一般语法格式如下:

```
SELECT [DISTINCT]目标列 1,目标列 2,...
FROM 表名 1, 表名 2,...
[WHERE <条件语句>]
[GROUP BY <分组属性>[HAVING <分组条件子句>]]
[ORDER BY <字段名 1>[ASC/DESC],<字段名 2>[ASC/DESC]...]
;
```

整个语句的含义是:根据 WHERE 子句中的条件表达式,从 FROM 子句指定的数据源中找出满足条件的元组,按 SELECT 子句中的目标列,选出元组中的分量形成结果表。

说明：

（1）方括号［］中的为可选项，尖括号<>中的为必选项。

（2）SELECT 子句中的目标列可以是字段名，也可以是函数名或者字符串。

（3）DISTINCT 选项使得查询结果中不包含重复元组。

（4）GROUP 子句按照属性将查询结果分为若干组，分组的附加条件用 HAVING 短语给出，只有满足分组条件的组才予以输出。

（5）ORDER 子句的作用是根据指定字段按升序（ASC）或者降序（DESC）对结果表进行排序。

Access 为每个已经建立的查询提供了 SQL 语句的视图。例如，本章 4.3.2 节中创建的"单科 80 分以上"的查询，在"数据表视图"中，用鼠标右键单击标题选项卡，弹出如图 4-23 所示的快捷菜单，单击"SQL 视图"，就得到该查询对应的 SQL 语句，结果如图 4-24 所示。

图 4-23　各视图的切换菜单

query_grade_good

```
SELECT student.stu_id, student.stu_name, course.course_name, grade.grade, student.major
FROM course INNER JOIN (student INNER JOIN grade ON student.stu_id = grade.stu_id) ON course.course_id =
grade.course_id
WHERE (((grade.grade)>=80));
```

图 4-24　查询对应的 SQL 语句

再如，要在 student 表中查找"工商管理"专业的学生信息，创建查询的步骤如下：

（1）打开数据库 score.accdb 后，在"创建"选项卡中，单击"查询"组中的"查询设计"按钮，将 student 表添加到查询窗口中。

（2）选择查询中需要显示的字段，并且在"专业"字段的条件行中输入"工商管理"，如图 4-25 所示。

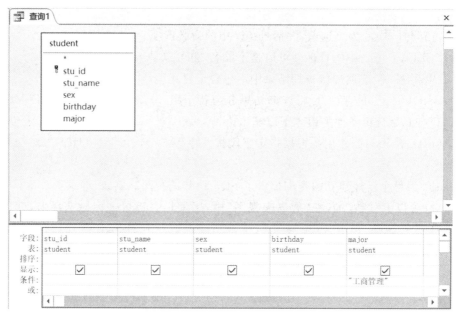

图 4-25 设置查询条件

（3）切换到"SQL 视图"方式下,得到的结果如图 4-26 所示。

```
SELECT student.stu_id, student.stu_name, student.sex, student.birthday, student.major
FROM student
WHERE (((student.major)="工商管理"));
```

图 4-26 查询的 SQL 视图

（4）切换到"数据表视图"下,得到查询的结果如图 4-27 所示。

学号	姓名	性别	出生日期	专业
202045699201	许小敏	女	02-01-18	工商管理
202045699202	罗金梅	女	02-10-19	工商管理
202045699203	张立娜	女	03-06-08	工商管理
202045699204	王小莉	女	02-07-15	工商管理
202045699205	谷金豪	男	02-12-08	工商管理
202045699206	肖凌云	男	02-03-07	工商管理

图 4-27 查询结果

使用 SQL 可以创建任何类型的查询,创建 SQL 查询的方法也很简单,操作步骤如下:

（1）选择"创建"选项卡,单击"查询"组中的"查询设计"按钮,直接关闭表格选择的对话框。

（2）切换到"SQL 视图"方式下,"查询类型"组中默认为"选择"查询,直接输入 SQL

查询语句。

（3）单击"结果"组中的"运行"按钮 ![运行] 即可显示查询结果。

2. 常见的其他 SQL 数据操纵语句

SQL 的数据操纵功能除了 SELECT 之外，还有 INSERT、DELETE 和 UPDATE 三个语句，即插入、删除和更新。

（1）插入

插入语句的一般格式是：

INSERT INTO 表名［（字段名列表）］VALUES（数据列表）；

在已经建立的表中添加新记录。表名后的字段名列表是可选项，若缺省，包含表中所有字段。

例如，在 course 表中增加一门课，课程代码为 32301，课程名称为"统计学"，学分为 3。
SQL 语句如下：

```
INSERT INTO course
VALUES(32301，"统计学",3);
```

（2）删除

删除语句的一般格式是：

DELETE FROM 表名［WHERE ＜条件语句＞］；

根据 WHERE 子句中的条件表达式，从 FROM 子句指定的表中删除满足条件的记录。若没有 WHERE 子句，则删除表中所有记录。

例如，土木专业的陈平同学转学了，所以要从 student 表中删除对应的记录，其学号为 202045739106，SQL 语句如下：

```
DELETEFROM student
WHERE (student.stu_id = "202045739106");
```

（3）更新

更新语句的一般格式是：

```
UPDATE 表名
SET 字段名 1 = 表达式 1,字段名 2 = 表达式 2...
[WHERE ＜条件语句＞];
```

根据 WHERE 子句中的条件表达式，将表中符合条件的记录中相关字段的值更改为 SET 字句中指定的表达式的值。若没有 WHERE 子句，则对表中所有记录进行更新。

例如，将"课程表"中"Web 程序设计"课程的学分加 1 分。SQL 语句如下：

```
UPDATE course
SET course.credit = course.credit + 1
WHERE( course.course_name = "Web 程序设计" );
```

4.4 窗体的设计

窗体是 Access 数据库系统中提供给用户用于浏览、编辑、操作数据库的最主要的界面。在 Access 中,可以根据需要设计各种风格的窗体,但任何窗体都建立在数据表或查询之上。

窗体的功能包括显示和编辑数据、与用户交互信息和控制程序等。

4.4.1 窗体概述

窗体是 Access 数据库系统的一种重要的数据库对象。作为人机交互的界面,用户可以在窗体中输入数据,也可以在窗体中显示(输出)数据。窗体的外观与 Windows 窗口相似。其最上方是标题栏和控制按钮,窗体的主体部分可以包含各种控件,如标签、文本框和命令按钮等,最下方是状态栏,如图 4-28 所示。

在 Access 2019 中,窗体有四种不同的视图,分别是窗体视图、布局视图、数据表视图和设计视图。

● 窗体视图是窗体运行的显示方式。

● 布局视图用于直观地修改窗体布局。

● 数据表视图以二维表格的形式显示数据。

● 设计视图用于窗体的创建与修改。

在创建窗体或者打开窗体后,可以单击"开始"→"视图",展开下拉菜单,然后选择其中的一种视图方式,如图 4-29 所示。另一种切换窗体的视图的方法是单击窗口右下角的"视图"按钮,这与在 PowerPoint 中切换视图的方式相同。

图 4-28 窗体的外观

图 4-29 窗体的视图切换菜单

4.4.2　创建窗体

与其他数据库对象的创建方法类似,可以使用向导创建窗体,也可以直接在设计视图中创建窗体。以下简单介绍创建窗体的这两种方法。

1. 使用向导创建窗体

如果要使用窗体向导创建浏览学生基本信息的窗体,操作步骤如下:

(1)打开数据库 score. accdb 后,在"创建"选项卡中,单击"窗体"组中的"窗体向导"按钮。

(2)打开"窗体向导"对话框,在"表/查询"下拉列表框中选择"表:student",然后在"可用字段"中将需要的字段移至"选定字段",如图 4-30 所示。

(3)单击"下一步"按钮,选择窗体的布局,如图 4-31 所示。

(4)单击"下一步"按钮,输入窗体的标题为"浏览学生基本信息",单击"完成"按钮,窗体创建即完成。

图 4-30　选择表与字段

图 4-31　选择窗体的布局

2. 在设计视图中创建窗体

如果要在设计视图中创建浏览学生基本信息的窗体,操作步骤如下:

(1)打开数据库 score. accdb 后,在"创建"选项卡中,单击"窗体"组中的"窗体设计"按钮。

(2)在"设计"选项卡中的"工具"组中,单击"添加现有字段"按钮,显示"字段列表"子窗口。

(3)在"字段列表"子窗口中,展开"学生信息"表,将需要的字段逐个拖到窗体的"主体"区域,如图 4-32 所示。

(4)选中相关控件,拖动鼠标可以调整控件在窗体中的位置。右击鼠标,在快捷菜单中单击"对齐",选择对齐方式,如图 4-33 所示。

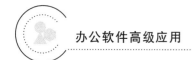

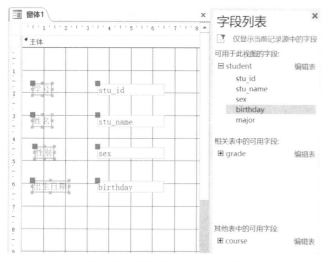

图 4-32　设置窗体的主体内容

图 4-33　设置窗体中控件的对齐方式

（5）单击"文件"→"保存"，打开"另存为"对话框，输入窗体名称"浏览学生基本信息"，单击"确定"按钮，完成窗体的创建，结果如图 4-34 所示。

图 4-34　窗体视图中展示结果

采用纵览表布局格式的窗体，每页只显示一条记录的内容，所以需要添加两个命令按钮进行翻页，以便逐条显示各记录的内容。操作步骤如下：

（1）单击窗口右下角的按钮，切换到设计视图，以便修改窗体。

（2）选择"窗体设计工具/设计"选项页，单击选中如图 4-35 所示的"控件"组中的"按钮"。

图 4-35　控件工具箱

（3）在窗体的主体区域合适位置单击，弹出"命令按钮向导"对话框，在"操作"列表框中选择"转至下一项记录"，如图 4-36 所示，单击"下一步"按钮。

（4）单击"文本"单选按钮，如图 4-37 所示，单击"下一步"按钮。

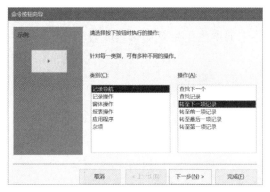

图 4-36　选择操作

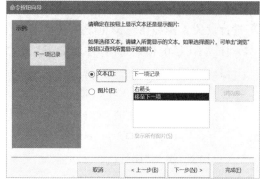

图 4-37　选择制作文本按钮

(5)输入命令按钮的名称,如图 4-38 所示。单击"完成"按钮,即在窗体中添加了一个能显示下一个记录的命令按钮。

使用同样的方法,在窗体中添加一个显示前一个记录内容的命令按钮,结果如图 4-39 所示。

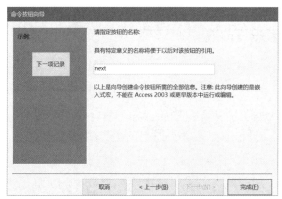

图 4-38　输入命令按钮的名称

图 4-39　添加命令按钮后的窗体

用户可以根据需要,在创建的窗体中添加各种类型的控件。常用控件及其功能如表 4-1 所示。

表 4-1　常用控件及其功能

名称	功能
标签	用于显示描述性文本,如标题或指示性的文字
文本框	用于输入、编辑窗体中的基础数据,或者显示结果
命令按钮	用于接受用户操作、控制程序流程
复选框	具有选中和未选两种状态,在一组复选框中可同时选中多项
选项按钮	具有选中和未选两种状态,在一组选项按钮中只能选中一项
列表框	便于用户从若干个项目中选取一项
组合框	便于用户从若干个项目中选取一项,组合了列表框和文本框的特性
选项组	包含一组复选框或者选项按钮,显示一组可选值
选项卡	用于创建多页的内容
图像	用于显示静态图片

在窗体中布置控件后，可以通过修改控件属性对控件的外观，如标题、背景颜色、字体等进行设置。例如，将"浏览学生基本信息"窗体中的学生出生日期格式改为"＊＊＊＊年＊＊月＊＊日"的格式，操作步骤如下：

（1）在"设计视图"方式下打开"浏览学生基本信息"窗体。

（2）单击选中显示出生日期的文本框。

（3）在"窗体设计工具/设计"选项页中，单击"工具"组中的"属性表"，打开"属性表"子窗口。

（4）设置"格式"属性为"长日期"，"文本对齐"属性值为"左"，如图4-40所示。

在"窗体视图"方式下查看"浏览学生基本信息"窗体，学生基本信息的显示结果如图4-41所示。

图 4-40　设置控件的属性　　　　　　　图 4-41　设置控件属性后的结果

4.4.3　窗体的整体设计

窗体是人机交互的界面，所以，在方便用户使用的同时，对窗体加以修饰，进行合理的布局和色彩搭配也是必要的。

1.窗体的属性

通过设置窗体的属性可以改变窗体的外观及其他特性。设置窗体的属性步骤如下：

（1）在"设计视图"方式下打开窗体。

（2）在"窗体设计工具/设计"选项页中，单击"工具"组中的"属性表"，打开"属性表"子窗口。

（3）在"所选内容的类型"下拉列表框中选择"窗体"列表项，如图4-42所示。

（4）在窗体属性窗口中设置窗体的各个属性。例如输入窗体的标题，设置窗体背景图片等。

2. 设置页眉和页脚

窗体的页眉主要用来显示标题、徽标等信息,打印时只出现在第一页的顶部。窗体的页脚可以显示窗体的使用说明等信息,打印时只出现在最后一页的底部。用户可以根据需要在窗体的页眉和页脚中插入一些控件。在"浏览学生基本信息"窗体中设置窗体页眉和页脚后的效果如图 4-43 所示。

图 4-42　设置窗体的属性　　　　　　图 4-43　设置窗体页眉和页脚

4.5　创建报表

报表是 Access 专门为打印的需要而提供的数据库对象,可以看作是一种特殊的窗体。与 4.4 节中介绍的窗体不同的是,窗体可以与用户进行信息交互,而报表没有交互功能。

报表的主要功能是根据需要提取数据库中的数据,并进行组合、分类、汇总和统计,最后按要求的格式打印出来。

4.5.1　报表概述

报表将数据库中的表、查询的数据进行有效组合,并将信息按照既定格式打印输出。Access 2019 提供了四种类型的报表:纵栏式报表、表格式报表、图表报表和标签报表。

在 Access 2019 中,报表有四种不同的视图,分别是报表视图、打印预览视图、布局视图和设计视图。

● 报表视图显示报表最终打印状态的结果。

● 打印预览视图用于查看报表每页显示的数据及其打印效果。

● 布局视图用于查看报表的版面效果。

● 设计视图用于创建和编辑报表的结构。

可以通过单击窗口右下角的视图按钮在报表的四种视图间进行切换。

从图 4-44 所示的报表的设计视图中可以看出报表由以下几个部分组成:

(1)报表页眉:位于报表首页的顶端,一般显示报表的标题,每个报表只有一个报表页眉。

(2)页面页眉:位于每页的顶部,一般用于显示报表中的字段名称或记录分组的名称等,报表的每一页都有页面页眉。

(3)主体:报表显示数据的主要区域。

(4)页面页脚:位于每页的底部,一般显示本页的汇总说明,报表的每一页都有页面页脚。

(5)报表页脚:位于报表底端,一般显示整个报表的汇总说明,只打印在报表的末尾。

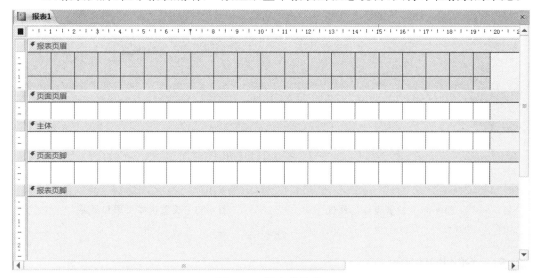

图 4-44　报表的结构

4.5.2　创建报表

建立报表的过程和创建窗体的过程相似,可以使用报表向导创建报表,也可以使用设计视图创建报表。以下简单介绍创建报表的这两种方法。

1.使用报表向导创建报表

如果要使用报表向导创建学生成绩统计的报表,操作步骤如下:

(1)打开数据库 score.accdb 后,在"创建"选项卡中,单击"报表"组中的"报表向导"按钮。

(2)打开"报表向导"对话框,分别选取 student 表中的"stu_id"和"stu_name"字段,选取 course 表中的"course_name"字段,选取 grade 表中的"grade"字段,再将需要的字段移至"选定字段",如图 4-45 所示。

（3）单击"下一步"按钮,依次进行如下设置:添加分组字段、设置排序关键字和汇总方式、确定报表的布局方式,最后输入报表的标题"学生成绩汇总"。单击"完成"按钮,报表创建完成,结果如图 4-46 所示。

图 4-45　选取字段　　　　　　　　　　　图 4-46　报表创建结果

2. 在设计视图中创建报表

与在设计视图中创建窗体的操作步骤类似,如果要在设计视图中创建学生成绩统计的报表,操作步骤如下:

（1）打开数据库 score.accdb 后,在"创建"选项卡中,单击"报表"组中的"报表设计"按钮。

（2）在"报表设计工具/设计"选项卡中,单击"工具"组中的"添加现有字段"按钮。

（3）在"字段列表"子窗口中,分别展开 student 表、course 表和 grade 表,将需要的字段逐个拖到报表的"主体"区域,并调整控件大小及其位置,修改标签的标题名称等,如图 4-47 所示。

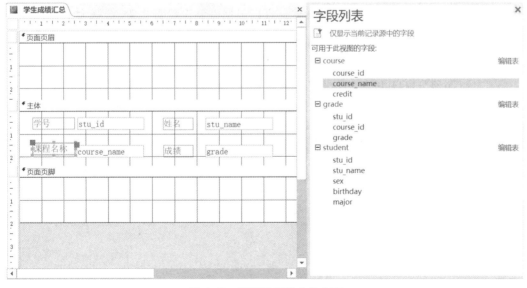

图 4-47　设置报表的主体内容

(4)在报表的页面页眉中添加标签,输入标题"学生成绩汇总",设置标签属性,调整字体大小及颜色。单击"文件"→"保存",打开"另存为"对话框,输入报表名称,单击"确定"按钮,完成报表的创建,结果如图 4-48 所示。

图 4-48　报表视图中显示的结果

4.5.3　打印报表

在报表打印之前,一般会进行页面设置和打印预览操作,最后进行报表的打印。

1.页面设置

页面设置包括对页面大小和页面布局的设置。打开某个报表后,切换到"设计视图"方式。单击"报表设计工具/页面设置"选项卡,单击"页面布局"组中的"页面设置"按钮,打开如图 4-49 所示的"页面设置"对话框。可以根据需要设置页边距、纸张大小和打印方向等。

2.打印预览

通过打印预览可以快速检查报表的页面布局。单击"开始"选项卡,或者在设计视图中,单击"报表布局工具/设计"选项卡,在工具栏最左侧都会出现"视图"按钮。单击"视图"按钮展开下拉菜单,然后选择其中的"打印预览"视图方式。或者单击窗口右下方的"打印预览"按钮,如图 4-50 所示。

图 4-49　页面设置对话框

图 4-50　"打印预览"按钮

通过打印预览,检查报表页面布局正确无误后,就可以将报表打印出来了。在 Access 应用程序窗口中,单击"文件"→"打印",或者在"打印预览"视图方式下,单击最左侧的"打印"按钮,显示如图 4-51 所示的"打印"对话框。完成打印设置后,单击"确定"按钮打印报表。

图 4-51　"打印"对话框

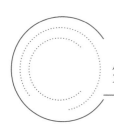

第 5 章 宏与 VBA 高级应用

Visual Basic for Applications（VBA）是 Visual Basic 的一种宏语言，是微软开发出来在其桌面应用程序中执行通用的自动化（OLE）任务的编程语言。VBA 主要能用来扩展 Windows 的应用程序功能，在支持 VBA 的软件中可以用 VBA 进行自动化工作，所有主要的 Office 程序如 Word、Excel、PowerPoint、Access 等都支持 VBA。

VBA 使操作更加快捷、准确并且节省人力。除了能使手动操作变成自动化操作外，VBA 还提供了交互界面——消息框、输入框和用户窗体，这些图形界面用来制作窗体和自定义对话框。VBA 也可以在软件中生成用户自己的应用程序。

与学习其他的编程语言一样，对于初学者来说，学习 VBA 也是具有很大难度的。不过初学者可以通过学习 Office 软件中的宏录制（主要有 Word、Excel 和 PowerPoint）降低难度。

本章主要介绍宏的录制和 VBA 的入门方法和基础。

5.1 宏的录制与运行

宏是一连串可以重复使用的操作步骤，可以使用一个命令反复运行宏。例如：可以在 Excel 中做一个宏，能够自动对文档进行格式处理，用户可以在打开文档时手动或自动运行宏。

5.1.1 宏基础

宏是一种子过程，有时候也称为子程序。宏有时候被看作录制的代码，而不是写入的代码。本书采用宽泛的定义，将写入的代码也看作宏。

在支持录制宏的软件（Word、Excel 和 PowerPoint）中，有两种方法生成宏：
- 打开宏录制器，然后进行用户所需的一系列操作，直到关闭录制器。
- 打开 Visual Basic 编辑器，在相应的代码窗口中编写 VBA 代码。

可以用宏录制器录制一些基本操作,然后打开宏把不必要的代码删除。在对宏进行编辑时,还可以加入其他用户所需的代码,可以加入控件和用户界面等,这样宏可以实现人机交互功能并做出选择结果。

5.1.2　宏的基本操作

打开宏录制器,选择某个使用宏的方法进行操作,然后关闭宏录制器,在用软件进行操作时,宏录制器将操作命令以 VBA 编程语言的形式录制下来。

1. 录制宏

在录制宏之前,首先要明确宏应该完成的操作。一般情况下,首先要设定好软件,然后将操作命令录制下来。

一般在默认情况下,Excel 2019 的功能区是不显示宏命令的,所以要先进行功能区设置。单击"文件"按钮,在列表中单击"选项"按钮,在弹出的对话框的"自定义功能区"选项中,选择右侧列表框中的"开发工具",单击"确定"按钮,功能区中即可显示"开发工具"选项卡,其中包含了"代码"组和宏命令,如图 5-1 所示。

图 5-1　"开发工具"选项卡

打开宏录制器的步骤是:单击"开发工具"选项卡"代码"组中的"录制宏"按钮,弹出"录制新宏"对话框,如图 5-2 所示。在"录制新宏"对话框中给出了默认的宏名(宏 1、宏 2等)以及相关说明,用户可以默认接受它们或者更改它们。

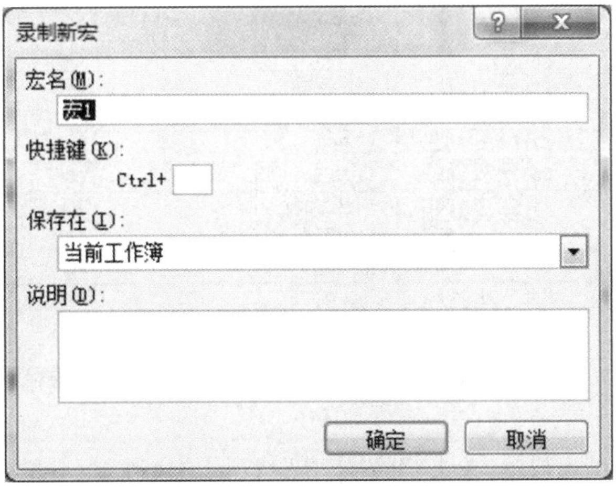

图 5-2　"录制新宏"对话框

单击"确定"按钮即开始宏的录制工作,所有在 Excel 中操作的过程都可以用宏录制下来,最后单击"开发工具"选项卡"代码"组中的"停止录制"按钮完成宏的录制工作。

2. 宏的录制方式

宏的录制方式包括:绝对录制和相对录制。

绝对录制:如果在执行宏命令的过程中,无论哪些单元格被选了都希望特定单元格被录制操作,那么使用绝对单元格地址,其形式为"＄A＄1""＄C＄5"等。Excel宏录制器默认使用绝对引用。

相对录制:如果想要宏可以用在任何区域,就打开相对引用,形式为"A1""C5"等。录制过程中Excel会持续使用相对引用,直到退出Excel或者再次单击"使用相对引用"按钮。在录制宏的过程中,可以使用这两种引用方法。例如:选择一个特定单元格(＄A＄4),做一个操作,然后选择另外一个相对于当前位置的单元格(如C9,它在当前单元格＄A＄4往下5行和向右2列的位置)。当复制单元格时,相对引用会自动调整引用,而绝对引用则不会。

3. 运行宏

运行已录制的宏,可以使用下面的任何一种方法:

(1)单击"视图"选项卡或者"开发工具"选项卡"宏"组中的"宏"按钮,在弹出的列表中选择"查看宏",弹出"宏"对话框,对话框中,选择某个宏,单击"运行"按钮。

(2)绑定控件方法:单击"开发工具"选项卡"控件"组中的"插入"按钮,在下拉列表中选择"按钮(窗体控件)",在合适位置绘制控件大小。右击按钮控件,在弹出的快捷菜单中选择"指定宏",选择要指定的宏。最后单击该控件按钮来运行宏。

4. 宏操作案例

录制一个设置格式的宏,设置小于60分的不及格成绩用红色加粗显示,学生成绩表数据如图5-3所示。

	A	B	C	D
1	姓名	语文	数学	英语
2	王小华	75	85	94
3	李明	68	75	52
4	郭府城	58	56	75
5	李德华	94	90	91
6	张三	84	87	88
7	李四	55	68	85
8	王二	85	71	76
9	钱五	88	53	57
10	小红	45	80	76
11	小明	94	87	82
12	沈小小	98	69	93

图5-3 学生成绩表

	A	B	C	D	E	F
1	姓名	语文	数学	英语		
2	王小华	75	85	94		
3	李明	68	75	52		不及格红色显示
4	郭府城	58	56	75		
5	李德华	94	90	91		
6	张三	84	87	88		
7	李四	55	68	85		
8	王二	85	71	76		
9	钱五	88	53	57		
10	小红	45	80	76		
11	小明	94	87	82		
12	沈小小	98	69	93		

图5-4 运行宏最终效果

操作步骤如下:

(1)选中语文成绩列数据,单击"开发工具"选项卡"代码"组中的"录制宏"按钮,打开"录制宏"对话框,输入宏名称"不及格红色显示",单击"确定"按钮。单击"使用相对引用"按钮,以相对引用方式开始宏的录制。

(2)单击"开始"选项卡"样式"组中的"条件格式"按钮,在下拉列表中选择"突出显示单元格规则"下的"小于"子菜单,在弹出的"小于"对话框中设置数值为"60"及格式为"红色加粗"。

(3)单击"开发工具"选项卡"代码"组中的"停止录制"按钮,完成宏的录制。

(4)单击"开发工具"选项卡"控件"组中的"插入"按钮,在下拉列表中选择"按钮(窗体控件)",在合适位置绘制控件大小。右击按钮控件,在弹出的快捷菜单中选择"不及格红色显示"。

(5)分别选中"数学"和"英语"列,单击控件按钮,运行宏。最终效果如图 5-4 所示。

5.1.3　录制宏的优缺点

实际上,使用宏录制器既有优点也有缺点,优点是:

(1)任何时候宏录制器都能够创建可用代码(只要能在合适的条件下运行宏)。

(2)宏录制器能够帮助用户找出某一个 VBA 对象、方法和属性,对应于应用程序界面的哪一部分。

使用宏录制器的缺点是:

(1)录制的宏无判断或循环能力。

(2)人机交互能力差,即用户无法进行输入,计算机无法给出提示。

(3)在宏录制器中创建的代码,可能含有一些不必要的语句,因为宏录制器录制用户在应用程序中所做的一切——包括录制宏时使用的每个内置对话框里的所有选项,如果你只是对于某个对话框内设置一个选项的话,那么和 Visual Basic 编辑器中手工输入的一行代码一样的效果。

(4)无法显示对话框和自定义窗体。

5.2　VBA 基础

VBA 是由微软公司开发的面向对象的程序设计语言,Visual Basic 编辑器是 VBA 的开发环境。运用 VBA 编程需要了解对象是代码和数据的集合,对象的属性用于定义对象的特征,对象的方法用于描述对象的行为。

5.2.1　VBA 的基本概念

微软公司决定让它开发出来的应用程序共享一种通的自动化语言——Visual Basic For Application(VBA),可以认为 VBA 是非常流行的应用程序开发语言 Visual Basic (VB)的子集,实际上 VBA 是"寄生于"VB 应用程序的版本。VBA 和 VB 的区别包括如下几个方面:

(1)VB 是设计用于创建标准的应程序,而 VBA 是使已有的应用程序(Excel 等)自动化。

(2)VB 具有自己的开发环境,而 VBA 必须寄生于已有的应用程序。

（3）要运行 VB 开发的应用程序，用户不必安装 VB，因为 VB 开发出的应用程序是可执行文件（＊.EXE），而 VBA 开发的程序必须依赖于它的"父"应用程序，例如 Excel。

尽管存在这些不同，VBA 和 VB 在结构上仍然十分相似，事实上，如果已经了解 VB，会发现学习 VBA 非常快。相应的，学完 VBA 会给学习 VB 打下坚实的基础。而且，当学会在 Excel 中用 VBA 创建解决方案后，即已具备在 Word、Access、Outlook、PowerPoint 中用 VBA 创建解决方案的大部分知识。

VBA 究竟是什么？确切地讲，它是一种自动化语言，可以创建自定义的解决方案。此外，还可以将 Excel 用作开发平台实现应用程序.

5.2.2　程序设计基本语句

在程序设计过程中，一般都要完成数据的输入、处理和输出三部分设计。有的数据根据程序运行的需要由用户随机地从键盘上输入，VBA 为用户提供了交互式键盘输入语句。这为数据输入提供了极大的方便。另外，为了能方便地阅读和编写程序，还要了解一些环境设置语句和程序设计辅助语句。本节将对以上内容作介绍。

1. 程序注释

在程序文本中加上必要的注释，可以增强程序的可读性，同时便于日后维护和交流。注释语句是一种非执行语句，VBA 不对该语句执行任何操作。VBA 支持两种类型的注释格式：

（1）使用单引号'命令

格式：'［＜注释内容＞］

功能：对程序中的某一条语句进行注释。

说明："'"只能放在语句行的末尾，表示对当前语句进行说明。程序执行时，只执行"'"前面的语句，"'"之后的语句不任何操作。

如：Dim num　　'定义一个变量 num

（2）使用 Rem 命令

格式：Rem　［＜注释内容＞］

功能：对程序的结构或功能用一段文字进行说明。

说明：Rem 是用于整行注释的，它只能单独一行，且必须写在每一个注释行的开头。

如：Rem 程序功能为求 10 个数的平均值。

2. 基本输出语句

（1）使用 Debug 在立即窗口中输出

决定使用 VBA 过程之前，立即窗口可以用来试验 VBA 语言中不同的指令、函数和运算符。立即窗口允许用户输入 VBA 语句，并且测试它们的结果，而不需要写成一个过程。立即窗口就像一个草稿板，用户可以用它测试语句。这是一个非常好的调试新语言的工具，用户输入在这个窗口里面的指令，将会立即显示结果。

在 VBA 程序窗口可以通过快捷键"Ctrl＋G"或单击"视图"菜单下的"立即窗口"项从

而打开立即窗口视图,如图 5-5 所示。可将程序的运行输出结果输出到"立即窗口"。其语法格式及功能如下:

格式:Debug.Print[表达式]

功能:先计算"表达式"的值,并将计算结果在"立即窗口"当前光标的下一行输出显示,即换行输出。

说明:

①表达式可以是常量或变量。

②当表达式的个数超过 1 个时,各表达式之间用逗号","分隔。

③在"立即窗口"中输入一个命令后按回车键即可执行该行命令。

例如:Debug.Print "VBA 程序设计"

Debug.Print 5,"是素数"

图 5-5　立即窗口

(2)MsgBox 函数

MsgBox 函数语法格式如下:

Value = MsgBox(prompt[,buttons][,title][,helpfile,context])

通过函数返回值可获得用户单击的按钮,并可根据按钮的不同而选择不同的程序段来执行。该函数共有 5 个参数,除第 1 个参数外,其余参数都可省略。

主要参数的含义如下:

Prompt:为对话框消息出现的字符串表达式。如果需要在对话框中显示多行数据,则可在各行之间用回车换行符来分隔,一般使用 VBA 的常数 vbCrLf 代表回车换行符。

Title:为对话框标题栏中的字符串。如果省略该参数,则把应用程序名放入标题栏中。

如:MsgBox("欢迎学习 VBA")的输出结果如图 5-6 所示。

图 5-6　MsgBox 输出结果

3. 基本输入语句：InputBox 函数

为了实现数据输入，VBA 提供了 InputBox 函数。该函数将打开一个对话框作为输入数据的界面，等待用户输入数据，并返回所输入的内容。其语法格式如下：

Value = InputBox(prompt[，title][，default][，xpos][，ypos][，helpfile，context])

各参数的含义同 MsgBox。

如下程序段的功能为：输入个人的基本信息并显示。

```
Sub InputInfo()
    Title = "输入个人信息"
    name1 = "请输入姓名："
    age1 = "请输入年龄："
    address1 = "请输入地址："
    strName = InputBox(name1，Title)
    age = InputBox(age1，Title)
    Address = InputBox(address1，Title)
    Debug.Print "姓名："；strName
    Debug.Print "年龄："；age
    Debug.Print "地址："；Address
End Sub
```

5.2.3　程序设计基础

1. 数据类型

VBA 的所有数据都有一个特定的数据类型，它定义了各种数据的允许值和这些值的范围及大小。在定义了数据类型后，就可有效地存储和操作该数据。VBA 提供了 12 种数据类型，如表 5-1 所示。

表 5-1　VBA 数据类型

数据类型	类型标识符	字节
字符串类型 String	$	字符长度(0~65400)
字节型 Byte	无	1
布尔型 Boolean	无	2
整数型 Integer	%	2
长整数型 Long	&	4
单精度型 Single	！	4
双精度型 Double	♯	8
日期型 Date	无	8

续表

数据类型	类型标识符	字节
货币型 Currency	@	8
小数点型 Decimal	无	14
变体型 Variant	无	以上任意类型,可变
对象型 Object	无	4

2. 变量

变量是在命令操作及程序运行过程中可以改变其值的数据对象。变量是用于临时保存数值的地方,每次应用程序运行时,变量可能包含不同的数值,而在程序运行时变量的数值可以改变。

(1)变量声明

声明变量的基本语法如下:

Dim 变量名 AS 数据类型

使用 Dim 语句可以声明一个变量,语法中的变量名代表将要创建的变量名,语法中的数据类型部分可以是表 5-1 中的任何一种数据类型。

变量名必须以字母开始,并且只能包含字母、数字和下划线,不能包含空格、惊叹号,也不能包含字符@、&、$、#,变量名最大长度为 255 个字符。

(2)变量赋值

声明变量后就可以给变量赋值,即使用变量。

如下程序段的功能是:将输入名字,并用一个消息框将其显示出来。

```
Sub 显示你的名字()
    Dim s_名字 As String
    S_名字 = InputBox("请输入你的名字:")
    Msgbox "你好"& s_名字
End Sub
```

(3)变量的强制声明

VBA 使用 Option Explicit 语句自动提醒用户正式地声明变量,这个语句必须放在每个模块的最上面。如果用户试图运行一个含有未定义的变量的过程,Option Explicit 语句会让 VBA 产生一个错误信息。

3. 常量

在操作过程中,始终保持不变的数据称为常量。常量在命令或程序中可以直接引用,常量一旦定义,其值就不再改变。

常量为变量的一种特例,用 Const 定义,且定义时赋值,程序中不能改变值,作用域也如同变量作用域。定义示例:Const Pi=3.1415926 as single。

4. 运算符

运算符是代表 VBA 某种运算功能的符号。

（1）赋值运算符：＝

（2）数学运算符：&、＋（字符连接符）、＋（加）、－（减）、Mod（取余）、\（整除）、＊（乘）、（除）、－（负号）、^（指数）

（3）逻辑运算符：Not（非）、And（与）、Or（或）、Xor（异或）、Eqv（相等）、Imp（隐含）

（4）关系运算符：＝（相同）、＜＞（不等于）、＞（大于）、＜（小于）、＞＝（不小于）、＜＝（不大于）、Like、Is

5. 变量操作举例

如下程序段的功能是：给定某人的出生年月，计算年龄，并将结果在"立即窗口"中输出。

```
Sub AgeCalc()
    'variable declaration（变量声明）
    Dim FullName As String
    Dim DateOfBirth As Date
    Dim Age As Integer
    'assign values to variables（赋值给变量）
    FullName = "John Smith"
    DateOfBirth = #1/3/1967#
    'calculate age（计算年龄）
    Age = Year(Now()) – Year(DateOfBirth)
    'print results to the Immediate window（在立即窗口里打印结果）
    Debug.Print FullName & " is " & Age & " years old."
End Sub
```

5.3　VBA 程序控制结构

VBA 应用程序由一系列的 VBA 代码组成，这些代码将按照一定的顺序执行。有时程序根据一定的条件只能执行某一部分代码，有时需要重复执行某一段代码。这些是通过程序结构控制代码来完成的，本节介绍程序控制流程方面的技巧。

在 VBA 的程序中，包含 3 种基本结构语句。它们是顺序结构、分支结构和循环结构，任何程序都可以由这 3 种结构实现。

5.3.1　顺序结构

顺序结构就是按照语句的书写顺序从上到下、逐条语句执行。执行时，编写在前面的代码先执行，编写在后面的代码后执行。

顺序结构是 VBA 中最简单的一种程序结构。该结构按照自上而下的顺序执行，整个流程如图 5-7 所示。

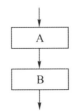

图 5-7   顺序结构示意

学习任何程序的编写都是从最简单的顺序结构开始的。在编写程序时,一般遵守输入、处理、输出 3 个步骤。

【**例 5.1**】   任意输入 2 个数值给变量,交换它们的值并输出。

分析:

(1)交换两个变量的值,类似生活中交换两个瓶子中的饮料,不可以直接交换,需要借助一个辅助瓶来实现。

(2)考虑用变量 A、B 存放键盘输入的量,变量 C 作为辅助变量。

(3)因为输入数值数据,所以利用 InputBox 函数实现变量 A、B 的初始化。

(4)变量值交换可以用赋值号实现。

程序代码如下:

```
Sub Exchang()
    Rem  【例 5.1】程序文件
    Rem  两个数交换程序
    A = InputBox("请输入数值 A = ")            '键盘输入数值 A、B
    B = InputBox("请输入数值 B = ")
    Debug.Print "交换前 A、B 的值为:"
    Debug.Print "A = ", A                      '交换前输出
    Debug.Print "B = ", B
    C = A                                      '借助变量 C 实现 A、B 交换
    A = B
    B = C
    Debug.Print "交换后 A、B 的值为:"
    Debug.Print "A = ", A                      '交换后输出
    Debug.Print "B = ", B
End Sub
```

输出结果如图 5-8 所示。

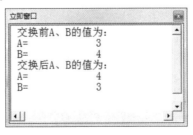

图 5-8   输出结果

5.3.2 选择结构

在解决实际问题中,往往需要根据给定的条件来决定应采取的处理方法。我们可以利用计算机具有逻辑判断能力的特点,根据不同的逻辑条件转去执行不同的程序语句,这些不同的转向语句就构成了选择结构。选择结构也称分支结构,根据条件是否满足决定程序流程,主要有单分支、双分支、多分支结构。

1.单分支结构

格式:

```
If<条件表达式>  Then
      <命令序列>
End If
```

功能:

判断"条件表达式"值,若为"真",则执行 If 和 End If 之间的命令序列;若为"假"转去执行 End If 之后的语句,如图 5-9 所示。

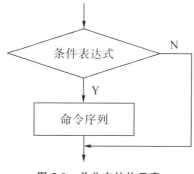

图 5-9 单分支结构示意

说明:

"条件表达式"可以是各种类型表达式的组合,但返回值只能是逻辑值 TRUE 或 FALSE。

【例 5.2】 从键盘上输入一任意常数,求该数的算术平方根。

分析:

(1)只有非负数才有算术平方根,键盘输入的数可能包含负数。

(2)计算平方根的函数为 Sqr(x)。

程序代码为:

```
Sub PingFangGen()
    Rem【例 5.2】程序文件
    x = InputBox("请输入 x 的值:")
    IF x >= 0 Then    '求平方根
        Debug.Print Sqr(x)
    EndIf
```

End Sub

如果输入 x 的值为 9,则输出结果为 3。

2. 双分支结构

格式:

If<条件表达式>Then

　　　<命令序列 1>

Else

　　　<命令序列 2>

End If

功能:

判断"条件表达式",若为真,执行"命令序列 1";若为假,执行"命令序列 2"。不管走哪条路径,执行完语句序列,流程都将转到 End If 后继语句,如图 5-10 所示。

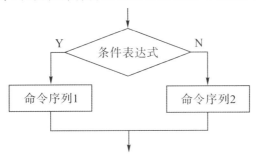

图 5-10　双分支结构示意

【**例 5.3**】　输入三角形的三条边,计算三角形面积。

分析:

(1)用 InputBox 函数输入三角形的三条边,可以用海伦公式计算面积。

(2)考虑三条边能否组成三角形。

程序代码如下:

```
Sub Mianji()
    Rem 求三角形面积
    Debug.Print "请输入三角形的三条边:"
    a = Val(InputBox("a = ? "))                    '输入三条边
    b = Val(InputBox("b = ? "))
    c = Val(InputBox("c = ? "))
    Debug.Print a; b; c
    If (a+b＞c  And  b+c＞a  And  c+a＞b)  Then   '判断能否组成三角形
        S = (a+b+c)/2
        Area = Sqr(S * (S-a) * (S-b) * (S-c))        '求面积
        Debug.Print "三角形面积 =", Area
    Else
```

```
          Debug.Print "三条边不能组成三角形!"          '输出出错信息
      End If
End Sub
```

如输入三角形的三边分别是 3、4、8 和 3、4、5,则输出结果如图 5-11 所示。

图 5-11 输出结果

3.分支结构的嵌套

在解决实际问题时,经常要对多个条件进行判断,这样在编程时,就要用多个分支语句的嵌套来处理问题。

格式:

```
If<条件表达式 1>    Then
……
    If<条件表达式 2>    Then
                ……
     [Else
                ……]
    End If
……

End If
```

注意:在使用分支结构的嵌套时,If 和 End If 语句必须成对出现,缺一不可。系统在执行分支结构的嵌套时,由 If 语句的最内层开始,逐层将 If 和 End If 配对。切记注意配对关系,以免因配对错误引起程序出错。在实际应用中,嵌套的形式多种多样,在使用嵌套时一定要注意不能搞乱层次之间的关系。

【例 5.4】 从键盘输入 3 个数:A、B 和 C,求它们之间的最小值。

分析:

(1)先从键盘随机输入 3 个数,并分别存于变量 A、B 和 C 中。

(2)用变量 x 来存放最小值。

(3)判断方法:当 A 同时比 B 和 C 小,则 A 为最小;反之,A 不是最小,此时最小必在 B 和 C 中,只需比较 B 和 C 便能得出结果。

(4)根据给定的判断方法,可采用两重分支结构编程求解。

程序代码如下：

```
Sub minx()
    Rem 求三个数中的最小值
    A = Val(InputBox("A = ? "))
    B = Val(InputBox("B = ? "))
    C = Val(InputBox("C = ? "))
    Debug.Print A; B; C
    If A < B And A < C Then
        x = A
    Else
        If B < C Then
            x = B
        Else
            x = C
        End If
    End If
    Debug.Print "最小数是:", x
End Sub
```

程序输出结果如图 5-12 所示。

图 5-12　输出结果

4. 多路分支结构

用 If 语句能方便地描述两路分支的选择结构，但在实际应用中却会遇到更多分支的情况，这时有多个条件和多个操作可供选择，按条件表达式的值选取其中之一执行。当然可以用嵌套的 If 语句来实现多分支选择结构，但是编写的程序会比较长，程序的清晰度会降低。用 Select 语句实现多分支选择结构则显得更为方便。

格式：

```
Select Case
Case<条件表达式 1>
    <语句序列 1>
```

Case<条件表达式 2>

 <语句序列 2>

...

Case<条件表达式 n>

 <语句序列 n>

[Case Else

 <语句序列 n+1>]

End Select

  功能：在执行 Select Case 命令时，依次判断各"条件表达式"的值是否为真，若为真，则执行 Case 下的语句序列，直到遇到下一个 Case 或 End Select。

  执行过程如图 5-13 所示。

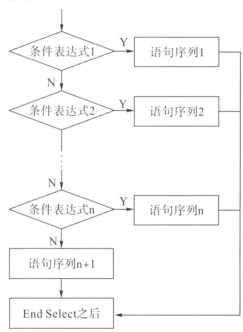

图 5-13 SelectCase 结构执行过程

  说明：当一个"语句序列"被执行后，不再判断其他"条件表达式"，而是直接转去执行 End Select 后面的第 1 条语句。所以在一个 Select Case 结构中，每次最多只能执行一个 Case 语句。如果没有一个"条件表达式"为真，则执行 Case Else 后面的语句序列，直到 End Select 为止。如果 Case Else 语句也没有，则不执行任何操作就转向 End Select 之后的第 1 条语句。

  【例 5.5】 学期结束时，学校按学生的考试成绩确定学生的成绩等级。规定：成绩大于等于 90 分为优秀；大于等于 80 分且小于 90 分为良好；大于等于 70 分且小于 80 分为中等；大于等于 60 分且小于 70 分为及格；小于 60 分为不及格。

  分析：该问题对同一个数值，要分 5 种情况来进行判断和处理，显然用 If...End If 的嵌套来解决相对较复杂，采用多路分支选择结构来处理就容易得多了。

程序代码如下：

```
Sub dengji()
    'rem 根据学生成绩求等级
    t = InputBox("输入学生成绩：")  '取得成绩
    Debug.Print "学生成绩："; t
    Select Case t
        Case Is >= 90
            j = "A"
        Case Is >= 80
            j = "B"
        Case Is >= 70
            j = "C"
        Case Is >= 60
            j = "D"
        Case Is < 60
            j = "E"
    End Select
    Debug.Print "学生成绩等级为：", j
End Sub
```

程序输出结果如图 5-14 所示。

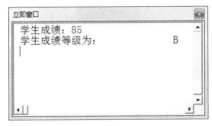

图 5-14　输出结果

程序中使用关键字 Is 来判断 Case 子句里的条件表达式。

在前面的例子中每个 Case 子句里使用一个简单表达式。然而在很多时候，可能需要在 Case 子句里确定一个数值范围。这时，可以通过关键字 To（用于表达式的数值之间）来实现它。

【**例 5.6**】　根据购买产品数量来计算价格折扣率，购买产品数量在 1～100 范围时，折扣率为 0.05；购买产品数量在 101～500 范围时，折扣率为 0.1；购买产品数量在 501～1000 范围时，折扣率为 0.15；购买产品数量在 1000 以上，折扣率为 0.2。

程序代码如下：

```
Sub Zhekou()
    num = InputBox("输入购买产品数量：")
    Debug.Print "购买产品数量："; num
```

```
    Select Case   num
      Case 1 to 100
        Discount = 0.05
      Case Is < = 500
        Discount = 0.1
      Case 501 to 1000
        Discount = 0.15
      Case Is >1000
        Discount = 0.2
    End Select
    Debug.Print "价格折扣为:", Discount
End Sub
```

程序输出结果如图 5-15 所示。

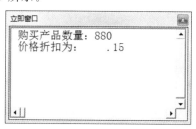

图 5-15　输出结果

5.3.3　循环结构

在处理实际问题的过程中,常常需要重复执行某些相同的或类似的程序段。具有重复操作功能的程序称为循环结构程序。在编制程序时,重复操作的语句不必重复编写,只要用循环结构的方法来处理,便能实现重复操作。循环结构同分支结构一样,是程序设计不可缺少的语句。

1.条件循环 Do While...Loop 语句

主要用于循环次数未知,或循环次数根据程序运行中不断变化而改变的循环。

格式:

```
Do While  <条件表达式>
    <语句序列>
    [Exit Do]
    <语句序列>
Loop
```

"条件表达式"值为 TRUE 时,执行 Do While 与 Loop 之间的命令;"条件表达式"值为 FALSE 时,退出循环,转去执行 Loop 后继语句,其执行过程如图 5-16 所示。

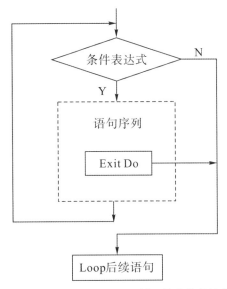

图 5-16 DO While...Loop 循环结构执行流程

说明：

(1)选项 Exit Do 用于将程序控制传递给 Loop 后的第一条语句,即跳出循环。

(2)在进入循环前,必须先初始化循环变量。

(3)循环体内至少有一条能改变循环流程,保证能退出循环。

【例 5.7】 打印输出 $1,2,3,\cdots,100$ 这 100 个数。

分析：

(1)程序的功能就是要重复执行输出语句 100 次,所以应该选用循环结构的方法来实现这一目的。

(2)先定义循环变量 x,由于从 1 开始输出,故 x 的初值应为 1,即 $x=1$。

(3)由于输出的终值为 100,所以条件表达式应定义为 x<=100。

(4)由于所输出的是一组有序数列,且其步长为 1,所以在循环体内应该有一条改变循环变量值的语句,即 $x=x+1$。

程序代码如下：

```
Sub OutputNum()
    x = 1
    Do While x <= 100
        Debug.Print x
        x = x + 1
    Loop
End Sub
```

【例 5.8】 从键盘输入一正整数 N,编程计算 $S=1+2+3+\cdots+N$ 的值,并输出计算结果。

分析：对于连续相加的问题,在程序中一般采用重复执行累加的方法来求和,即先进行 1+2,再加 3,再加 4,…,一直加到 N 而得到结果。若循环变量定义为 i,累加结果存放在变量 S 中,则在循环体中,可用语句 S=S+i 来实现该算法。

程序代码如下:

```
Sub SumX()
    X = Val(InputBox("请输入整数 X:"))
    i = 1
    S = 0
    Do While i < = X
        S = S + i
        i = i + 1
    Loop
    Debug.Print "1 + 2 + … + N = ", S
End Sub
```

如输入 X 的值为 100,则程序输出结果如图 5-17 所示。

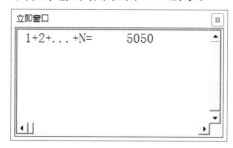

图 5-17　输出结果

Do While 循环的另一种结构是 Do...Loop While<条件表达式>,此类结构不管条件表达式是否满足条件,循环体中的语句都要至少执行一遍。

【例 5.9】　从键盘输入一正整数 N,编程计算 S=1+2+3+…+N 的值,并输出计算结果。

分析:题目同例 5.8,要求用 Do...Loop While 语句实现。算法分析过程同例 5.8。

```
Sub SumXX()
    x = Val(InputBox("请输入整数 x:"))
    i = 1
    S = 0
    Do
        S = S + i
        i = i + 1
    Loop While i < = x
    Debug.Print "1 + 2 + … + N = ", S
End Sub
```

程序输出结果同例 5.8。

2.For...Next 循环

用 Do While...Loop 循环编程时,在循环之前必须先对循环变量赋初值,在循环体中还要有改变循环变量值的语句。在解决实际问题时,若事先知道循环的次数及循环变量的步长,使用 For...Next 循环会比 Do While...Loop 循环更方便。

格式:

  For<循环变量> = <初值> To<终值> [Step<步长>]

    <语句序列>

    [<Exit For>]

  Next

功能:

从循环变量的"初值"开始,重复执行循环体语句,每循环一次,循环变量增加一个步长;若循环变量超过终值则退出循环,执行流程如图 5-18 所示。

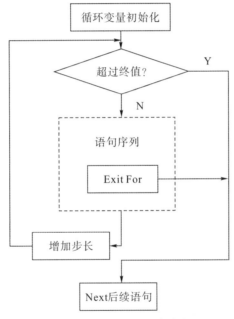

图 5-18 For...Next 程序流程图

说明:

(1)循环变量可以是内存变量,作为计数器使用。

(2)初值、终值和步长可以是常量、变量或表达式;如果步长是负数,则计数器递减。STEP 字句缺省时,步长默认为 1。

(3)Exit For 用于将控制权传递给 Next 后面的命令,Exit For 可以放在 For 与 Next 之间的任意位置。

【例 5.10】 编程计算 S=1+2+3+…+100 的值,并输出计算结果。

在上例中已经用 Do While...Loop 循环结构计算过这类问题,用 For...Next 结构处理会更简单。由题意可以看出,循环的初值为 1,终值为 100,且相邻两数之间相差 1(即

步长为 1),设循环变量为 i,则程序代码可写为:

```
Sub SumXXX()
    S = 0
    For i = 1 To 100
        S = S + i
    Next
    Debug.Print "1 + 2 + … + 100 = ", S
End Sub
```

【例 5.11】 将 100 以内(包含 100)能被 2、3、5 整除的数从大到小输出,同时输出它们的计数个数及累加和。

分析:

(1)能被 2、3、5 整除的数值 I 必须满足 I Mod 2＝0 AND I Mod 3＝0,且同时是 5 的倍数。

(2)利用循环步长为负数实现从大到小输出。

程序代码如下:

```
Sub zhengchu()
    '初始化计数器、累加和
    DATA_COUNT = 0
    S = 0
    For i = 100 To 1 Step - 5
        '循环求出满足条件的数值
        If i Mod 2 = 0 And i Mod 3 = 0 Then
            DATA_COUNT = DATA_COUNT + 1
            Debug.Print i
            S = S + i
        End If
    Next
    Debug.Print "能被 2、3、5 整除的个数 = ", DATA_COUNT
    Debug.Print "累加和 = ", S
End Sub
```

程序输出结果如图 5-19 所示。

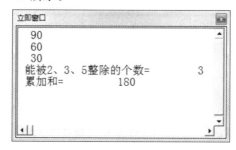

图 5-19 输出结果

5.3.4　多种结构的嵌套

通常在解决复杂问题时,仅靠一种循环控制结构是很难完成任务的,我们往往需要使用多种循环控制结构的嵌套形式,以及多重循环结构的嵌套来解决问题。在一个循环程序的循环体内又包含着另一些循环,就构成了多重循环,或称为循环嵌套。

【例 5.12】　计算 S=1! +2! +3! +⋯+N! (N 由键盘输入)

分析:

(1)内循环作累乘,外循环作累加。

(2)设置内循环控制变量 K(1—I),外循环控制变量 I(1—N)。

(3)注意每次内循环开始前须使阶乘归 1,否则前次循环结果将影响本次循环。

程序代码如下:

```
Sub jiechenghe()
    '初始化内存变量 S、N
    S = 0
    N = InputBox("请输入 N = ?")
    For I = 1 To N          '外循环求和
        P = 1               '每次做内循环前阶乘 P 初始化为 1
        For K = 1 To I      '内循环求 I!
            P = P * K
        Next
        Debug.Print I; "! = "; P '输出 I!
        S = S + P               '阶乘累加
    Next
    Debug.Print "1! +2! +3! +⋯+N! = "; S   '输出最终累加和 S
End Sub
```

如输入数字 N=5,程序输出结果如图 5-20 所示。

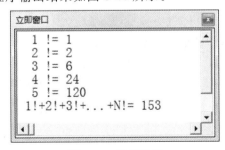

图 5-20　输出结果

5.4 VBA 过程

对于一个复杂的实际问题,往往需要建立若干段程序模块。结构化程序设计思想就是模块化设计,即将一个大的系统分解为若干个子系统,每个子系统就构成一个程序模块。采用模块化的程序结构使得程序的编写、调试和系统的维护都很方便,以后也容易扩充。为了便于进行结构化程序设计,VBA 提供了子程序和自定义函数两种过程供用户调用。

5.4.1 子程序

子程序被定义为 VBA 代码的一个单元,子程序中包括一系列用于执行某个任务或进行某种计算的语句。子程序只执行一个或多个操作,而不返回数值。子程序可以用宏录制器录制或者在 VBA 编辑器窗口里直接编写。5.3 节中的程序实例都是以子程序的形式呈现的。

子程序格式如下:

Sub <子程序名>

　　［<语句序列>］

End Sub

功能:把具有相对独立功能的常用代码集中在一起,供主程序在需要时调用。子程序一般保存在 VBA 的类模块中。

【例 5.13】 素数判断:从键盘输入一个整数,判断其是否为素数。

分析:判断一个数 N 是否为素数的方法是:用 2～N－1 之间的各个整数依次去除 N,如果除了它本身以外,都除不尽,则说明 N 是一个素数。反之,只要有一个数能整除,那么 N 就不是素数。

程序代码如下:

```
Sub SuShu()
    N = Val(InputBox("请输入整数 N = "))
    K = 2                       '除数初始化
    Do While K < N              '判断 N 是否为素数
        If N Mod K = 0 Then     '满足条件不是素数
            Exit Do
        End If
        K = K + 1               '看下一个约数
    Loop
    If K = N Then
        Debug.Print N; "是素数"
```

```
    Else
        Debug.Print N; "不是素数"
    End If
End Sub
```

如果输入整数 N 的值分别为 8 和 23,则输出结果如图 5-21 所示。

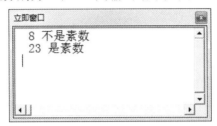

图 5-21　输出结果

5.4.2　自定义函数

VBA 除了提供系统函数外,还允许用户根据需要进行自定义函数设计。通过建立自定义函数,可以将经常使用的程序段从程序中独立出来,更加方便地实现功能调用。

1. 自定义函数的建立

格式:

```
Function  <函数名>(参数 1,参数 2,…)
[语句序列]
    函数名 = 返回结果
End Function
```

功能:将一段程序语句定义为一个函数,并为其指定一个函数名。

说明:

(1)第一句声明函数过程名称。

(2)在自定义函数中(参数 1,参数 2,…)用来接收被调用时传递过来的参数。

(3)最后一条语句必须是返回语句,返回函数值到主程序,以"函数名=返回值"的语句形式出现,用来将返回值作为函数的结果返回。

2. 自定义函数的调用

格式:函数名(<参数>)

功能:返回自定义函数的函数值。

例如,若定义了一个求圆面积的函数为 SA(R),求半径为 50 的圆面积可直接由"SA(50)"得出结果。

【例 5.14】　编写一个自定义函数:判断其是否为素数,并在主程序中调用它。

分析:

(1)判断 Num 是否是素数可以用自定义函数实现,若函数返回值 True,则 Num 是素数,否则不是素数。

（2）自定义函数 Prime() 中设置标志变量 Flag，若 Flag 为 True 表示是素数，为 False 表示非素数。

程序代码如下：

```
Sub main()
    Num = Int(InputBox("请输入整数 Num = "))
    If Prime(Num) = True Then
        Debug.Print Num; "是素数"
    Else
        Debug.Print Num; "不是素数"
    End If
End Sub
Public Function Prime(N)
    Flag = True
    K = 2                           '除数初始化
    Do While K < N                  '判断 N 是否为质数
        If N Mod K = 0 Then         '满足条件不是质数
            Flag = False
            Exit Do
        End If
        K = K + 1                   '看下一个约数
    Loop
    Prime = Flag
End Function
```

程序输出结果同例 5.13。

5.5　VBA 程序设计实例

前面已经学习了 VBA 程序控制结构及程序设计的各种方法，利用这些方法，我们可以解决实际应用中出现的各种问题。

5.5.1　数值处理

【例 5.15】　输入 10 个数，输出它们的最大值及最小值。

分析：

（1）假设第一个数为最大值，同时也为最小值。

（2）将 2～10 个数分别与最大值、最小值进行比较，若比最大值大，则此数为新的最大值，若比最大值小，则与最小值比较，若比最小值还小，则此数为新最小值。

程序代码如下：

```
Sub Max_min()
    Num = Val(InputBox("输入第 1 个数："))
    Max = Num
    Min = Num
    For i = 2 To 10    '逐个与最大、最小值比较
        Num = Val(InputBox("输入第" & Str(i)& "个数："))
        If Num > Max Then
            Max = Num
        End If
        If Num < Min Then
            Min = Num
        End If
    Next
    Debug.Print "MAX = "; Max
    Debug.Print "MIN = "; Min
End Sub
```

如输入的 10 个数分别为：45、12、34、78、98、56、72、88、51、77，则输出结果如图 5-22 所示。

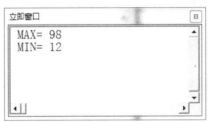

图 5-22　输出结果

【例 5.16】　设计一个程序，判断一个 N 位数是否为水仙花数。

水仙花数的定义：一个 N 位数，其各位上的数字之 N 次方和等于该数。

例如 N＝3，则有 $153＝1^3＋5^3＋3^3$，则 153 是水仙花数。

例如 N＝4，则有 $1634＝1^3＋6^3＋3^3＋4^3$，则 1634 是水仙花数。

分析：若考虑 N＝3，由水仙花定义可知关键是要将这个三位数上的每一位数字拆分出来。可以确定用变量 A、B、C 来存放百、十、个位数字。

程序代码如下：

```
Sub ShuiXianHua()
    For NUM = 100 To 999            '逐个判断三位数是否为水仙花数
        A = NUM Mod 10                  '取得个位数
        B = (NUM － A)/ 10 Mod 10      '取得十位数
        C = (NUM － B * 10 － A)/ 100 Mod 10 '取得百位数
```

```
    If NUM = A * A * A + B * B * B + C * C * C Then '判断水仙花数
        Debug.Print NUM，"是水仙花数"
    End If
  Next
End Sub
```

输出结果如图 5-23 所示。

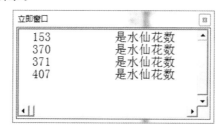

图 5-23　输出结果

【例 5.17】　编程序，利用公式 $\frac{\pi}{4} = 1 - \frac{1}{3} + \frac{1}{5} - \frac{1}{7} + \cdots$ 求 π 的近似值，直到某一项的绝对值小于 10^{-1} 为止。

分析：

(1)公式 $\frac{\pi}{4} = 1 - \frac{1}{3} + \frac{1}{5} - \frac{1}{7} + \cdots$，由于求和项不确定到第几项，循环次数不定，一般用 DoWhile...Loop 循环结构求解此类题目。

(2)题目中的通项 AN 由符号位、分子、分母构成，前后两项符号位相反，分子为1，分母差 2。因此定义了表示符号位的变量 SIGN，分母 N，即

$$AN = SIGN * 1/N$$

(3)循环中先判断通项 AN 是否满足条件，若满足则累加到和，再生成下一个通项；若通项值小于给定的精度则表示累加结束。

程序代码如下：

```
Sub pi()
    N = 1        '首项分母赋值
    i = 0        '循环次数初始化
    Sign = 1     '符号位初始化
    Sum = 0      '累加和初始化
    Do While 1 / N > 0.0000001   '通项<0.0000001
        i = i + 1                      '循环次数＋1
        Sum = Sum + Sign * 1 / N       '加当前项
        N = N + 2                      '分母＋2,指向下一项
        Sign = - Sign                  '符号位反转
    Loop
    Debug.Print "pi = "; 4 * Sum        '输出 π 值
```

End Sub

程序输出结果如图 5-24 所示。

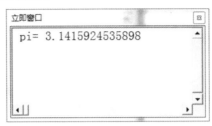

图 5-24　输出结果

5.5.2　字符串处理

【例 5.18】　编写程序,输入一个串,反序输出。要求用自定义函数实现反序功能。

分析:程序中反序连接特别要注意前后位置。例如

C1 = "12345"

C2 = "ABC"

C1 = C1 + C2 = "12345" + "ABC" = "12345ABC"

C1 = C2 + C1 = "ABC" + "12345" = "ABC12345"

程序代码如下:

```
Sub main()
    OldStr = InputBox("输入一个串:")
    NewStr = Change(OldStr)    '调用自定义函数求反序字符串
    Debug.Print NewStr
End Sub
Function Change(chars)
    ch = Space(0)         '转换串初始化
    For I = 1 To Len(chars)
        ch = Mid(chars, I, 1) & ch  '串反序连接
    Next
    Change = ch           '返回主程序,结果带回
End Function
```

如输入字符串为"VBA",则程序执行结果为"ABV"。

【例 5.19】　打印输出图案,如图 5-25 所示。

A
BBB
CCCCC
DDDDDDD
EEEEEEEEE

图 5-25　输出效果

分析:该图案共有5行,每行的字符个数正好与行数相同,并且每行的输出位置依次向左移动一个字符,可以用两重循环控制来完成操作。

(1)外循环控制输出的行数、每行输出的位置及换行,循环变量用 i 表示,i 为 1~5。

(2)内循环控制每行输出字符的个数,循环变量用 j 表示,由观察可知,每行输出的字符个数与行数存在关系"2i−1",所以 j 为 1~2i−1。

(3)每行输出的字符可由 Chr()产生,由于"A"的 ASCII 码值是 65,于是各行字母的 ASCII 码值与行数 i 的关系是"64+i"。

程序代码如下:

```
Sub jinzita()
    For i = 1 To 5
        For j = 1 To 5 - i
            Debug.Print " ";
        Next
        For j = 1 To 2 * i - 1
Debug.Print Chr(64 + i);
        Next
        Debug.Print '换行
    Next
End Sub
```

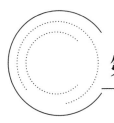

第6章
Word 2019 应用案例

Word 的文字处理功能在现有的办公自动化软件中独占鳌头。它不仅能够方便地处理表格和进行图形分析，其更强大的功能体现在对文档的排版和美化上。本章精选了 4 个实际应用案例，希望通过对这些案例的讲解，使读者能更好地了解和掌握 Word 2019 的文字设置、段落排版及页面设置的功能。

6.1 论文排版

知识要点：

- 样式；
- 题注引用；
- 页眉页脚；
- 目录和索引；
- 页面设置。

6.1.1 问题描述

大四学生的毕业论文一般由封面、摘要、目录、图索引、表索引、各章节、结论、参考文献、致谢等组成。现要求对论文进行排版，需要完成以下操作。

1. 正文格式化

（1）使用多级符号对章名、小节名进行自动编号，代替原始编号。

①章节的自动编号格式为"第 X 章"（例如：第 1 章）。其中 X 为自动排序，阿拉伯数字序号，对应级别 1，居中显示。

②小节名自动编号格式为"X.Y"，X 为章序号，Y 为节序号（例如：1.1）。X、Y 均为阿拉伯数字，对应级别 2，左对齐。

（2）对正文中的图添加题注，标签为"图"，位于图下方，居中显示。要求：

①编号为"章序号"—"图在章中的序号"，例如：第 1 章第 2 幅图，题注标签编号为"图1-2"。

②图的说明使用图下一行的文字，格式同题注。

③图居中。

（3）对正文中出现"如下图所示"中的"下图"两字，使用交叉索引，改为"图 X—Y"，即标签和编号。

（4）对正文中的表添加题注，标签为"表"，位于表的上方，居中。

①编号为"章序号"—"表在章中的序号"，例如：第 1 章第 2 个表，题注标签编号为"表1-2"。

②表的说明使用表上一行的文字，格式同题注。

③表居中，表内文字不要求居中。

（5）对正文中出现"如下表所示"中的"下表"两字，使用交叉索引，改为"表 X—Y"，即标签和编号。

（6）在正文中第 1 页标题结束处插入脚注，添加文字"正文的开始"。

（7）设置论文的标题、摘要及关键字格式。

①论文标题使用样式"标题1"，居中，无编号。

②"作者""单位"信息设置字体格式为五号、段落居中。

③"摘要：""关键字："设置字体样式为黑体、四号；"摘要"及"关键字"内容设置为宋体、小四，首行缩进 2 字符，1.5 倍距。

（8）"结论""致谢""参考文献"标题使用样式"标题1"，居中，无编号。

（9）对正文中出现的"(1)、(2)…"的段落进行自动编号。编号格式不变。

（10）新建样式，样式名为："样式＋学号"，例如："样式 01"。其中：

①字体：中文字体"楷体"，西文字体"Times New Roman"，字号"小四"。

②段落：首行缩进 2 字符，段前 0.5 行，段后 0.5 行，行距 1.5 倍，两端对齐。其余格式默认设置。

（11）将(10)中新建样式"样式＋学号"应用到正文中无自动编号的文字，不包括章名、小节名、表格中的文字、题注及脚注。

（12）首先将论文中的参考文献进行自动编号，格式为"[1]，[2]，[3]，…"，再在论文中的引用位置交叉索引参考文献的编号，使用户可以在论文中快速定位到相应的参考文献。

2.页面设置

（1）使用合适的分节符，在正文前插入 3 个分页的节，分别插入目录、图索引、表索引。要求：

①第 1 节：封面和摘要。

②第 2 节：目录。要求目录使用样式"标题1"，居中；目录下为目录项。

③第 3 节：图索引。要求图索引使用样式"标题1"，居中；图索引下为图索引项。

④第 4 节:表索引。要求表索引使用样式"标题 1",居中;表索引下为图表索引项。

⑤正文中每章为单独一节,页码总是从奇数开始。

⑥结论、参考文献、致谢分别成为一个节,且置于单独页面中。

(2)使用"域"添加正文的页眉,居中显示。要求:

①要求封面首页不显示页眉 。

②摘要、目录页的页眉显示字样"嘉兴南湖学院毕业论文(设计)"。

③对于正文奇数页,页眉中的文字为"章序号章名",如"第 1 章 XXXXXXX"。

④对于正文偶数页,页眉中的文字为"节序号节",如"1.1XXXXXXX"。

⑤结论、参考文献、致谢部分页眉显示字样"嘉兴南湖学院毕业论文(设计)"。

(3)使用"域",在页脚下插入页码,要求如下:

①封面、摘要无页码。

②目录、图索引、表索引的页码采用"i,ii,iii,…"格式,页码连续。

③正文中的节,页码采用"1,2,3,…",页码连续。

④结论、参考文献、致谢页码与正文连续,格式一致。

⑤更新目录、图索引和表索引。

6.1.2　解题思路

1. 使用多级符号对章名、小节名进行自动编号,代替原始编号

利用内置样式库中的"标题 1""标题 2"……,结合"自动编号"功能,将两者合二为一,即可生成多级符号标题样式。

2. 对正文中的图、表添加题注

添加题注是为了更好地管理文档中的图表,其实质上就是对文档中的图、表做自动编号,创建图表目录,方便用户添加、删除、引用图表。用户可以调用"引用"选项卡下的"题注"功能项,快速地对文档中的图表进行"插入题注""交叉引用""插入表目录"操作。

3. 在正文中插入脚注和尾注

插入脚注可实现对文档中指定的文字做解释和说明,位置在文字同一页的下方;插入尾注是为了标明文档中引用文献的来源,放在文档结尾处。

用户可通过"引用"选项卡下"脚注"功能项中的"插入脚注"和"插入尾注"按钮实现文档的脚注和尾注的创建。

4. 摘要、目录、图索引、表索引、结论、参考文献、致谢的标题格式设置

摘要、目录、……、致谢,此类标题无须自动编号,只需调用内置样式"标题 1"即可。

5. 新建样式

若样式库中的内置样式无法满足用户的需要,可以通过"开始"选项卡下"样式"功能项中的"新建样式"定义新样式。类似内置样式的调用,用户可将新样式应用到文档的任何指定位置。

6. 插入分节符,分别创建目录、图索引、表索引

分节符和分页符在概念上是不同的,虽然在表现形式上看起来一致,都是分页,但是分页符在逻辑上文档的段落是连在一起的,还是一个整体;但分节符则将上下两部分在逻辑上隔断,各自成为独立的部分。除此之外,分节符的表现形式有多样性,如"下一页""连续""奇数页"和"偶数页"。

用户可利用"引用"选项卡下的"目录"功能项对文档进行"插入目录";也可调用"引用"选项卡下的"题注"功能项,通过"插入表目录"来创建"图索引"和"表索引"。

7. 使用"域"添加正文的页眉页脚

若文档没有分节,则每个页面的页眉是相同的;若文档由多个节组成,用户可对指定节中的各页面设置特定的页眉,不同的节页眉可以不同,甚至可以设置奇偶页页眉不同。而对于页脚中插入的页码,同一个节的页码格式一定是一致的,不同节的页码可以设置格式不同,显示效果不一样。

可利用"插入"选项卡下的"页眉和页脚"功能项分别插入文档各节的页眉和页脚。

6.1.3 操作步骤

1. 正文格式化

(1)使用多级符号对章名、小节名进行自动编号,代替原始编号。

①章节的自动编号格式为"第 X 章"(例如:第 1 章、第 2 章)。其中 X 为自动排序,阿拉伯数字序号,对应级别 1,居中显示。

②小节名自动编号格式为"X. Y",X 为章序号,Y 为节序号(例如:1.1、1.2)。X、Y 均为阿拉伯数字,对应级别 2,左对齐。

操作步骤如下:

①将光标定位到正文首行的最左端,单击"开始"选项卡"段落"中的"多级列表"按钮,在弹出菜单的底端选择"定义新的多级列表"项,弹出"定义新多级列表"对话框。如图 6-1 所示。

②在"定义新多级列表"对话框中,在"单击要修改的级别"下选择"1",即设置自定义一级标题。

③设置"编号格式",首先删除"输入编号的格式"下所有的文本信息,然后输入文字"第章",再将光标定位在"第"和"章"之间,单击"此级别的编号样式"的下拉列表框,选择编号样式"1,2,3…"。

④单击"更多"按钮,在窗口的右端,单击"将级别链接到样式"下拉列表,选择"标题 1";单击"要在库中显示的级别"下拉列表,选择"级别 1"。

⑤上述 4 个步骤实现在内置"标题 1"的基础上增加了"自动编号"。

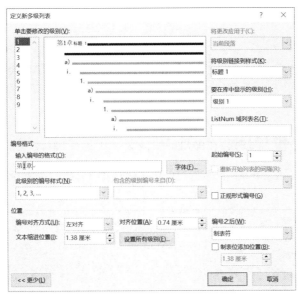

图 6-1　定义多级列表标题 1

⑥类似"标题 1"的设置,在"单击要修改的级别"下选择"2",即设置自定义二级标题。

⑦设置"编号格式",首先删除"输入编号的格式"下所有的文本信息,然后在"包含的级别编号来自"下拉列表中选择"级别 1",手动输入小数点,再在"此级别的编号样式"下拉列表框中,选择编号样式"1,2,3…"即表示章在前,节在后。

⑧单击"更多"按钮,在窗口的右端,单击"将级别链接到样式"下拉列表,选择"标题 2";单击"要在库中显示的级别"下拉列表,选择"级别 2",单击"确定"按钮。

⑨如图 6-2 所示,上述步骤实现了在内置"标题 1""标题 2"的基础上增加了"自动编号",如"第 1 章"和"1.1"。

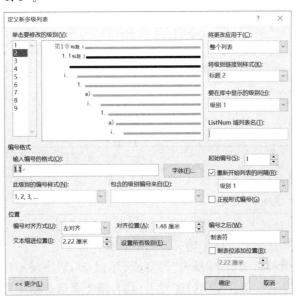

图 6-2　定义多级列表标题 2

⑩多级列表设置后,样式库中会增加两个新的带自动编号的标题 1、标题 2 按钮,如图 6-3 所示。

图 6-3　样式库

⑪右击样式库中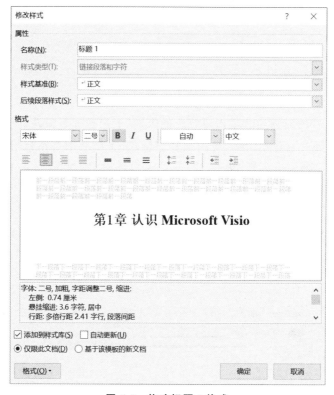按钮,在弹出的快捷菜单中选择"修改"项,弹出"修改样式"对话框,如图 6-4 所示。在"格式"下单击"居中"按钮,单击"确定"退出修改,完成自定义一级标题的设置。

图 6-4　修改标题 1 格式

⑫同上操作,将光标定位在样式库中的 **1.1 A** 上,右击鼠标,在弹出的快捷菜单中选择"修改"项,弹出"修改样式"对话框。在"格式"下单击"左对齐"按钮,单击"确定"退出修改。完成自定义二级标题的设置。

⑬将样式库中的自定义多级编号标题 1、标题 2 应用到文档中各个章、节所在的位置,同时删除原有的非自动编号数字信息。

(2)对正文中的图添加题注,标签为"图",位于图下方,居中显示。要求:

①编号为"章序号"-"图在章中的序号",例如:第 1 章第 2 幅图,题注标签编号为"图1-2"。

②图的说明使用图下一行的文字,格式同题注。

③图居中。

操作步骤如下:

①将光标定位在图下文字的起始位置,单击"引用"选项卡"题注"中的"插入题注"按钮,弹出"题注"对话框,如图 6-5 所示。

②在"题注"对话框中,"选项"下的"标签"设置为"图",若标签不存在,单击"新建标签"按钮,创建新标签。

③在"题注"对话框中,单击"编号"按钮,弹出"题注编号"对话框,如图 6-6 所示。勾选"包含章节号"复选项,"章节起始样式"设为"标题 1","使用分隔符"下拉列表中选择"-(连字符)",单击"确定"按钮,返回"题注"对话框。

④此时"题注"对话框中显示的"题注"即为所求。单击"确定"按钮设置完成。正文中图的下方即插入了标签"图"和编号,后面的文字变成与标签一样的格式,成为题注的说明。

⑤选中图及其题注,单击"开始"选项卡"段落"中的"居中"按钮,使图、题注居中显示。

逐一检查文档中的其他图,设置题注,方法类似。

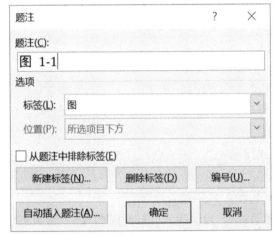

图 6-5　"题注"对话框

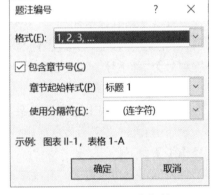

图 6-6　"题注编号"对话框

(3)对正文中出现"如下图所示"中的"下图"两字,使用交叉索引,改为"图 X－Y",即标签和编号。

操作步骤如下:

①选中文档中"如下图所示"中"下图"两字,单击"引用"选项卡"题注"中的"交叉引用"按钮,打开"交叉引用"对话框,如图 6-7 所示。

图 6-7 "交叉引用"对话框

②"交叉引用"对话框中,在"引用类型"中选择"图",单击"引用哪一个题注"下所要引用的题注项,在"引用内容"下拉列表中选择"只有标签和编号",单击"插入"按钮完成设置。将鼠标移动到新建的"交叉引用"处,按"Ctrl"键,鼠标变成手型,单击鼠标,即可使光标定位到被引用图的题注上,快速实现访问。

逐一检查文档其他图的题注,设置交叉引用,方法类似。

(4)对正文中的表添加题注,标签为"表",位于表的上方,居中。

①编号为"章序号"-"表在章中的序号",例如:第1章第2个表,题注标签编号为"表1-2"。

②表的说明使用表上一行的文字,格式同题注。

③表居中,表内文字不要求居中。

操作步骤如下:

①将光标定位在表格上一行文字的起始位置,类似插入"图题注"的方法,为表创建题注,设置标签为"表"。

②选中表及其题注,单击"开始"选项卡"段落"中的"居中"按钮,使表、题注居中显示。

(5)对正文中出现"如下表所示"中的"下表"两字,使用交叉索引,改为"表 X－Y",即标签和编号。

操作步骤如下:

①选中文档中的"如下表所示"中"下表"两字,单击"引用"选项卡中"交叉引用"按钮,打开如图 6-7 所示对话框。

②类似创建图的交叉引用,只需将"引用类型"设置成"表","引用哪一个题注"下选定所要引用的题注项,"引用内容"设置成"只有标签和编号",单击"插入"按钮即可。

逐一检查文档其他表,设置交叉引用,方法类似。

(6)在正文中第1页标题结束处插入脚注,添加文字"正文的开始"。

操作步骤如下：

①将光标定位在正文第 1 页标题文字的尾部，单击"引用"选项卡"脚注"中的"插入脚注"按钮，光标直接跳到页面的底端，在数字序号"1"后面输入文字"正文的开始"。

②将光标重新定位到正文第 1 页标题的尾部，出现数字"1"，表示增加了一个脚注，同时系统将在一个小框内显示脚注文字说明信息。

（7）设置论文的标题、摘要及关键字格式。

①论文标题使用样式"标题 1"，居中，无编号。

②"作者""单位"信息设置字体格式为五号、段落居中。

③"摘要：""关键字："设置字体样式为黑体、四号；"摘要"及"关键字"内容设置为宋体、小四，段落首行缩进 2 字符，1.5 倍行距。

操作步骤如下：

①选定论文标题，单击样式库中的**第1章**_{标题1}按钮引用标题，按"Delete"键，删除标题前的自动编号，论文标题的格式仅为内置样式"标题 1"。

②选定论文的作者、单位行，利用"开始"选项卡"字体"和"段落"中的格式设置为宋体、五号，段落居中。

③选定文字"摘要：""关键字："，利用"开始"选项卡"字体"格式设置为四号、黑体。

④分别选定"摘要"及"关键字"后的文字内容，利用"开始"选项卡"字体"格式设置为宋体、小四。

⑤选定"摘要"及"关键字"两个段落，右击鼠标，弹出快捷菜单，单击"段落"按钮，在弹出的"段落"对话框中设置首行缩进 2 字符，1.5 倍行距。

（8）"结论""致谢""参考文献"标题使用样式"标题 1"，居中，无编号。

操作步骤如下：

类似论文标题设置的方法，分别选定"结论""致谢""参考文献"，单击样式库中的按钮，将各标题前的自动编号删除。

（9）对正文中出现的手动编号，如"（1）、（2）…"的段落进行自动编号，编号格式不变。

操作步骤如下：

①在正文中选定第 1 个出现的手动数字标号"（1）"所在的行，按"Ctrl"键同时选定剩余的手动标号"（2）、（3）…"行，在"开始"选项卡"段落"中单击"编号"下拉列表，选定与手动编号显示方式一致的系统内置自动编号"（1）、（2）…"，结果文档中被选的手动编号"（1）、（2）…"就转化为自动编号"（1）、（2）…"了。

②若生成的自动编号显示级别发生变化，可以利用"编号"下拉列表下端的"更改列表级别"项来修改自动编号显示级别，例如可以将编号级别"（a）"升级成"（1）"。

③若"编号"下拉列表中没有与手动编号显示方式一致的自动编号可选项，用户可以利用"编号"下拉列表下端的"定义新编号格式"项来生成自定义自动编号。

④搜索全文，将文中所有的手动数字编号"（1）、（2）…"按上述方法修改成自动编号。

（10）新建样式，样式名为"样式＋学号"，例如："样式 01"。其中：

①字体：中文字体"楷体"，西文字体"Times New Roman"，字号"小四"。

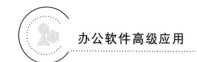

②段落:首行缩进2字符,段前0.5行,段后0.5行,行距1.5倍;两端对齐。其余格式默认设置。

操作步骤如下:

①首先,将光标定位在文档中格式为"正文"的段落上,这个步骤非常重要,将直接影响新建样式的基础模板。

②单击"开始"选项卡"样式"右下端的按钮,打开"样式"设置窗口,在该窗口的左下端,单击"新建样式"按钮,弹出"根据格式设置创建新样式"对话框,如图6-8所示。

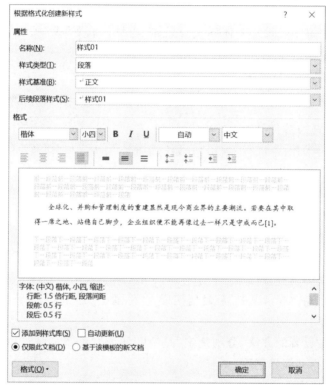

图6-8　创建新样式

③图6-8所示对话框中,在"属性"下"名称"项右端输入新样式名"样式01","样式基准"保持"正文"选项,其他默认设置。

④在"格式"下,设置中文字体为"楷体",字号为"小四",西文字体为"TimesNewRoman"。

⑤单击窗口底部左下角的"格式"按钮,选择"段落",设置段落格式为首行缩进2字符,段前0.5行,段后0.5行,行距1.5倍;两端对齐,其余格式默认设置。

⑥在图6-8对话框中,单击"确定"按钮,即可完成操作。注意创建成功后,"样式"库、"样式"窗口中会显示新创建的样式名,用户可以用调用内置样式的方法来调用自定义新样式。

(11)将(10)中新建样式"样式+学号"应用到正文中无自动编号的文字,不包括章名、小节名、表格中的文字、题注及脚注。

操作步骤如下：

①首先选定要设置的段落,在"样式"库中单击新建样式名"样式＋学号"(如"样式01"),被应用的段落格式将与新样式一致。

②注意,不能将新建样式应用到文档中的章节标题、题注引用及自动编号,否则会破坏文档的组织结构。

(12)首先将论文中的参考文献进行自动编号,格式为"[1],[2],[3],…",再在论文中的引用位置交叉索引参考文献的编号,使用户可以在论文中快速定位到相应的参考文献。

操作步骤如下：

①用光标选定各参考文献,利用"开始"选项卡"段落"中的"编号"下拉列表下端的"定义新编号格式"项来生成自定义自动编号格式"[1],[2],[3],…",如图 6-9 所示。

②在"定义新编号格式"对话框中,设置"编号样式"为"1,2,3,…","编号格式"为"[数字]"(如:"[1]"),观察"预览"项中的显示效果,要求与题目要求一致。

③单击"确定"按钮,所有参考文献的手动编号转化为自动编号格式"[1],[2],[3],…"。

④注意必须删除参考文献原有的手动编号。

⑤在论文中找到引用"参考文献[1]"的位置,用光标选中原有的手动编号"[1]",单击"引用"选项卡"题注"中的"交叉引用"按钮,打开"交叉引用"对话框,如图 6-10 所示。

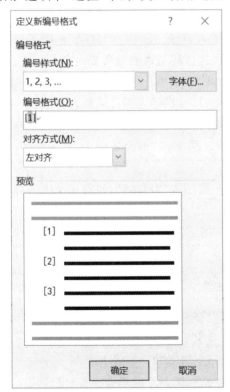

图 6-9　定义新编号格式 　　　　图 6-10　交叉引用参考文献

⑥在"交叉引用"对话框中,"引用类型"设置为"编号项","引用内容"设置为"段落编

号"，"引用哪一个编号项"选择"[1]……"，即第 1 篇参考文献。单击"插入"按钮，即可为第 1 篇文章创建交叉索引，用户可利用 Ctrl 键＋单击鼠标快速跳到被引用的参考文献处。

⑦利用 Word 查找功能，在文档中所有引用参考文献的地方创建对应的交叉引用。

2.页面设置

（1）使用合适的分节符，在正文前插入 3 个分页的节，分别插入目录、图索引、表索引。要求：

①第 1 节：封面、摘要。

②第 2 节：目录。要求目录使用样式"标题 1"，居中；目录下为目录项。

③第 3 节：图索引。要求图索引使用样式"标题 1"，居中；图索引下为图索引项。

④第 4 节：表索引。要求表索引使用样式"标题 1"，居中；表索引下为图表索引项。

⑤正文中每章为单独一节，页码总是从奇数开始。

⑥结论、参考文献、致谢分别成为一个节，且置于单独页面中。

操作步骤如下：

①将光标定位到文档正文首页标题"第 1 章"处，在"页面布局"选项卡"页面设置"中，单击"分隔符"下拉列表中"分节符"下的"下一页"按钮，即在"第 1 章"前插入一个独立的"节"。

②同上操作，在"第 1 章"前再插入 3 个新"节"，使得"第 1 章"前共有 4 个"节"。

③将光标定位到第 2 个节，插入文字"目录"，且设置为"标题 1"格式。

④单击"引用"选项卡"目录"下拉列表中的"插入目录"按钮，在"目录"标题下插入系统自动生成的文档目录项，用户可以利用该目录快速访问文档的各章节内容。

⑤将光标分别定位到第 3、第 4 节，插入文字"图索引"和"表索引"，且设置为"标题 1"格式；单击"引用"选项卡"题注"中"插入表目录"按钮，分别插入图目录和表目录。

⑥将光标定位到文档正文标题"第 2 章"处，在"页面布局"选项卡"页面设置"中，单击"分隔符"下拉列表中"分节符"下的"奇数页"，即在"第 2 章"前插入一个新"节"，且"第 2 章"页面的页码将由系统自动设置为奇数页。

⑦用同样的方法，分别在第 3 章、第 4 章、……前插入"奇数节"，使得正文中的每章为单独一节，且页码总是从奇数开始。

⑧分别在结论、参考文献、致谢部分前用同样的方法插入新"节"，格式选择为"下一页"，结论、参考文献、致谢将置于单独页面中。

（2）使用"域"添加正文的页眉，居中显示。要求：

①封面首页不显示页眉。

②摘要、目录页的页眉显示字样"嘉兴南湖学院毕业论文（设计）"。

③对于正文奇数页，页眉中的文字为"章序号章名"，如"第 1 章 XXXXXXX"。

④对于正文偶数页，页眉中的文字为"节序号节名"，如"1.1XXXXXXX"。

⑤结论、参考文献、致谢部分的页眉显示字样"嘉兴南湖学院毕业论文（设计）"。

操作步骤如下：

①将光标定位到第一节"摘要"页面，单击"插入"选项卡"页眉和页脚"中的"页眉"下

拉列表,在列表的底端选择"编辑页眉"项,激活页眉编辑状态,在"页眉和页脚工具/设计"下的"选项"栏中,勾选上"首页不同"项,使得同一节的"封面"页面不显示页眉信息。在光标所在的位置上输入"嘉兴南湖学院毕业论文(设计)",如图 6-11 所示。

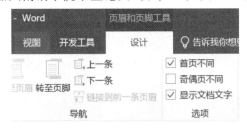

图 6-11　插入页眉

②将光标移动到正文"第 1 章"页眉处,在图 6-11 中,将"导航"栏中"链接到前一条页眉"设置成无效状态,即非亮白显示,去掉"首页不同"复选项,勾选上"奇偶页不同"项,同时删除页眉处上一节遗留下来的信息。

③由于正文设置成奇偶页不同,将光标定位在"第 1 章"奇数页页眉处,在"页眉和页脚工具/设计"下的"插入"栏中,单击"文档部件"下拉菜单,选择"域"项,弹出"域"对话框,如图 6-12 所示。

图 6-12　"域"对话框

④如图 6-12 所示,选择的域"类别"设置为"链接和引用","域名"设置成"StyleRef","域属性"下的"样式名"设置为"标题 1","域选项"下勾选"插入段落编号"项,单击"确定"按钮,完成正文"章序号"的设置。

⑤将光标定位在页眉"章序号"的末端,再次打开"域"对话框窗口。类似步骤④"章序号"设置过程,只是将"域选项"下的"插入段落编号"复选框设置成无效,单击"确定"按钮,即可在"章序号"后插入"章名"信息。如:"第 1 章 XXXXXXX"。单击"开始"选项卡"段落"中的"居中"按钮,使页眉居中显示。

⑥移动光标,将光标定位在"第 1 章"偶数页页眉处,在图 6-11 中,将"导航"栏中"链接到前一条页眉"设置成无效状态,即非亮白显示,同时删除页眉处上一节遗留下来的信息。

⑦类似"奇数页"页眉的设置,打开"域"对话框,只要将"域属性"下"样式名"由"标题 1"更改为"标题 2",其他设置等同"奇数页"设置,即可将"偶数页"页眉设置为"节序号节名",如:"1.1XXXXXXX"。单击"开始"选项卡"段落"中的"居中"按钮,使页眉居中显示。

⑧奇偶页页眉设置完成后,将光标落在文档的空白位置上双击鼠标左键,退出页眉编辑状态。

⑨将光标定位到结论页面,双击"页眉"编辑栏,激活编辑状态,在图 6-11 中,将"导航"栏中"链接到前一条页眉"设置成无效状态,即非亮白显示,将"奇偶页不同"复选框设置成无效,同时删除页眉处上一节遗留下来的信息,输入"嘉兴南湖学院毕业论文(设计)"。

⑩参考文献和致谢页面页眉设置等同结论页面操作。

(3)使用"域",在页脚下插入页码,要求如下:

①封面、摘要无页码。

②目录、图索引、表索引的页码采用"i,ii,iii,…"格式,页码连续。

③正文中的节,页码采用"1,2,3,…",页码连续。

④结论、参考文献、致谢的页码与正文连续,格式一致。

⑤更新目录、图索引和表索引。

操作步骤如下:

①将光标定位到"目录"页,单击"插入"选项卡"页眉和页脚"中的"页码"下拉菜单,选择"页面底端"子菜单,单击"普通数字 1"样式,光标立即跳到页面页脚的左端,并自动插入页码。

②选中该页码,在图 6-11 中,将"导航"栏中"链接到前一条页眉"设置成无效状态,单击"页眉和页脚"中"页码"下拉菜单,选择"设置页码格式"项,打开"页码格式"对话框,如图 6-13(a)所示。

③在"页码格式"对话框中,"格式编号"设置为"i,ii,iii,…";"页码编号"下"起始页码"设置为"i",单击"确定"按钮。

④将光标移到"图索引"页脚处,首先删除原有的页码信息,打开"页码"下拉菜单下"页码格式"对话框,将"格式编号"设置为"i,ii,iii,…";"页码编号"设置为"续前节"。设置好页码格式后,再单击"页码"下拉菜单下"当前位置"中的"普通数字 1"样式,完成插入页码。

⑤将光标移到"表索引"页脚处插入页码,方法同"图索引"。

⑥在文档的空白处双击鼠标,退出页脚编辑,目录、图索引、表索引连续页码设置成
"i,ii,iii,…"。

(a)

(b)

图 6-13　设置页码格式

⑦将光标定位到正文"第 1 章"的奇数页页脚处,将"导航"栏中"链接到前一条页眉"
设置成无效状态,删除原有页码信息,打开"页码"下拉菜单下"页码格式"对话框,将"格式
编号"设置为"1,2,3,…";"页码编号"下"起始页码"设置为"1",单击"确定"按钮,如图
6-13(b)所示。

⑧设置好页码格式后,单击"页码"下拉菜单下"当前位置"中的"普通数字 1"样式,完
成插入奇数页页码。

⑨将光标定位到"第 1 章"的偶数页页脚处,将"导航"栏中"链接到前一条页眉"设置
成无效状态,用同样的方法,插入偶数页页码。

⑩将光标分别定位到正文其他章的起始页、结论、参考文献、致谢页面的页脚处,选中
已插入的奇数页或偶数页页码,修改页码格式,将页码编号设置为"续前节"。

说明:正文的每个章节都是一个独立的节,且奇偶页页眉不同,页码连续;因此,必须
将"导航"栏中"链接到前一条页眉"设置成无效状态,使正文之前的节与之后的节脱离关
系;而页码在不同节中可以设置成连续,只要将"页码格式"中的"页码编号"设置成"续前
节"即可实现。

6.1.4　操作练习

(1)对正文中的一级标题样式进行修改,格式为二号字、黑体、粗体,段前 2 行段后 1
行,单倍行距,左缩进 0 字符,居中对齐。

(2)对正文中的二级标题样式进行修改,格式为 3 号字、黑体、粗体,段前 1 行段后 1
行,单倍行距,左缩 0 字符,左对齐。

(3)创建自定义三级标题样式,自动编号,格式如"1.1.1,1.1.2,1.1.3,…",方法类似

一级标题、二级标题,并将该样式应用到正文中去。

(4)对"参考文献"标题添加批注,批注内容为"可通过链接访问"。

(5)对"致谢"启动"修订"功能,颜色设置为红色。

(6)在正文的最后插入 Smart 图,内容为论文章节目录结构,图形设置成高度 8 厘米,宽度 14 厘米,显示效果如图 6-14 所示。

(7)将正文中第 1 页标题结束处插入的脚注转换成尾注。

图 6-14　Smart 图

6.2　单证的制作

知识要点:

- 利用邮件合并功能完成成绩单、信封的制作;
- 邮件合并中域的使用;
- 邮件合并中照片的合成。

6.2.1　制作成绩通知单

6.2.1.1　问题描述

要求利用 Word 2019 邮件合并功能批量制作某大学硕士入学考试成绩通知单,如图 6-15 所示。

******大学 2021 年硕士生入学考试成绩通知单

考生编号: 2016002　　　　　　　　　　考生姓名: 杜文好

专业方向: 计算机体系结构　　　　　　　报考院系: 计算机系

考试科目	分数	复试分数线
政治	69	60
英语	64	51
数学二	94	60
数据结构与操作系统	82	60
总分	309	296

学校名称:

日期:

请于 1 月 3 日来 301 教室参加复试

图 6-15　成绩通知单

6.2.1.2　解题思路

（1）对成绩通知单内容进行分析后，可以将其分为固定和变化两部分。如大小标题、科目名称以及页面布局等部分是固定的内容；考生的姓名、编号等个人信息和科目成绩属于变化的内容。其中变化的数据往往保存在数据库系统或 Excel 文件表格中。

（2）利用 Word 2019 邮件合并功能可以实现成绩通知单的制作。首先将成绩通知单固定部分制作成一个 Word 主文档，将有变化部分制作成一个数据源，再将两者合并起来，一次性生成面向不同考生的成绩通知单。

6.2.1.3　操作步骤

1. 创建主文档并输入成绩单固定内容

操作步骤如下：

（1）启动 Word 2019，在空白文档上输入成绩单固定文本信息，如图 6-16 所示。

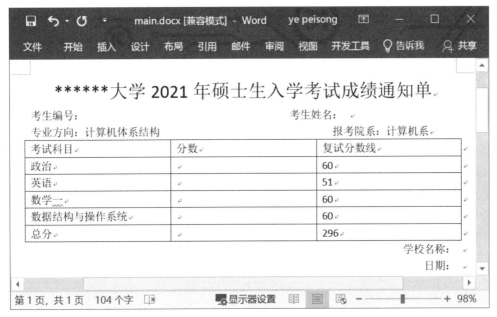

图 6-16　邮件合并主文档

（2）对主文档中的文字、段落、表格进行格式化。

2. 创建数据源

操作步骤如下：

（1）打开 Excel 2019，创建考生成绩数据文件，保存文件名为"成绩表.xlsx"，如图6-17所示。

图 6-17　邮件合并数据源

（2）注意，数据源文件保存的位置必须与主文档在同一个文件夹下。

3. 邮件合并

操作步骤如下：

（1）重新回到 Word 主文档，打开"邮件"选项卡，在"开始邮件合并"组中单击"选择收件人"下拉菜单，选择"使用现有列表"项，弹出"选择数据源"对话框，如图 6-18 所示。

（2）在"选择数据源"对话框中选择数据源文件"成绩表.xlsx"，单击"打开"按钮，弹出"选择表格"对话框，如图 6-19 所示。在"选择表格"对话框中选择数据所在的工作表，因为考生数据在 sheet1 中，所以选择"Sheet1 $"，单击"确定"按钮；如果第一行是标题，注意在图的左下方"数据首行包含列标题"前打钩。

图 6-18　选择数据源

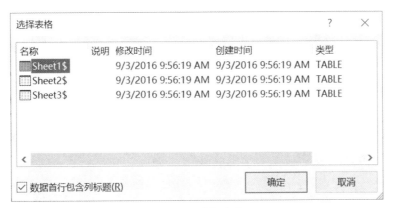

图 6-19　选择表格

（3）插入域。在主文档中将光标定位在"考生编号"之后，打开"邮件"选项卡，在"编写和插入域"组中的"插入合并域"下选择"考生编号"，如图 6-20（a）所示；然后依次插入其他域，诸如姓名、各门课成绩和总成绩，主文档修改效果如图 6-20（b）所示。

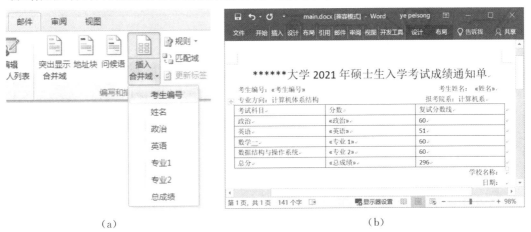

（a）　　　　　　　　　　　　　　　　　（b）

图 6-20　插入合并域

（4）判断是否有资格录取。首先判断各门课程及总分是否都过线，过线返回值 1，否则返回 0，然后求和。如果和为 5 表示符合条件，否则不符合。

（5）"复试资格"判断域代码实现如下：

按快捷键"Crtl＋F9"，光标处将出现一对大括号"{}"，输入以下公式，允许插入域嵌套。

{ IF { ＝{ COMPARE { MERGEFIELD 政治 } ＞＝60 }＋{ COMPARE { MERGEFIELD 英语 } ＞＝51 }＋{ COMPARE {MERGEFIELD 专业 1 } ＞＝60 }＋{ COMPARE { MERGEFIELD 专业 2 } ＞＝60 }＋{ COMPARE {MERGEFIELD 总成绩 } ＞＝296 }}＝"5" 请于 1 月 3 日来 301 教室参加复试 很遗憾，你没有进入复试，欢迎继续报考我校}

说明：

● 上述公式中出现的大括号必须用插入域或输入快捷键"Crtl＋F9"自动生成，不能手动输入。

● 运算符">="、"="输入时前后必须加空格。

● 每一个"邮件合并域"既可以手动输入,也可以通过菜单输入。只要打开"插入"选项卡,单击"文本"组中"文档部件"下拉菜单的"插入域",弹出"域"对话框,如图 6-21 所示。其中,"类别"选择"邮件合并","域名"根据公式需要分别调用 IF、COMPARE、MERGEFIELD。

图 6-21　插入邮件合并域

操作中涉及的"域"说明如下:

● "MERGEFIELD"是插入邮件合并域,后跟域名返回相应的值。

● "COMPARE"是比较函数,返回 1(结果为真)或 0(结果为假)。

● "="为公式函数,进行数值或逻辑比较。

● "IF"为判断,格式为{IF 条件真回显假回显}。

● 按"Alt＋F9"组合键切换域代码,查看域结果。

(6)预览与合并。打开"邮件"选项卡,单击"预览结果"组的"预览结果"按钮,可以对合并后的各条记录进行查看;单击"完成"组的"完成与合并"下拉菜单,选择"编辑单个文档"项,在打开的"合并到新文档"对话框中,选择"全部"项后单击"确定"按钮,如图 6-22 所示。系统将自动生成一个新文档,每一页为一条记录,如图 6-23 所示。

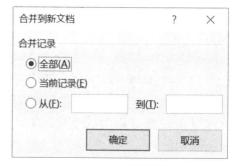

图 6-22　合并新文档

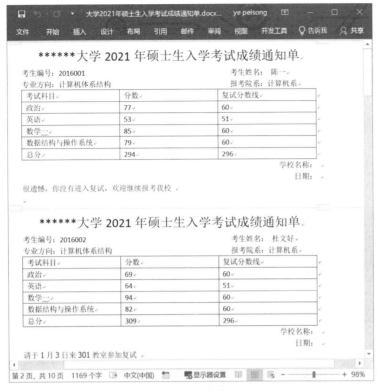

图 6-23　邮件合并结果

　　至此,我们为"成绩单.xlsx"中的每位考生制作了成绩通知单,保存主文档及合并后的结果文档。

6.2.2　制作带照片的学生考试证

6.2.2.1　问题描述

某学校需要制作包含学号、姓名、专业、照片的考试证,如表 6-1 所示。

表 6-1　考试证

6.2.2.2　解题思路

(1)准备制作考试证件的照片信息,且将照片存放在指定磁盘的文件夹下。

(2)使用 Excel 表格创建"考生信息表",在表中包括考生的学号、姓名、专业和照片。

照片栏不需要插入真实的图片,而要求输入照片的磁盘地址。比如"D:\考生信息\\001.jpg"。注意地址分隔符是"双反斜杠"。

(3)利用插入域"IncludePicture",在主文档中插入考生照片。

(4)利用创建"标签"可同时在一个页面中生成多个考试证。

6.2.2.3　操作步骤

1. 创建考生个人信息文件

(1)将考生的照片文件复制到"D:\考生信息\照片"文件夹,如"D:\考生信息\照片\001.jpg"。

(2)在"D:\考生信息"文件夹下,新建 Excel 表格,输入考生个人信息,包括学号、姓名、班级及照片地址。保存文件名为"考生信息表.xlsx",如图 6-24 所示。

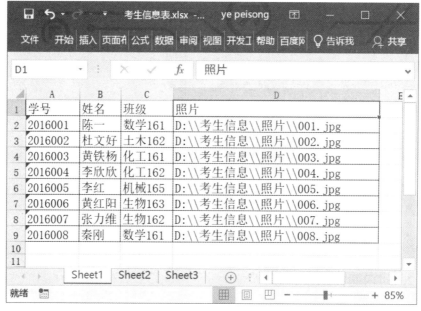

图 6-24　数据源表格

2. 创建主文档及生成考试证标签文档

(1)新建一个空白 Word 文档,打开"邮件"选项卡,在"开始邮件合并"组中单击"开始邮件合并"下拉菜单中的"标签"选项,弹出"标签选项"对话框,如图 6-25 所示。在"产品编号"下选择"1/4 信函",按"确定"按钮退出。

图 6-25　标签选项对话框

（2）在文档的首行，按考试证要求创建表格，输入固定部分，如表 6-1 所示。

（3）打开"邮件"选项卡，在"开始邮件合并"组中单击"选择收件人"下拉菜单，选择"使用现有列表"，在弹出的"选择数据源"对话框中，指定关联的数据表"考生信息表. xlsx"，并选择"Sheet1＄"表格进行数据关联。

（4）在主文档中，打开"邮件"选项卡，利用"编写和插入域"组中的"插入合并域"插入各个相关的域，如"学号""姓名"和"班级"。

（5）将光标定位在照片单元格，打开"插入"选项卡，在"文本"组中单击"文档部件"下拉菜单中"域"选项，打开"域"对话框，如图 6-26 所示。

（6）在图 6-26 中，"类别"选择"链接和引用"，"域名"选择"IncludePicture"，"域属性"下的"文件名或 URL"下任意输入字符串，如"111"，单击"确定"按钮。

图 6-26　插入图片域

（7）选定照片插入域，按组合键"Shift＋F9"，编辑域代码，将代码中的"111"删除，改为"插入合并域"中的"照片"。

（8）单击"编写和插入域"中的"更新标签"按钮，在一页上会显示 4 个表格，但是预览时照片一致；单击"完成并合并"下拉列表中的"编辑单个文档"项，生成结果。按组合键"Ctrl＋A"全选，再按"F9"键更新域，再在快捷菜单中选择"切换域代码"，图片全部更新，如图 6-27 所示。

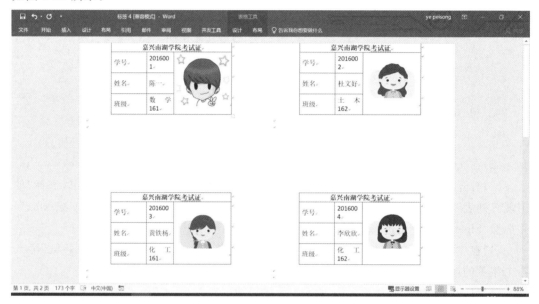

图 6-27　邮件合并生成标签文档

6.2.3　制作信封

6.2.3.1　问题描述

学校寄送考试成绩单需要向学生邮寄信函，每个信封上的邮编、地址和收件人都各不相同。本案例要求制作一个信封寄送考生成绩单，效果如图 6-28 所示。

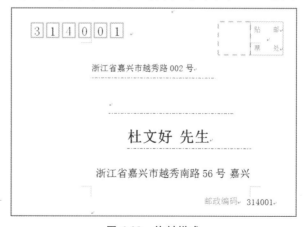

图 6-28　信封样式

6.2.3.2　解题思路

利用 Word 2019 的邮件合并功能创建信封，运用信封制作向导，调用包含地址的数据源文件生成信封。

6.2.3.3　操作步骤

1. 准备数据源

创建考生地址簿，保存到"D:\考生信息"文件夹下，文件名为"地址通讯录.xlsx"，如图 6-29 所示。

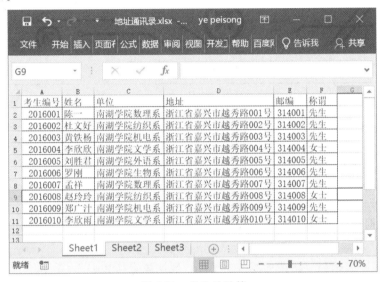

图 6-29　考生地址簿

2. 制作信封

（1）新建 Word 2019 文档，打开"邮件"选项卡，在"创建"组中单击"中文信封"按钮，弹出"信封制作向导"对话框。

（2）根据向导提示按步骤操作。首先选择"信封样式"，对打印效果做出选择，观察"预览"效果。

（3）设置"信封数量"，选择生成信封的方式为"基于地址簿文件，生成批量信封"。

（4）填写寄信人信息，包括"姓名""单位""地址""邮编"。单击"下一步"按钮直至完成。系统将自动生成一个新文档，其中包含所有考生的信封。

6.2.4　操作练习

（1）现有某班学生成绩表如表 6-2 所示。要求创建 Excel 数据源文件 Score. xlsx，利用邮件合并功能生成学生成绩单，格式如表 6-3 所示，其中的照片素材由学生自定义。

表 6-2　学生成绩表

姓名	学号	高等数学	英语	C 语言编程	计算机导论	体育
黄小滨	0001	65	78	70	70	85
高志毅	0002	98	87	67	88	86
戴威	0003	90	67	81	80	78
张倩倩	0004	89	89	91	80	88
伊然	0005	78	77	95	83	67
鲁帆	0006	98	90	87	94	69
黄凯东	0007	89	67	88	91	90

表 6-3　成绩通知单

学号		姓名		
科目		科目		照片
高等数学		计算机导论		
英语		体育		
C 语言编程				

(2)按数据源分别创建文件 Score.txt、Score.docx,利用邮件合并功能生成学生成绩单。

(3)创建"中文信封",格式如图 6-30 所示,数据源表格如表 6-4 所示。

表 6-4　收件人数据信息表

收件人姓名	收信人邮政编码	收信人地址
黄小滨	237001	浙江省台州市仙居县 0001 号
高志毅	237005	浙江省嘉兴市嘉善县 0002 号
戴威	654112	浙江省常山县何家乡 0003 号
张倩倩	654134	浙江省绍兴市上虞区 0004 号
伊然	264009	浙江省金华市兰溪市 0005 号
鲁帆	278003	浙江省海宁市海洲街道 0006 号
黄凯东	503227	江苏省盐城市东台市 0007 号

寄信人地址:浙江嘉兴越秀南路 572 号

邮编:314001

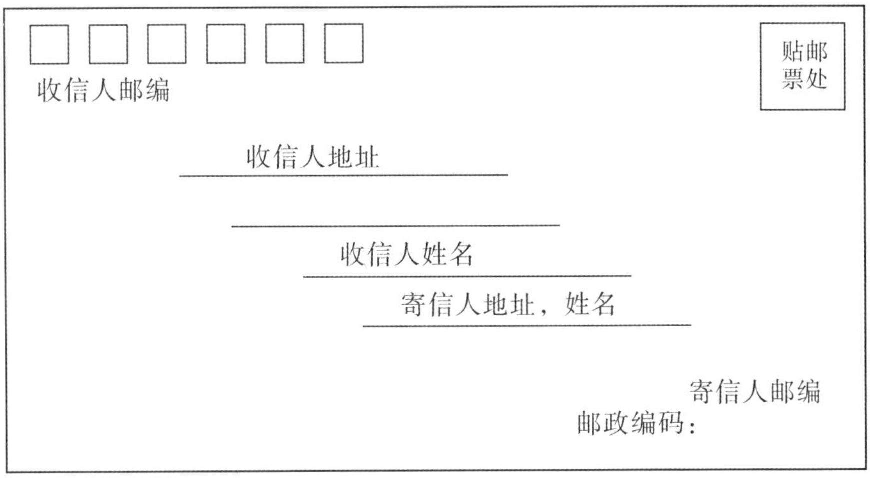

图 6-30　中文信封格式

6.3　索引的制作

知识要点：

　　● 利用索引功能对文档中的相关名词、概念、人物等关键内容进行标注,生成目录,方便检索和查阅。

　　● 主索引和次索引的分级管理。

　　● 手动索引和自动索引在特定文档中的引用。

6.3.1　手动索引

6.3.1.1　问题描述

创建新文档"武打小说.docx",其由 3 页组成,如图 6-31 所示。

(1)第 1 页包含内容为:金庸、《书剑恩仇录》、《射雕英雄传》、《白发魔女传》、《多情剑客无情剑》。

(2)第 2 页包含内容为:梁羽生、《书剑恩仇录》、《碧血剑》、《射雕英雄传》、《雪山飞狐》、《英雄无泪》、古龙。

(3)第 3 页包含内容为:《萍踪侠影录》、《云海玉弓缘》、古龙、《多情剑客无情剑》、《绝代双骄》、金庸、梁羽生。

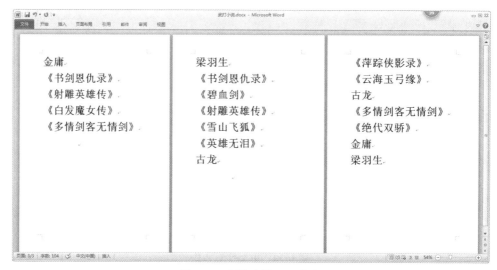

图 6-31　原始文档页面内容

利用 Word 2019 制作索引和索引目录，预览最后的索引目录效果，如图 6-32 所示。

古龙	2,3
《多情剑客无情剑》	1,3
《英雄无泪》	2
《绝代双骄》	3
金庸	1,3
《书剑恩仇录》	1,2
《射雕英雄传》	1,2
《雪山飞狐》	2
《碧血剑》	2
梁羽生	2,3
《云海玉弓缘》	3
《白发魔女传》	1
《萍踪侠影录》	3

图 6-32　索引目录

6.3.1.2　解题思路

1. 智能目录类型

Word 2019 文档可以实现四种类型的智能目录，除了我们经常用到的章节目录、图表目录，还有其他两种类型的目录，即：索引目录、引文目录。当智能化生成一个目录后，在默认情况下按住键盘上的"Ctrl"键加鼠标的左键单击即可链接到对应的位置，快速访问需要的内容。

2. 主次索引

本例的要求是对文档中所有作者的名字和小说名添加手动索引标记，形成主、次二级索引，进而生成索引目录，实现快速定位访问。

3. 创建手动索引及索引目录

创建手动索引可以利用"引用"选项卡下"索引"组中的"标记索引项"对全文的关键字进行标记，从而利用"插入索引"功能项建立索引目录。

6.3.1.3　操作步骤

1. 创建作者主索引标志

(1)新建 Word 2019 空白文档,按题目要求在 3 个页面上输入段落文字,如图 6-31 所示。文件名保存为"武打小说. docx"。

(2)在文档中,选定第 1 个作者关键字,如"金庸",单击"引用"选项卡下"索引"组中的"标记索引项",弹出"标记索引项"对话框,如图 6-33 所示。可以观察到"主索引项"的内容自动生成,文本框内已经有关键字"金庸";单击对话框下方的"标记全部"按钮,正文中所有关键字"金庸"都将自动生成一个标记,如"金庸〈·XE"金庸"·〉"。

(3)不关闭"标记索引项"对话框,再选择其他两个作者关键字"梁羽生""古龙",按同样的方法设置索引标记。

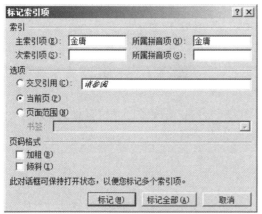

图 6-33　设置主索引标记

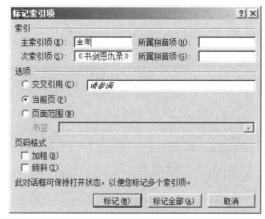

图 6-34　设置次索引标记

2. 创建小说名次索引标记

(1)设置主索引标记后,不关闭"标记索引项"对话框,鼠标选定关键字"《书剑恩仇录》",单击"标记索引项"对话框,按图 6-34 所示,设置次索引标记,单击"标记全部"按钮,文档中所有关键字生成索引标记"《书剑恩仇录》{·XE"·金庸:《书剑恩仇录》"·}"。

(2)按图 6-32 所示,根据索引目录上作者与小说之间的隶属关系,逐一设置文档中其他小说名的次索引标记,方法同上。

3. 创建索引目录

(1)主、次索引标记设定后,在文档的最后插入新页,单击"引用"选项卡下"索引"组中的"插入索引"按钮,弹出"索引"对话框,如图 6-35 所示。

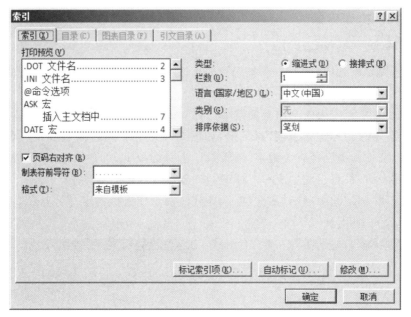

图 6-35　生成索引目录

（2）在"索引"对话框中，勾选"页码右对齐"选项，"栏数"设置为 1 栏，其他为默认，单击"确定"按钮，系统将在新页面中生成作者与小说的索引目录。

6.3.2　自动索引

6.3.2.1　问题描述

创建新文档"国家.docx"，由 4 页组成，其中：

（1）第 1 页中第一行内容为"中国"，样式为"标题 1"；页面垂直对齐方式为"居中"；页面方向为纵向、纸张大小为 16 开；页眉为"People's Republic of China"，居中显示。

（2）第 2 页中第一行内容为"美国"，样式为"标题 2"；页面垂直对齐方式为"顶端对齐"；页面方向为横向、纸张大小为 A4；页眉为"United States of America"，居中显示。

（3）第 3 页中第一行内容为"英国"，样式为"正文"；页面垂直对齐方式为"底端对齐"；页面方向为纵向、纸张大小为 B5；页眉为"United Kingdom of Great Britain and Northern Ireland"，居中显示。

（4）第 4 页中第一行内容为"索引"，居中，样式为"标题 1"；页面垂直对齐方式为"顶端对齐"；页面方向为纵向、纸张大小为 A4；无页眉。

（5）设置全文的页脚，内容样式为"X/Y"，X 为当前页，Y 为总页数，居中。

（6）创建自动索引标记文件"国家索引.docx"。其中，索引项"中国"标记为"China"；"美国"标记为"America"；"英国"标记为"Britain"，要求在文档"国家.docx"的第 4 页中创建索引。

6.3.2.2　解题思路

1.文档分节

题目描述中文档分成 4 页,每页的页眉内容不同,则要求文档分成 4 个独立的节,每个节的页面设置都不同。

2.页眉页脚

每个页面的页眉单独设置,相互断开链接;页脚中的页码要求连续,必须在页码格式中进行设置。

3.题目

要求用自动索引方式来创建关键字索引,需要用户分别建立两个 Word 文档,一个相当于主文档,包含需要标注索引的关键字,并最终创建索引;另一个则是辅助文档,包含关键字标识对照表;将两个文档内容链接起来即可实现创建索引。

6.3.2.3　操作步骤

新建 Word 文档并保存,文件名为"国家.docx"。

(1)输入文档内容

分 4 行分别输入"中国""美国""英国"和"索引",且将文字格式分别设置为"标题 1""标题 2""正文"和"标题 1"。

(2)分节及页面设置

分别将光标定位在第二、第三、第四行的首部,打开"页面布局"选项卡,单击"页面设置"栏中"分隔符"下拉菜单,选择"分节符"中的"下一页",将全文分成 4 个独立的节(页)。

(3)页面设置

将光标定位到第一页,打开"页面布局"选项卡,单击"页面设置"栏目右下角箭头,在弹出的"页面设置"对话框中分别就"页边距""纸张""版式"进行设置,要求第一页的页面垂直对齐方式为"居中";页面方向为纵向、纸张大小为 16 开;特别注意"应用于"必须选择"当前节",以保证该页的页面设置不影响其他页面。单击"确定"按钮,退出第一页的页面设置,如图 6-36 所示。用同样的方法分别设置其他页面。

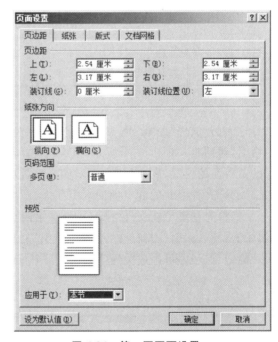

图 6-36　第一页页面设置

（4）设置页眉和页脚

①将光标定位到第一页，打开"插入"选项卡，在"页眉和页脚"栏中单击"页眉"下拉列表，在底端选择"编辑页眉"，进入页眉编辑状态。在页眉栏处输入"People's Republic of China"，设置居中显示，首页页眉设置完毕。

②将光标移动到第二页页眉处，继续设置。首先激活"页眉和页脚工具|设计"栏，单击"导航"中"链接到前一条页眉"按钮，使之处于非亮白状态，以确保当前节与前一节的页眉无关联。

③删除第二页页眉处原有的信息，输入"United States of America"，设置居中显示。

④第三、第四页的页眉设置类似第二页设置。

⑤将光标重新定位到第一页页脚区，在"页眉和页脚"栏中单击"页码"下拉列表，选择"当前位置"，在弹出的选项中单击"X/Y 加粗显示的数字"，X 为当前页，Y 为总页数，设置居中显示。

⑥将光标定位到第二页页脚处，删除原有的页脚内容，首先用第一页的方法插入页码；再在"页眉和页脚"栏中单击"设置页码格式"，弹出"页码格式"对话框，将"页码编号"方式设置为"续前节"，以保证 4 个页面页码的连续。

⑦分别将光标定位到第三页、第四页的页脚区，用同样的方法设置页码。

（5）创建自动索引

①新建 Word 文档，插入一个 3 行 2 列的表格，输入标记索引项、主索引项；保存为文件"国家索引.docx"。如表 6-5 所示。

表 6-5　自动索引数据源表

中国	China
美国	America
英国	Britain

②打开文件"国家.docx"，单击"引用"选项卡下"索引"组中的"插入索引"按钮，弹出"索引"对话框，如图 6-34 所示；在对话框下端单击"自动标记"按钮，选择"国家索引.docx"所在的位置，Word 将自动对两个文件中的关键字进行匹配，按表格中的信息对"国家.docx"文件中的关键字标记索引项。

③将光标定位在文件"国家.docx"第四页的第二行，再次单击"引用"选项卡下"索引"组中的"插入索引"按钮，在弹出的"索引"对话框中勾选"页码右对齐"，"栏数"设置 1，单击"确定"按钮即可生成关键字索引。4 个页面的设置结果如图 6-37 所示。

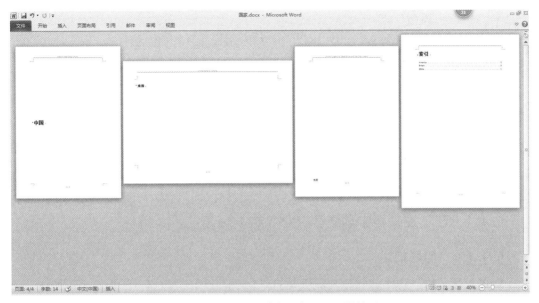

图 6-37 "国家.docx"中 4 个页面设置结果

6.3.3 操作练习

(1)创建 Word 文档,按图 6-38 所示,在对应页中输入文档内容,利用标记索引项创建手动索引,生成索引目录。

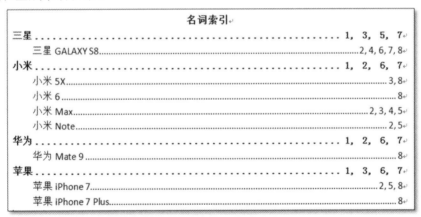

图 6-38 索引目录

(2)创建自动索引标记文件"手机索引.docx",生成图 6-38 所示的索引目录。

6.4 多文档的组织

知识要点：

● 利用 Word 主控文档、子文档二级组织，实现制作长文档。
● 大纲视图在主控文档与子文档应用中的作用。
● 灵活设置子文档在主控文档中的位置、权限，保证文档的完整性和安全性。

6.4.1 在主控文档中创建子文档

6.4.1.1 问题描述

创建主控文档"main. docx"，文档内容如图 6-39 所示。

(1)要求按序创建 4 个子文档，其中"章""节"样式分别为"标题 1"和"标题 2"；子文档名为各章的章名，如：第一个子文档名为"第一章什么是 Photoshop. docx"，其他子文档类推。

(2)要求将各子文档的行数均设置为 40，每行 30 个字符。

图 6-39 主控文档

6.4.1.2 解题思路

(1)本题可利用"大纲视图"选项卡下的工具栏实现将文档中的 4 个有关联的内容生成对应的子文档。即首先创建主控文档，再在其中创建子文档。

(2)长文档设置了页面格式，若拆分成若干个子文档，则每个子文档的页面设置格式将一致。本题可在主控文档里设置页面格式，子文档都将继承。

6.4.1.3 操作步骤

1.创建主控文档

(1)新建 Word 文档"Main. docx",输入文本信息,内容如图 6-39 所示。

(2)打开"页面布局"选项卡,单击"页面设置"栏目右下角箭头,在弹出的"页面设置"对话框中激活"文档网络"选项卡,如图 6-40 所示。选中"指定行和字符网络"项,设置字符数每行为 40,行数每页为 35,单击"确定",保证了拆分生成的子文档将继承主文档的页面设置。

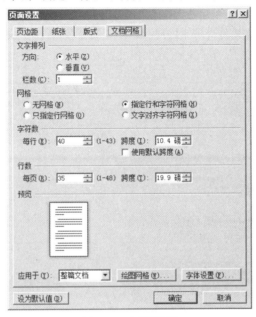

图 6-40 页面设置

(3)将视图模式切换到大纲视图,利用"大纲工具"栏中的级别按钮将正文中的"章"的级别设置为 1 级,"节"的级别设置为 2 级,如图 6-41 所示。

图 6-41 大纲工具栏

2. 创建子文档

（1）用鼠标单击"第一章……"前的圆形十字架，系统将选中"第一章"的所有内容。单击"主控文档"栏中的"显示文档"按钮，激活子文档功能。

（2）单击"创建"按钮，系统自动将鼠标选中的内容加框，同时"折叠子文档"按钮被激活，如图 6-42(a)所示。

（3）单击"主控文档"栏中的"折叠子文档"按钮，系统自动生成子文档，且将首行作为该子文档的文件名，如图 6-42(b)所示。

（4）用相同的方法将其他各章内容生成对应的子文档。子文档之间通过两个"连续型"分节符分隔，且生成的所有子文档与主控文档在同一个文件夹下。

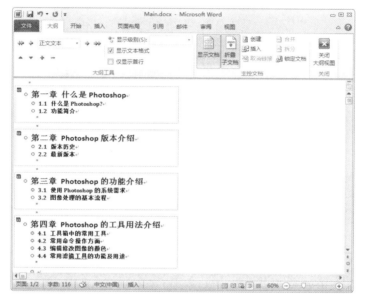

（a）

（b）

图 6-42　创建子文档

6.4.2 在主控文档中插入子文档

6.4.2.1 问题描述

创建主控文档"Main. docx",并按序创建子文档"Sub1. docx""Sub2. docx""Sub3. docx",要求如下：

（1）"Sub1. docx"中第一行内容为"Sub$_1$",第二行内容为文档创建的日期（使用域），第三行内容为该文档的文件名（使用域），日期与文件名格式均不限，样式均为正文。

（2）"Sub2. docx"中的第一行内容为"Sub$_2$",第二行内容为"→",样式均为正文。

（3）"Sub3. docx"中的第一行内容为"办公软件高级应用",样式为正文,将该文字设置为书签（名为 Mark）,第二行为空白行,在第三行插入书签 Mark 标记的文本。

6.4.2.2 解题思路

（1）本题首先分别单独创建 3 个子文档,然后新建主控文档；在主控文档内利用大纲视图下的子文档功能将 3 个子文档插入到主控文档内。

（2）各子文档的编辑中涉及 Word 的"域"及链接等操作,如"日期""文件名"及"书签"。

6.4.2.3 操作步骤

1. 创建子文档

（1）编辑文档"Sub1. docx"的操作步骤

①新建 Word 文档,保存文件名为"Sub1. docx"。

②在"Sub1. docx"中,首行输入文本"Sub$_1$",注意上标格式设置；光标定位到第二行首部,打开"插入"选项卡,在"文本"栏里单击"文档部件"下拉列表,选择"域"选项,激活"域"对话框,如图 6-43 所示。

③在"域"对话框中将"类别"设置成"日期和时间"；"域名"设置成"CreateDate"；单击"确定"按钮。

④将光标定位到第三行的首部,用同样的方式插入文件名。首先在"域"对话框中将"类别"设置成"文档信息"；"域名"设置成"FileName"；单击"确定"按钮。

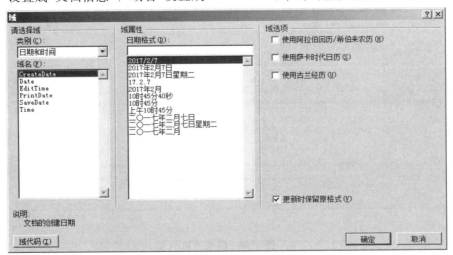

图 6-43 插入"日期和时间域"

（2）编辑文档"Sub2.docx"操作步骤

新建 Word 文档，保存文件名为"Sub2.docx"。第一行输入文本"Sub$_2$"，设置下标格式；第二行在英文半角输入状态下，连续输入两个短横"—"和一个箭头"〉"，系统将自动生成符号"→"。

（3）编辑文档"Sub3.docx"操作步骤

①新建 Word 文档，保存文件名为"Sub3.docx"。第一行输入文本"办公软件高级应用"，样式为正文。

②光标选中文本"办公软件高级应用"，打开"插入"选项卡，在"链接"栏中单击"书签"按钮，弹出"书签"对话框，如图 6-44（a）所示。

③在"书签"对话框中，"书签名"框中输入文本"Mark"；第二行为空白行。

④光标定位在第三行，打开"插入"选项卡，在"链接"栏中单击"超链接"按钮，弹出"插入超链接"对话框，如图 6-44（b）所示。

⑤在"插入超链接"对话框中，单击"本文档中的位置"，选中"Mark"标签，单击"确定"按钮，如图 6-44（b）所示。

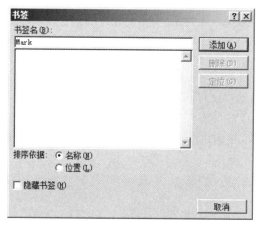

（a）

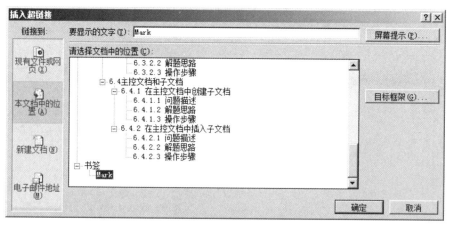

（b）

图 6-44　插入书签

2. 生成主控文档

(1)新建文档,保存文件名为"Main.docx"。切换到大纲视图编辑状态,单击"主控文档"栏中的"显示文档"按钮,激活子文档功能。

(2)单击"插入"按钮,分别插入子文档"Sub1.docx""Sub2.docx"和"Sub3.docx"。

6.4.3　操作练习

(1)新建 Word 主控文档,将"6.1 毕业论文排版"中的各章节内容作为子文档插入到主控文档中,子文档文件名为各章标题。

(2)将"致谢"插入到第一个子文档前。

(3)更改子文档"第 1 章……"文件名为"Chap 1.docx"。

(4)删除子文档"第 2 章……"。

6.5　制作邀请函

知识要点:
- ● 利用 Word 的"插入域"功能创建自定义模板文件。
- ● 利用 Office 系统自带的 Word 模板创建用户文档。

6.5.1　问题描述

设计一个邀请函模板,保存为文件名"邀请函.dotx";调用该模板创建一个 Word 文档"邀请函.doxc",效果如图 6-45 所示。格式和页面设置要求如下:

(1)首页文字格式为:黑体、初号字,水平、垂直居中。

(2)第二页格式为:宋体、3 号字,正文段落首行缩进 2 字符,2 倍行距。

(3)页面设计成一页 A4 纸对折打印。

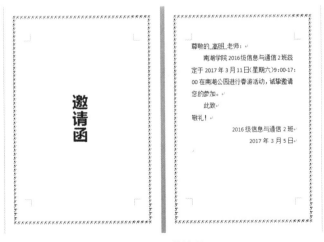

图 6-45　邀请函

6.5.2 解题思路

按题目要求分两步完成操作。首先创建 Word 模板文件,再利用该模板生成一个具体的邀请函文档文件。

(1)对于模板,将它的内容分成可变部分和固定部分。对于可变部分可利用插入域"MacroButton"。

(2)一页 A4 纸对折打印则要求将邀请函分成两页且分节,保证两页有不同的页面设置。

(3)模板设计完成后保存的类别不再是"docx",而必须是"dotx"。

6.5.3 操作步骤

1.制作模板文件

(1)输入文档信息

①新建 Word 文档,在空白文档中输入所有固定文本信息,如图 6-46 所示。

> 邀请函
> 尊敬的老师:
> 　　南湖学院级班兹定于在进行春游活动, 诚挚邀请您的参加。
> 　此致
> 敬礼!

图 6-46 邀请函固定内容

②输入文档可变部分。将光标定位至第二页"尊敬的"与"老师"之间,打开"插入"选项卡,单击"文本"组中"文档部件"下拉列表中的"域"命令,弹出"域"对话框。

③在"域"对话框中"类别"选择"文档自动化",域名选择"MacroButton","显示文字"输入"[单击此处输入姓名]",单击"确定"按钮退出,如图 6-47 所示。插入域之后文档中显示的是域代码,如"[单击此处输入姓名]"。按快捷键"Alt＋F9"可在域代码和域结果之间进行切换。

④将光标定位在其他需要的地方,用同样的方法插入"MacroButton"域,结果如图 6-48所示。

图 6-47 插入"MacroButton"域

邀请函
尊敬的[单机此处输入姓名]老师：
　　南湖学院[单机此处输入班级]级[单机此处输入班级名]班兹定于
[单机此处输入日期和时间]在[单机此处输入地点]进行春游活动，诚
挚邀请您的参加。
　　此致
敬礼！

[单机此处输入班级名]
[单机此处输入通知日期]

图 6-48　编辑文档可变部分

（2）文档格式设计

①将光标定位在文本"邀请函"后，打开"页面布局"选项卡，在"页面设置"栏中单击"分隔符"下拉列表，选择"分节符"的"下一页"，文档自动变成 2 页。

②按题目要求将标题设计成"黑体、初号、居中"，正文设计成"宋体、3 号"；需要的段落设置段落格式。

（3）页面设置

①将光标定位在第一页，打开"页面布局"选项卡，在"页面设置"栏中单击"纸张大小"下拉列表，选择"A4"。

②单击"页面设置"栏的右下角箭头按钮，打开"页面设置"对话框，在"页边距"选项卡的"页码范围"中选择"书籍折页"，如图 6-49 所示。

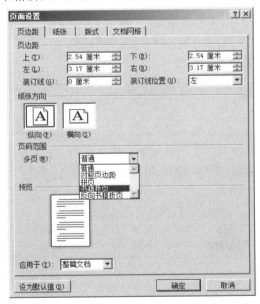

图 6-49　设置"书籍折页"

③打开"页面布局"选项卡，单击"页面背景"栏中的"页面边框"，在打开的"边框和底纹"对话框的"页面边框"选项卡中设置"艺术字"边框。

④打开"页面布局"选项卡，单击"页面设置"栏中的"文字方向"下拉列表，选择"垂直"；"纸张方向"选择"横向"；单击"页面设置"栏的右下角箭头按钮，打开"页面设置"对话

框,在"版式"选项卡的"页面垂直对齐方式"中选择"居中"。将"邀请函"设置成"居中"显示。

说明:

● 两页的显示方式不同,第一页纸张方向是横向,第二页纸张方向是纵向。

● 第一页"邀请函"呈水平、垂直均居中。

⑤保存文档为"邀请函.dotx",注意保存在系统默认的模板文件夹 Templates 下,如图 6-50 所示。

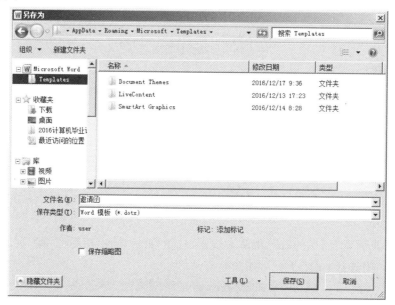

图 6-50　保存模板文件

2.创建基于自定义模板的文档文件

(1)打开"文件"选项卡,单击"新建"按钮,在"可用模板"下选择"我的模板"项,弹出"新建"对话框,如图 6-51 所示。

(2)在对话框中,单击"邀请函.dotx"文件并打开,进入文档编辑状态。

(3)按图 6-45 中的信息对文档中的域进行输入编辑,保存文件名为"邀请函.docx"。

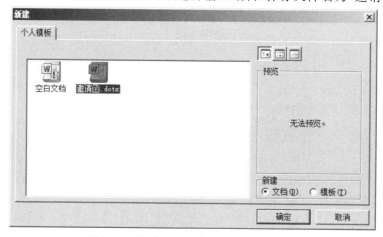

图 6-51　根据自定义模板创建 Word 文档

6.5.4　操作练习

(1)按图 6-52 所示,创建自定义 Word 模板文件"简历.dotx",保存在系统默认的模板文件夹 Templates 下。

(2)调用"简历.dotx"模板文件创建 Word 文档文件,输入各个域对应的内容,保存文档为"我的简历.docx"。

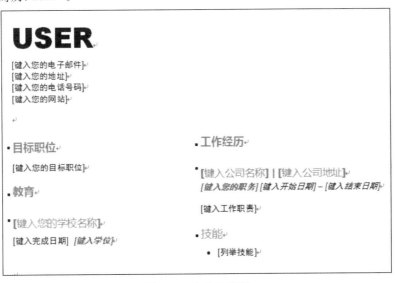

图 6-52　自定义模板

第7章 Excel 2019 应用案例

Excel 的数据处理功能在现有的办公自动化软件中独占鳌头。它不仅能够方便地处理表格和进行图形分析,其更强大的功能还体现在对数据的自动处理和计算。本章精选了 4 个实际应用案例,希望通过对这些案例的讲解,使读者能更好地了解和掌握 Excel 2019 的常用函数、数据计算、分析和处理的功能。

7.1 学生综合信息管理

知识要点:

- 条件格式;
- 自定义下拉列表;
- 常用函数;
- 数组公式;
- 数据筛选。

7.1.1 问题描述

某学院学工办的一个任务是在新学年开学初,要对大一新生的数据信息进行统一汇总,并做一些统计分析,以便在学院的部门负责人会议上进行招生情况的通报。在开学初的部门负责人会议召开之前,学工办的张老师要根据图 7-1 所示的学生综合信息表,将数据进行汇总分析后再提交给分管副院长。张老师需要完成以下操作:

（1）对 Sheet1 工作表中学生的学号进行升级。要求:对"学号"列中的学号进行升级。升级方法是在"2021"后面加上"45",并将其计算结果保存在"新学号"列的相应单元格中。

（2）根据表中身份证号码,求得每位学生的出生日期,并将出生日期以某年某月某日（如"2002 年 8 月 8 日"）的形式填入工作表的"出生日期"列中。

(3)根据表中身份证号码,求得每位学生的性别,填入工作表的“性别”列中。身份证号码的第 17 位表示性别,奇数为“男”,偶数为“女”。

(4)使用数组公式,计算每个学生的总分。将各门课程成绩求和,计算结果保存到“总分”列当中。

(5)如果某个学生的总分不大于 520,将其总分单元格底色设置为红色。

(6)将学生分成两个专业。将学号后两位为 05、06、10、12、15、16、18、23、25、27、30、31、33、35、36、37、38、40、41、44 的学生设置为网工专业,其余学生为计科专业。将专业信息采用下拉列表选项的方式填入“专业”列中。

(7)对每个学生按总分从高到低进行排名,并将排名结果保存到工作表中的“名次”列当中。

(8)使用逻辑函数,判断总分为 590 分及其以上,且语文、英语成绩为 115 分以上,数学成绩为 120 分以上的学生等级评为“优秀”,其余为“合格”,并将结果保存到工作表中的“等级”列当中。

(9)根据 Sheet1 工作表中的结果,使用统计函数,统计“数学”考试成绩各个分数段的学生人数,将统计结果保存到 Sheet2 工作表中的相应位置。

(10)在 Sheet2 工作表中,利用数据库函数和给定的条件区域,根据以下情况进行统计,并将结果填入到相应的单元格当中。

①“计科”专业英语 120 分以上的人数,结果保存到 Sheet2 中的 G13 单元格

②“计科”专业的男生的总分最高分,结果保存到 Sheet2 中的 G14 单元格

③“计科”专业的女生的总分平均分,结果保存到 Sheet2 中的 G15 单元格

(11)对 Sheet1 工作表中的奖学金进行自动填充。要求:根据“奖学金分配方案”,利用 HLOOKUP 函数,将学生的奖学金填充到“奖学金”列中。

(12)将工作表 Sheet1 中的“学生综合信息表”复制到工作表 Sheet3,并对 Sheet3 中的“学生综合信息表”进行高级筛选。筛选条件为:性别—男、专业—计科;总分—560 分以上。将筛选结果保存在 Sheet3 中。

学生综合信息表

学号	新学号	姓名	性别	籍贯	身份证号码	出生日期	语文	数学	英语	综合	总分	名次	等级	专业	奖学金
2021509201		高志毅		湖北	440923200304011418		100	139	143	200					
2021509202		戴威		浙江	330423200309072017		110	137	97	220					
2021509203		张倩倩		安徽	340481200304256222		113	94	131	226					
2021509204		伊然		广东	320223200301203531		119	148	102	238					
2021509205		鲁帆		湖北	420106200310190495		124	95	136	248					
2021509206		黄凯东		浙江	330401200306031012		124	117	122	248					
2021509207		侯跃飞		河南	411302200112058840		127	107	149	254					
2021509208		魏晓		河北	131324200301180167		131	95	101	262					
2021509209		李巧		辽宁	211323200309105023		132	124	125	264					
2021509210		殷豫群		浙江	330405200306081121		138	96	146	276					
2021509211		刘会民		浙江	330424200301130071		135	107	138	270					
2021509212		刘玉晓		安徽	340402200302073732		130	128	116	260					
2021509213		王海强		山东	370402200312301359		132	109	150	264					
2021509214		周良乐		福建	350401200307152591		139	130	136	278					
2021509215		肖童童		浙江	330423200304021412		128	114	108	256					
2021509216		潘跃		安徽	340404200312084458		84	116	128	216					
2021509217		杜丝蓉		江苏	320121200307212641		88	135	133	205					
2021509218		张悦群		浙江	330403200303074191		95	149	118	189					
2021509219		章中承		湖南	431900200301110034		104	134	139	207					
2021509220		薛利恒		江西	360524200304150617		109	112	91	218					
2021509221		张月		山东	371322200310260268		111	109	101	222					
2021509222		萧潇		浙江	330407200304301541		113	109	113	227					
2021509223		张志强		广东	320923200311030072		115	105	96	230					

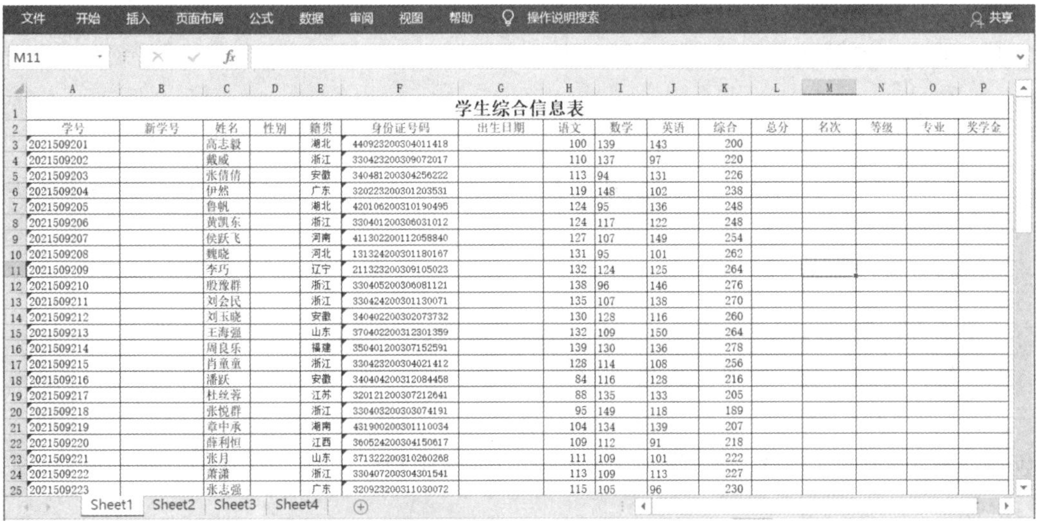

图 7-1　学生综合信息表

7.1.2 解题思路

1. 更新学号

在文本中插入新的字符串,需要使用文本替换函数 REPLACE(),此函数的使用方法参见本书第 2 章 2.3.6 节相关内容。

2. 求得每位学生的出生日期

身份证号码中的第 7~10 位是出生年份,第 8~9 位是月份,第 10~11 位表示日。可以用取子串函数 MID()从身份证号码中分别获取年、月、日的信息,然后将各部分用字符串连接的方式产生指定格式的出生日期。

3. 求得每位学生的性别

IF()函数与 MOD()函数、MID()函数嵌套使用完成性别的填充。用 MID()函数将身份证号码中的第 17 位数字取出。用 MOD()函数判断数字的奇偶性。用 IF()函数根据数字的奇偶填充性别。

4. 用数组公式求总分

创建数组公式的操作步骤如下:

①选中需要输入数组公式的单元格区域。

②输入要使用的公式。

③按组合键"Ctrl+Shift+Enter"。

5. 设置条件格式

使用条件格式可以突出显示所关注的单元格或单元格区域。单击"开始"→"样式"→"条件格式",选择"新建规则"命令,打开"新建格式规则"对话框。在对话框中设置条件和对应格式。

6. 创建下拉列表

使用数据有效性,将数据限制为列表中的预定义项,提高数据输入的速度和准确性。单击"数据"→"数据工具"→"数据有效性",选择"数据有效性"命令,打开"数据有效性"对话框。下拉列表在"数据有效性"对话框中进行定义。

7. 按总分排名

使用函数 RANK (number,ref,[order])求出 number 在 ref 中的相对排名。其中,number 为指定的数值,ref 为一列数值。若 order 为 0 或者缺省,按降序排位;order 不为 0,则按升序排位。

8. 按条件评等级

多条件的判定可以用函数 IF()的嵌套或者用函数 IF()和 AND()结合使用。

9. 统计各个分数段的学生人数

使用函数 COUNTIF(range,criteria)计算某个区域中满足给定条件的单元格的个数。因为各分数段是连续的,还可以使用函数 FREQUENCY(data_array,bins_array)进行统计。

10. 分析学生成绩

数据库函数 DCOUNT(database, field, criteria)从满足指定条件的列中, 统计数值单元格的个数。函数 DAVERAGE(database, field, criteria)对数据库中满足指定条件的列中的数值求平均值。函数 DMAX(database, field, criteria)求出数据库中满足指定条件的列中的最大值。

11. 填写奖学金

使用搜索函数 HLOOKUP(lookup_value, table_array, row_index_num, [range_lookup]), 在奖学金分配方案所在单元格区域的首行查找等级, 并返回在第二行的同一列中的对应的奖学金。

12. 高级筛选

高级筛选操作步骤如下:

(1)在数据区域外选择空白区域输入筛选条件。

(2)单击要筛选的数据区域中的任一单元格。

(3)在"数据"选项卡的"排序和筛选"组中, 单击"高级"按钮, 显示"高级筛选"对话框。

(4)在对话框中设置"列表区域"和"条件区域", 单击"确定"按钮, 完成筛选操作。

7.1.3　操作步骤

1. 对学号进行升级

将"学号"列中的学号"2021"后面加上"45"后产生新的学号, 并保存在"新学号"列的相应单元格中。

操作步骤如下:

(1)在 B3 单元格中输入公式"＝REPLACE(A3,5,0,"45")"后确定。

(2)拖动填充柄完成学号的更新, 结果如图 7-2 所示。

图 7-2　学号更新结果

2. 根据身份证号码,求得每位学生的出生日期

通过文本函数 MID() 从身份证号码中分别获取年、月、日的信息,然后用字符串连接运算符"&"连接生成指定的出生日期格式。

操作步骤如下:

(1)在 G3 单元格中输入公式"= MID(F3,7,4)&"年"&MID(F3,11,2)&"月"&MID(F3,13,2)&"日""后确定。

(2)拖动填充柄,完成出生日期的填充。

3. 根据身份证号码,求得每位学生的性别

用 MID() 函数将身份证号码中的第 17 位数字取出来,然后用 MOD() 函数将其与 2 相除求余数。若余数为 1,表示数字是奇数,性别为"男",否则,就是偶数,性别为"女"。

操作步骤如下:

(1)在 D3 单元格中输入公式"= IF(MOD(MID(F3,17,1),2)=1,"男","女")"后确定。

(2)拖动填充柄,完成性别的填充,结果如图 7-3 所示。

	A	B	C	D	E	F	G	H	I	J
1	学生综合信息表									
2	学号	新学号	姓名	性别	籍贯	身份证号码	出生日期	语文	数学	英语
3	2021509201	202145509201	高志毅	男	湖北	440923200304011418	2003年04月01日	100	139	143
4	2021509202	202145509202	戴威	男	浙江	330423200309072017	2003年09月07日	110	137	97
5	2021509203	202145509203	张倩倩	女	安徽	340481200304256222	2003年04月25日	113	94	130
6	2021509204	202145509204	伊然	男	广东	320223200301203531	2003年01月20日	119	148	102
7	2021509205	202145509205	鲁帆	男	湖北	420106200310190495	2003年10月19日	124	95	136
8	2021509206	202145509206	黄凯东	男	浙江	330401200306031012	2003年06月03日	124	117	122
9	2021509207	202145509207	侯跃飞	男	河南	411302200112058840	2001年12月05日	127	107	149
10	2021509208	202145509208	魏晓	女	河北	131324200301180167	2003年01月18日	131	95	101
11	2021509209	202145509209	李巧	女	辽宁	211323200309105023	2003年09月10日	132	124	125
12	2021509210	202145509210	殷豫群	女	浙江	330405200306081121	2003年06月08日	138	96	146
13	2021509211	202145509211	刘会民	男	浙江	330424200301130071	2003年01月13日	135	107	138
14	2021509212	202145509212	刘玉晓	男	安徽	340402200302073732	2003年02月07日	130	128	116
15	2021509213	202145509213	王海强	男	山东	370402200312301359	2003年12月30日	132	109	150
16	2021509214	202145509214	周良乐	男	福建	350401200307152591	2003年07月15日	139	130	136
17	2021509215	202145509215	肖童童	男	浙江	330423200304021412	2003年04月02日	128	114	108
18	2021509216	202145509216	潘跃	男	安徽	340404200312084458	2003年12月08日	84	116	128
19	2021509217	202145509217	杜丝黛	女	江苏	320121200307212641	2003年07月21日	88	135	133

Sheet1 Sheet2 Sheet3 Sheet4

图 7-3 "出生日期""性别"填充后的结果

4. 利用数组公式求得总分

利用数组公式进行计算的操作步骤如下:

(1)先选择单元格区域 L3:L46。

(2)输入公式"= H3:H46+I3:I46+J3:J46+K3:K46"。

(3)按组合键"Ctrl+Shift+Enter",完成总分的计算。

5. 将总分不大于 520 的单元格底色设置为红色

总分不大于 520 的单元格设置红色背景可以通过条件格式实现。条件格式基于条件

改变单元格区域的外观。具体操作步骤如下:

(1)选择"总分"列中的所有数据单元格区域 L3:L46。

(2)单击"开始"选项,单击"样式"组中"条件格式"按钮,选择"新建规则"命令,打开"新建格式规则"对话框。

(3)在"选择规则类型"列表框中选择"只为包含以下内容的单元格设置格式",在"编辑规则说明"中设置条件,如图 7-4 所示。

(4)"新建格式规则"对话框中单击"格式"按钮,弹出"设置单元格格式"对话框,设置单元格背景色为红色,如图 7-5 所示,单击"确定"按钮,返回"新建格式规则"对话框。

(5)单击"确定"按钮完成条件格式设置,结果如图 7-6 所示。

图 7-4　设置条件

图 7-5　设置单元格格式

图 7-6　"条件格式"设置效果

6.将学生分成"计科"和"网工"两个专业

利用数据有效性设置,在"专业"列中创建自定义下拉列表,对每个学生的专业进行输

办公软件高级应用

入填充。具体操作步骤如下：

（1）在单元格J55:J57中分别输入"专业简称""计科"和"网工"。

（2）选中J56:J57后右击，在快捷菜单中单击"定义名称"命令，打开"新建名称"对话框，在"名称"框中输入要定义的名称"专业简称"，如图7-7所示，单击"确定"按钮。

（3）选择"专业"列中的所有数据单元格区域O3:O46。

（4）单击"数据"选项，然后单击"数据工具"组中的"数据验证"按钮，选择"数据验证"命令，打开"数据验证"对话框。

（5）选择"设置"选项。在"允许"下拉列表中选择"序列"。在"来源"框中输入"＝专业简称"，如图7-8所示。

图 7-7　创建名称"专业简称"　　　　图 7-8　设置数据下拉列表

（6）单击"确定"按钮，完成创建自定义下拉列表。

（7）根据要求选择输入学生的专业，如图7-9所示。

图 7-9　输入专业

7. 在"名次"列中填写名次

RANK()函数返回某数值在一列数值中的相对排名。操作如下：

(1)单击单元格 M3,输入公式"=RANK(L3,＄L＄3：＄L＄46)"后确定。

(2)拖动填充柄完成按总分排名次,结果如图 7-10 所示。

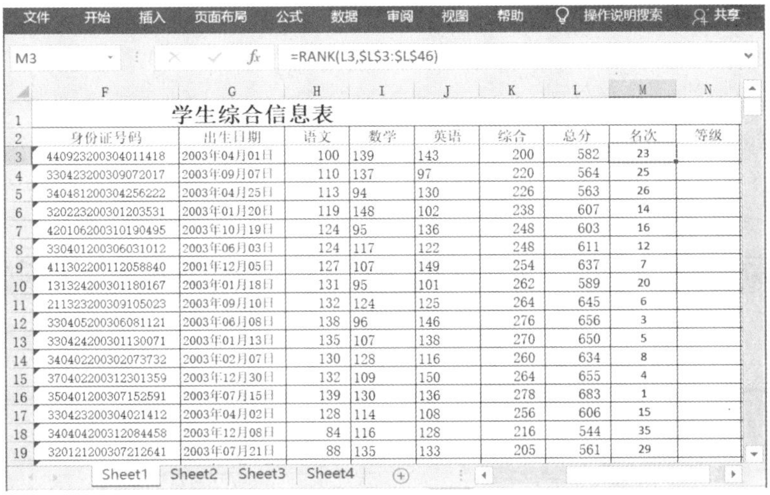

图 7-10　按总分排名结果

8. 根据条件对学生进行评级

总分 590 分及其以上,且语文、英语成绩为 115 分以上,数学成绩为 120 分以上的学生等级评为"优秀"。因为有多个条件需要同时满足,用 AND()函数表示条件比较方便。根据题目要求,用 IF()函数填写"等级"列。操作步骤如下：

(1)在单元格 N3 中输入公式"=IF(AND(L3＞=590,H3＞=115,I3＞=120,J3＞=115),"优秀","合格")"后确定。

(2)拖动填充柄完成等级评定,结果如图 7-11 所示。

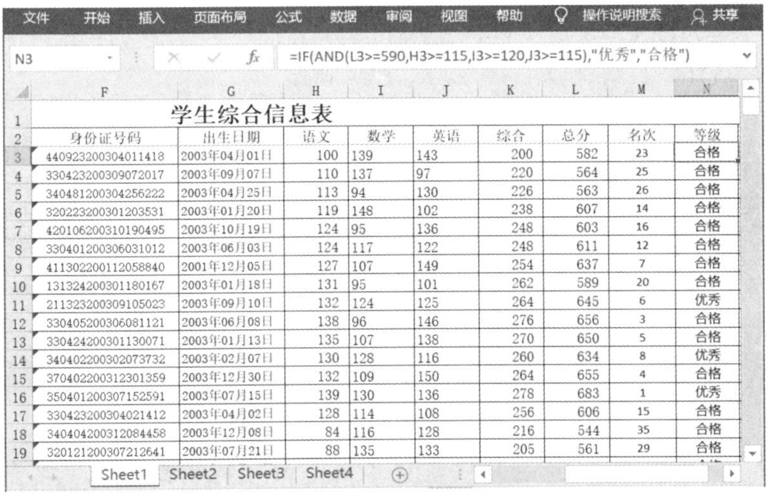

图 7-11　等级评定

9. 统计"数学"考试成绩各个分数段的学生人数

函数 COUNTIF()的功能是计算某个区域中满足给定条件的单元格的数目,使用函数 COUNTIF()可以统计各个分数段的同学人数。操作步骤如下:

(1)在 G2 单元格中输入公式"=COUNTIF(Sheet1！I3:I46,">135")"后确认。

(2)在 G3 单元格中输入公式"=COUNTIF(Sheet1！I3:I46,">120")-G2"后确认。

(3)在 G4 单元格中输入公式"=COUNTIF(Sheet1！I3:I46,">90")-COUNTIF(Sheet1！I3:I46,">120")"后确认。

(4)在 G5 单元格中输入公式"=COUNTIF(Sheet1！I3:I46,"<90")"后确认。

统计结果如图 7-12 所示。

图 7-12 数学成绩统计

10. 对"计科"专业学生成绩进行分析

利用给定的条件区域,使用数据库函数对"计科"专业学生的成绩进行统计分析。操作步骤如下:

(1)在 G13 单元格中输入公式"=DCOUNT(Sheet1！H2:O46,3,A19:B20)"后确认。

(2)在 G14 单元格中输入公式"=DMAX(Sheet1！D2:O46,"总分",A23:B24)"后确认。

(3)在 G15 单元格中输入公式"=DAVERAGE(Sheet1！D2:O46,9,A27:B28)"后确认。

分析结果如图 7-13 所示。

图 7-13 成绩分析

11. 填写奖学金金额

根据如图 7-14 所示的"奖学金分配方案",利用 HLOOKUP 函数,将学生的奖学金填充到工作表 Sheet1 的"奖学金"列中。操作步骤如下:

(1)在单元格 P3 中输入公式"= HLOOKUP(N3,＄F＄55:＄G＄56,2,FALSE)"后确定。

(2)拖动填充柄完成"奖学金"列的填充,结果如图 7-15 所示。

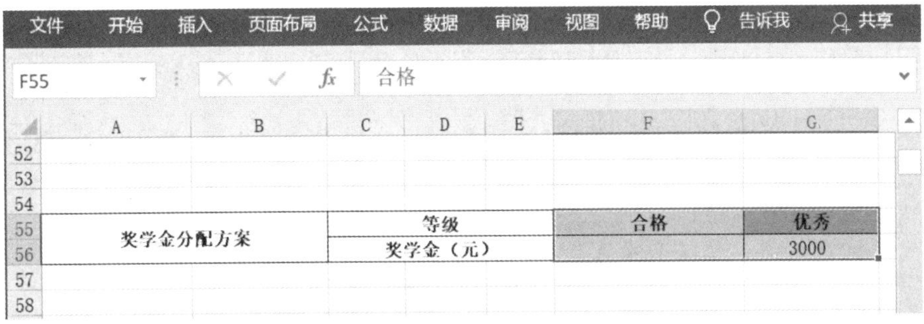

图 7-14　奖学金分配方案

图 7-15　设置奖学金

12. 筛选出"计科"专业,总分 560 分以上的男生的信息

使用高级筛选的功能,仅显示符合条件的数据行。具体操作步骤如下:

(1)选中工作表 Sheet1 中的"学生综合信息表",右击弹出快捷菜单,单击"复制"命令。

(2)右击工作表 Sheet3 中的 A1 单元格,选择快捷菜单命令"选择性粘贴"中的"值和源格式"。将 Sheet1 中的"学生综合信息表"复制到 Sheet3。结果如图 7-16 所示。

(3)在 Sheet3 数据区域外选择空白区域作为条件区域,输入高级筛选的条件,如图7-17所示。

（4）单击 Sheet3 中的"学生综合信息表"的数据区域中任一单元格。

（5）在"数据"选项卡的"排序和筛选"组中，单击"高级"按钮，显示"高级筛选"对话框。设置"列表区域"（要筛选的数据区域）和条件区域，如图 7-18 所示。

（6）单击"确定"按钮，完成筛选操作，结果如图 7-19 所示。

学号	新学号	姓名	性别	籍贯	身份证号码	出生日期	语文	数学	英语	综合	总分	名次	等级	专业	奖学金
2021509201	202145509201	高志毅	男	湖北	440923200304011418	2003年04月01日	100	139	143	200	582	23	合格	计科	
2021509202	202145509202	戴威	男	浙江	330423200309072017	2003年09月07日	110	137	97	220	564	25	合格	计科	
2021509203	202145509203	张倩倩	女	安徽	340481200304256222	2003年04月25日	113	94	130	226	563	26	合格	计科	
2021509204	202145509204	伊然	男	广东	320223200301203531	2003年01月20日	119	148	102	238	607	14	合格	计科	
2021509205	202145509205	鲁帆	男	湖北	420106200310190495	2003年10月19日	124	95	136	248	603	16	合格	网工	
2021509206	202145509206	黄凯东	男	浙江	330401200306031012	2003年06月03日	124	117	122	248	611	12	合格	网工	
2021509207	202145509207	侯跃飞	女	河南	411302200112058840	2001年12月05日	127	107	149	254	637	7	合格	计科	
2021509208	202145509208	魏晓	女	河北	131324200301180167	2003年01月18日	131	95	101	262	589	20	合格	计科	
2021509209	202145509209	李巧	女	辽宁	211323200309105023	2003年09月10日	132	124	125	264	645	6	优秀	计科	3000
2021509210	202145509210	殷像群	女	浙江	330405200306081121	2003年06月08日	138	96	146	276	656	3	合格	网工	
2021509211	202145509211	刘会民	男	浙江	330424200301130071	2003年01月13日	135	107	138	270	650	5	合格	计科	
2021509212	202145509212	刘玉晓	男	安徽	340402200302073732	2003年02月07日	130	128	116	260	634	8	优秀	计科	3000
2021509213	202145509213	王海强	男	山东	370402200312301359	2003年12月30日	132	109	150	264	655	4	合格	计科	
2021509214	202145509214	周良乐	男	福建	350401200307152591	2003年07月15日	139	130	136	278	683	1	优秀	计科	3000
2021509215	202145509215	肖童童	男	浙江	330423200304021412	2003年04月02日	128	114	108	256	606	15	合格	网工	
2021509216	202145509216	潘跃	男	安徽	340404200312084458	2003年12月08日	84	116	128	216	544	35	合格	网工	

图 7-16　Sheet3 中的学生综合信息表

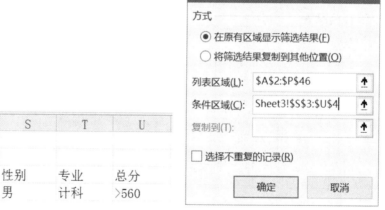

性别	专业	总分
男	计科	>560

图 7-17　设置筛选条件　　　　　图 7-18　"高级筛选"对话框

学号	新学号	姓名	性别	籍贯	身份证号码	出生日期	语文	数学	英语	综合	总分	名次	等级	专业	奖学金
2021509201	202145509201	高志毅	男	湖北	440923200304011418	2003年04月01日	100	139	143	200	582	23	合格	计科	
2021509202	202145509202	戴威	男	浙江	330423200309072017	2003年09月07日	110	137	97	220	564	25	合格	计科	
2021509204	202145509204	伊然	男	广东	320223200301203531	2003年01月20日	119	148	102	238	607	14	合格	计科	
2021509211	202145509211	刘会民	男	浙江	330424200301130071	2003年01月13日	135	107	138	270	650	5	合格	计科	
2021509213	202145509213	王海强	男	山东	370402200312301359	2003年12月30日	132	109	150	264	655	4	合格	计科	
2021509214	202145509214	周良乐	男	福建	350401200307152591	2003年07月15日	139	130	136	278	683	1	优秀	计科	3000
2021509226	202145509226	章中承	男	河南	431900200301110004	2003年01月11日	104	134	139	207	584	22	合格	计科	
2021509226	202145509226	苏武	男	安徽	340208200311059951	2003年11月05日	125	118	106	251	600	17	合格	计科	
2021509242	202145509242	詹仕勇	男	湖南	430111200106110210	2001年06月11日	130	98	101	260	589	20	合格	计科	
2021509243	202145509243	刘泽安	男	江西	360526200311157691	2003年11月15日	125	103	117	250	595	18	合格	计科	

图 7-19　筛选结果

7.1.4　操作练习

(1)在 Sheet1 工作表中,将数学成绩大于等于 135 分的单元格的底色设置为黄色。

(2)根据 Sheet1 工作表中的结果,要求进行如下统计:

①“网工”专业中数学成绩 120 分及其以上的人数。

②“网工”专业总分的最高分和最低分。

③“网工”专业男生的总分平均分。

将统计结果保存到 Sheet4 工作表中。参考结果如图 7-20 所示。

	A	B	C	D	E	F	G
1	网工专业考试情况分析						计算结果
2	数学120分及其以上的人数						4
3	总分最高分						656
4	总分最低分						494
5	男生的平均分						576.3636
6							
7	性别	专业	数学				
8	男	网工	>=120				
9							
10							
11							
12							

图 7-20　“网工”专业成绩统计

(3)根据 Sheet1 工作表中的结果,使用统计函数,统计英语成绩各个分数段的学生人数。分数段划分为 135 分及以上、120～135、105～120、90～105 和 90 分以下共五个区间。将结果保存到 Sheet4 工作表中。参考结果如图 7-21 所示。

	A	B	C	D	E	F	G
16	英语考试情况						计算结果
17	135分及以上人数						8
18	120分-135分之间人数						12
19	90分-120分之间人数						23
20	90分以下人数						1

图 7-21　英语成绩分析

(4)在 Sheet1 工作表中,分别统计湖南、湖北两省考生的总分最高分、最低分和平均分。将结果保存到 Sheet4 工作表中。参考结果如图 7-22 所示。

22	省份	最高分	最低分	平均分
23	湖南省	589	584	586.50
24	湖北省	673	538	599
25				
26	籍贯	籍贯		
27	湖南	湖北		

图 7-22　两省的最高分、最低分和平均分

(5)在 Sheet1 工作表中,将籍贯为“安徽”、总分大于等于 550 分的男生记录筛选出来,复制到从单元格 A60 开始的区域内。

参考结果如图 7-23 所示。

学号	新学号	姓名	性别	籍贯	身份证号码	出生日期	语文	数学	英语	综合	总分	名次	等级	专业	奖学金
2021509212	202145509212	刘玉晓	男	安徽	340402200302073732	2003年02月07日	130	128	116	260	634	8	优秀	网工	3000
2021509226	202145509226	苏武	男	安徽	340208200311059951	2003年11月05日	125	118	106	251	600	17	合格	计科	

图 7-23　高级筛选结果

7.2　超市食品销售管理

知识要点：

- 条件格式；
- 自定义下拉列表；
- 常用函数；
- 数组公式；
- 数据排序；
- 数据筛选；
- 分类汇总。

7.2.1　问题描述

某超市主要经营各类休闲食品的零售和批发业务。各类休闲食品均有进货价和零售指导价，批发价根据购买数量的多少有相应的折扣。该超市最近刚招聘了一个销售主管助理小王。上班第一天，主管就交给小王一份本月的休闲食品销售明细单，要求他尽快完成相关销售数据的计算和统计工作，以便准备月度销售会议。图 7-24 所示的食品销售明细上有休闲食品的名称、进货价、零售价、库存量和销售量等信息，小王需要完成以下工作：

（1）在"食品类别"列创建下拉列表，对该列进行选择填充。对 Sheet1 销售明细单中的食品进行归类，类别分别有：果仁类、饼干类、肉脯类、糖果类、果脯类等。

（2）将销售明细单中的食品进货价、零售价和折扣率进行自动填充。

（3）使用数组公式，计算各种食品的销售金额和利润。

（4）在"食品分类销售统计表"中统计各类食品的总销售量、总销售额，并按总销售量排名。

（5）在"销售价格指导及库存量表"中计算本月的食品库存量。如果库存量大于平均库存，将库存量单元格底色设置为黄色。

（6）将 Sheet1 中的"销售明细单"复制到工作表 Sheet2，根据"食品名称"升序和"销售金额"降序排序。

（7）将 Sheet1 中的"销售明细单"复制到工作表 Sheet3。在 Sheet3 的销售明细单中找出食品类别为"饼干类"、销售金额大于 200 元的销售记录，复制到从单元格 A40 开始的区域内。

(8)将 Sheet3 中的“销售明细单”复制到工作表 Sheet4。对 Sheet4 中销售明细单按“食品名称”进行分类汇总,汇总各种食品的销售数量。

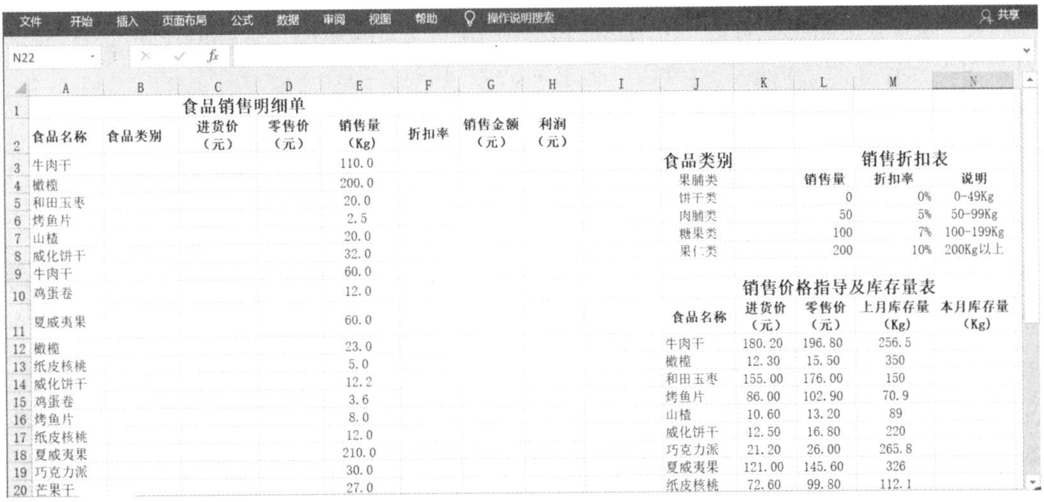

食品销售明细单

食品名称	食品类别	进货价（元）	零售价（元）	销售量（Kg）	折扣率	销售金额（元）	利润（元）
牛肉干				110.0			
橄榄				200.0			
和田玉枣				20.0			
烤鱼片				2.5			
山楂				20.0			
威化饼干				32.0			
牛肉干				60.0			
鸡蛋卷				12.0			
夏威夷果				60.0			
橄榄				23.0			
纸皮核桃				5.0			
威化饼干				12.2			
鸡蛋卷				3.6			
烤鱼片				8.0			
纸皮核桃				12.0			
夏威夷果				210.0			
巧克力派				30.0			
芒果干				27.0			

食品类别
果脯类
饼干类
肉脯类
糖果类
果仁类

销售折扣表

销售量	折扣率	说明
0	0%	0-49Kg
50	5%	50-99Kg
100	7%	100-199Kg
200	10%	200Kg以上

销售价格指导及库存量表

食品名称	进货价（元）	零售价（元）	上月库存量（Kg）	本月库存量（Kg）
牛肉干	180.20	196.80	256.5	
橄榄	12.30	15.50	350	
和田玉枣	155.00	176.00	150	
烤鱼片	86.00	102.90	70.9	
山楂	10.60	13.20	89	
威化饼干	12.50	16.80	220	
巧克力派	21.20	26.00	265.8	
夏威夷果	121.00	145.60	326	
纸皮核桃	72.60	99.80	112.1	

图 7-24　食品销售明细

7.2.2　解题思路

1. 对食品进行归类

将不同的休闲食品进行分类,例如,牛肉干、烤鱼片属于肉脯类,山楂、和田玉枣属于果脯类。使用“数据有效性”功能项,将数据限制为列表中的预定义项,即果仁类、饼干类、肉脯类、糖果类和果脯类。

2. 填充进货价和零售价

使用搜索函数 VLOOKUP (lookup_value, table_array, col_index_num, [range_lookup]),分别从“销售价格指导及库存量表”中找到食品的“进货价”和“零售价”进行数据填充。在“销售价格指导及库存量表”的第一列查找指定“食品名称”,返回同一行中“进货价”列或者“零售价”列的数据。

3. 填充折扣率

根据销售量的不同,使用函数 IF()的嵌套,根据“销售折扣表”中相应的折扣率进行填充。

4. 使用数组公式计算销售金额和利润

计算销售金额的公式为:零售价×销售量×(1－折扣率)

计算利润的公式为:(零售价－进货价)×销售量×(1－折扣率)

创建数组公式的操作步骤如下:

(1)选中需要输入数组公式的单元格区域.

(2)输入公式。

（3）按组合键"Ctrl＋Shift＋Enter"。

注意：数组公式中一般出现的是单元格区域，而非某个单元格的引用。

5. 统计总销售量和总销售额

在"食品分类销售统计表"中，使用函数 SUMIF(range，criteria，［sum_range］)，分别对不同类别食品的销售量和销售额进行求和汇总。

6. 销售量排名

使用函数 RANK（number，ref，［order］)对不同类别的食品按总销售量进行排名。

7. 计算库存量

本月库存量＝上月库存量－本月的销售量。可以使用函数 SUMIF()求得每种食品本月的销售量。

8. 修改部分单元格背景色

使用条件格式可以突出显示所关注的单元格或单元格区域。选择指定的单元格区域，然后单击"样式"组中的"条件格式"进行设置。

9. 按多列数据排序

将活动单元格定位于要排序的工作表数据区域中，在"排序和筛选"组中，单击"排序"按钮，即可按要求进行排序操作。

10. 高级筛选

在数据区域外选择空白区域设置筛选条件：食品类别为"饼干类"，销售金额大于 200 元。将活动单元格定位于要筛选的数据区域中任意单元格，然后在"排序和筛选"组中，单击"高级"按钮进行高级筛选操作。

11. 分类汇总

将销售明细单中的数据按"食品名称"进行分类，并对各种食品的销售量进行统计汇总。首先对"食品名称"列进行排序，然后在"数据"选项卡上的"分级显示"组中，单击"分类汇总"按钮做进一步操作。

7.2.3 操作步骤

1. 填充食品类别

用下拉列表的方式，填充各种食品的类别。具体操作步骤如下：

（1）选中 J3:J8 单元格区域，右击鼠标，在快捷菜单中单击"定义名称"命令，打开"新建名称"对话框，新建名称"食品类别"，单击"确定"按钮。

（2）选择食品销售明细单中"食品类别"列的所有数据单元格区域 B3:B36。

（3）单击"数据"选项，然后单击"数据工具"组中的"数据验证"按钮，打开"数据验证"对话框。

（4）在"设置"选项页的"允许"下拉列表中选择"序列"。在"来源"框中输入"＝食品名称"，如图 7-25 所示。

（5）单击"确定"按钮，完成创建食品类别的下拉列表。

（6）根据要求选择输入各种食品的类别，如图 7-26 所示。

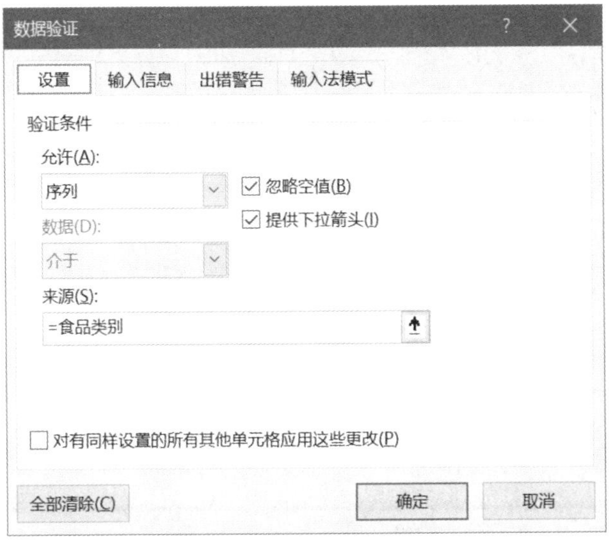

图 7-25　创建食品类别列表

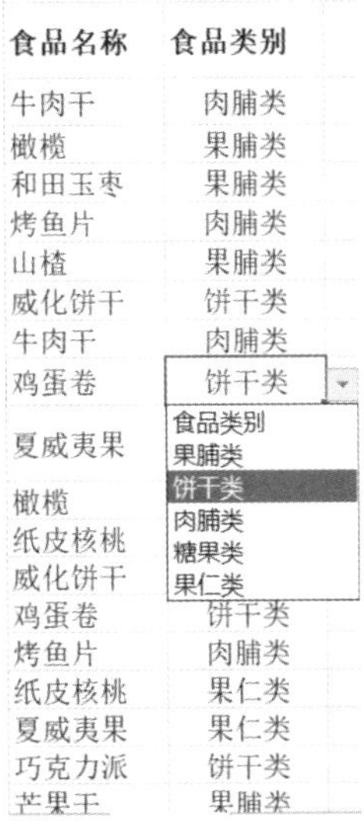

图 7-26　选择食品类别

2. 填充食品进货价、零售价和折扣率

利用 VLOOKUP 函数，在"销售价格指导及库存量表"中找到食品的进货价，填充到食品销售明细单的"进货价"列中。操作步骤如下：

（1）在单元格 C3 中输入公式"=VLOOKUP(A3,$J$12:$K$24,2,FALSE)"后确定。

（2）拖动填充柄完成"进货价"列的填充，结果如图 7-27 所示。

用同样的方法实现食品零售价的填充。不同的是在单元格 D3 中输入的公式应该为"=VLOOKUP(A3,$J$12:$L$24,3,FALSE)"。"零售价"列的填充结果如图 7-28 所示。

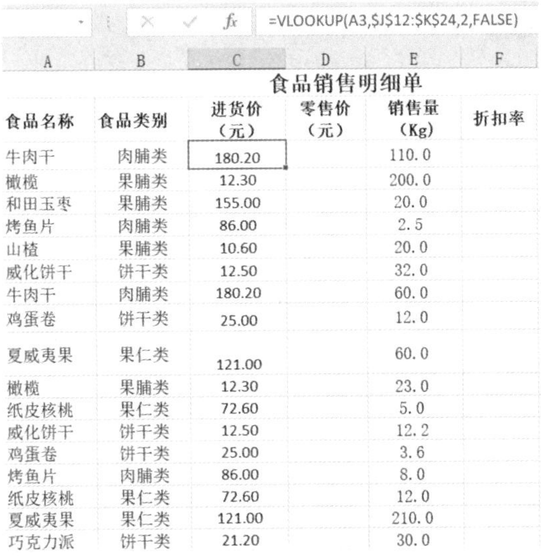

食品名称	食品类别	进货价（元）	零售价（元）	销售量（Kg）	折扣率
牛肉干	肉脯类	180.20		110.0	
橄榄	果脯类	12.30		200.0	
和田玉枣	果脯类	155.00		20.0	
烤鱼片	肉脯类	86.00		2.5	
山楂	果脯类	10.60		20.0	
威化饼干	饼干类	12.50		32.0	
牛肉干	肉脯类	180.20		60.0	
鸡蛋卷	饼干类	25.00		12.0	
夏威夷果	果仁类	121.00		60.0	
橄榄	果脯类	12.30		23.0	
纸皮核桃	果仁类	72.60		5.0	
威化饼干	饼干类	12.50		12.2	
鸡蛋卷	饼干类	25.00		3.6	
烤鱼片	肉脯类	86.00		8.0	
纸皮核桃	果仁类	72.60		12.0	
夏威夷果	果仁类	121.00		210.0	
巧克力派	饼干类	21.20		30.0	

图 7-27　"进货价"填充后的结果

使用函数 IF() 的嵌套实现折扣率的填充。操作步骤如下：

(1) 单击单元格 F3。

(2) 输入公式"＝IF(E3<50,0,IF(E3<100,5％,IF(E3<200,7％,10％)))"后确定。

(3) 拖动填充柄完成折扣率的填充。

(4) 选中单元格区域 F3:F36，设置单元格格式为百分比格式，如图 7-29 所示。

"折扣率"列的填充结果如图 7-30 所示。

| | | | *f*ₓ | =VLOOKUP(A3,$J$12:$L$24,3,FALSE) | |

A	B	C	D	E	F
			食品销售明细单		
食品名称	食品类别	进货价（元）	零售价（元）	销售量（Kg）	折扣率
牛肉干	肉脯类	180.20	196.80	110.0	
橄榄	果脯类	12.30	15.50	200.0	
和田玉枣	果脯类	155.00	176.00	20.0	
烤鱼片	肉脯类	86.00	102.90	2.5	
山楂	果脯类	10.60	13.20	20.0	
威化饼干	饼干类	12.50	16.80	32.0	
牛肉干	肉脯类	180.20	196.80	60.0	
鸡蛋卷	饼干类	25.00	30.20	12.0	
夏威夷果	果仁类	121.00	145.60	60.0	
橄榄	果脯类	12.30	15.50	23.0	
纸皮核桃	果仁类	72.60	99.80	5.0	
威化饼干	饼干类	12.50	16.80	12.2	
鸡蛋卷	饼干类	25.00	30.20	3.6	
烤鱼片	肉脯类	86.00	102.90	8.0	
纸皮核桃	果仁类	72.60	99.80	12.0	
夏威夷果	果仁类	121.00	145.60	210.0	
巧克力派	饼干类	21.20	26.00	30.0	

图 7-28   "零售价"填充后的结果

图 7-29   设置单元格格式

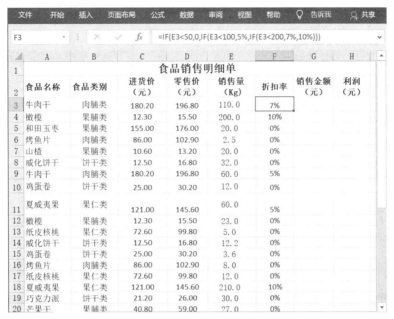

图 7-30　"折扣率"填充后的结果

3.计算销售金额和利润

使用数组公式,计算各种食品的销售金额。具体操作步骤如下:

(1)选择单元格区域 G3:G36。

(2)输入公式"=D3:D36 * E3:E36 * (1-F3:F36)"。

(3)按组合键"Ctrl+Shift+Enter",完成销售金额的计算。

计算结果如图 7-31 所示。

图 7-31　销售金额计算结果

办公软件高级应用

用同样的方法计算各种食品的利润。数组公式为：{＝(D3:D36－C3:C36)＊E3:E36 ＊(1－F3:F36)}。计算结果如图7-32所示。

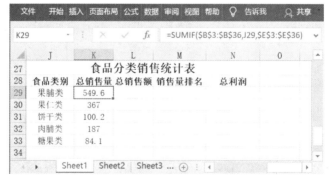

图 7-32　利润计算结果

4.计算各类食品的总销售量和总销售额

函数 SUMIF(range，criteria，[sum_range])的功能是对给定条件指定的单元格求和，其中 sum_range 为求和单元格区域。计算总销售量的操作步骤如下：

(1)单击单元格 K29。

(2)输入公式"＝SUMIF($B$3:$B$36,J29,$E$3:$E$36)"后确定。

(3)拖动填充柄完成各类食品的总销售量的计算。计算结果如图7-33所示。

图 7-33　各类食品总销售量的计算结果

同样使用函数 SUMIF()进行总销售额的计算。在单元格 L29 中输入的公式为"＝ SUMIF($B$3:$B$36,J29,$G$3:$G$36)"。计算结果如图7-34所示。

图 7-34　各类食品总销售额的计算结果

5. 销售排名

使用函数 RANK（number，ref，[order]）获得数值 number 在一列数值 ref 中的相对排名。对各类食品按总销售量排名的操作步骤如下：

（1）单击单元格 M29，输入公式"＝RANK(K29,K＄29:K＄33)"后确定。

（2）拖动填充柄完成按销售量排名次，结果如图 7-35 所示。

图 7-35　按销售量排名结果

6. 计算本月的食品库存量

已知各种食品的上月库存量，使用函数 SUMIF()求得本月的销售量，相减即得本月库存量。具体操作步骤如下：

（1）单击单元格 N12，输入公式"＝M12－SUMIF(＄A＄3:＄A＄36,J12,＄E＄3:＄E＄36)"后确定。

（2）拖动填充柄完成计算，结果如图 7-36 所示。

图 7-36　本月库存量计算结果

7. 将本月库存量大于平均库存的单元格底色设置为黄色

通过条件格式将根据条件改变单元格的底色。具体操作步骤如下：

（1）选择"本月库存量"列中的所有数据单元格区域 N12:N24。

（2）选择"开始"选项页后，单击"样式"组中"条件格式"按钮，选择"新建规则"命令，打开"新建格式规则"对话框。

（3）在"选择规则类型"列表框中选择"仅对高于或低于平均值的数值设置格式"，在"编辑规则说明"中设置条件，如图 7-37 所示。

（4）"新建格式规则"对话框中单击"格式"按钮，弹出"设置单元格格式"对话框，设置单元格背景色为黄色，单击"确定"按钮，返回"新建格式规则"对话框。

（5）单击"确定"按钮完成条件格式的设置，结果如图 7-38 所示。

图 7-37　设置条件　　　　图 7-38　条件格式设置结果

254

8. 根据"食品名称"升序和"销售金额"降序排序

将 Sheet1 中的"销售明细单"复制到工作表 Sheet2,不能简单地用"复制""粘贴"的方法,需要使用"选择性粘贴"。操作步骤如下:

(1)选择 Sheet1 中的"销售明细单",单击"复制"按钮,或者按键盘快捷键"Ctrl+C"。

(2)单击工作表标签 Sheet2,在单元格 A1 处右击鼠标,选择快捷菜单命令"选择性粘贴",然后单击"粘贴数值"中的"值和数字格式"按钮,如图 7-38 所示,完成初始数据的复制工作。

图 7-38　选择性粘贴数据

对数据排序的操作步骤如下:

(1)选中单元格区域 A2:H36。

(2)单击"数据"菜单,在"排序和筛选"组中单击"排序"按钮,显示"排序"对话框。

(3)在"列"下的"主要关键字"框中,选择"食品名称",设置第一个条件。

(4)单击"添加条件"按钮,设置第二个条件,如图 7-39 所示。

(5)单击"确定"按钮完成排序,结果如图 7-40 所示。

图 7-39　设置排序条件

图 7-40　排序结果

9. 筛选出食品类别为"饼干类"、销售金额大于 200 元的销售记录

使用高级筛选的功能,将符合条件的销售记录筛选出来。具体操作步骤如下:

(1)在 Sheet3 中的数据区域外的空白区域中输入筛选条件,如图 7-41 所示。

(2)单击"食品销售明细单"的数据区域中的任意单元格。

(3)在"数据"选项卡的"排序和筛选"组中,单击"高级"按钮,显示"高级筛选"对话框。设置"列表区域"(要筛选的数据区域)和"条件区域",如图 7-42 所示。

(4)单击"确定"按钮,完成高级筛选操作,结果如图 7-43 所示。

食品销售明细单

食品名称	食品类别	进货价（元）	零售价（元）	销售量（Kg）	折扣率	销售金额（元）	利润（元）
牛肉干	肉脯类	180.20	196.80	110.0	7%	20132.64	1698.18
橄榄	果脯类	12.30	15.50	200.0	10%	2790	576
和田玉枣	果脯类	155.00	176.00	20.0	0%	3520	420
烤鱼片	肉脯类	86.00	102.90	2.5	0%	257.25	42.25
山楂	果脯类	10.60	13.20	20.0	0%	264	52
威化饼干	饼干类	12.50	16.80	32.0	0%	537.6	137.6

食品类别	销售金额（元）
饼干类	>200

图 7-41　高级筛选条件区域

图 7-42　设置高级筛选　　　　　图 7-43　高级筛选结果

10.按"食品名称"分类汇总各种食品的销售数量

首先对"食品名称"列进行排序,然后进行分类汇总。具体操作步骤如下:

(1)在工作表 Sheet4 的"食品销售明细单"中,单击"食品名称"列的任意单元格。

(2)单击"数据"菜单,在"排序和筛选"组中,单击"升序"或者"降序"按钮,按"食品名称"排序。

(3)在"数据"选项卡上的"分级显示"组中,单击"分类汇总"按钮,显示"分类汇总"对话框。

(4)在对话框中设置相关信息,如图 7-44 所示。

(5)单击"确定"按钮完成分类汇总,结果如图 7-45 所示。

图 7-44　分类汇总相关设置

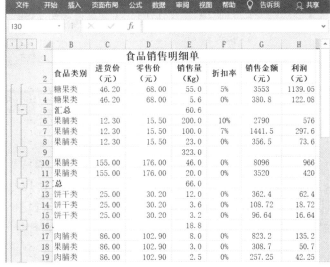

图 7-45　分类汇总结果

7.2.4　操作练习

(1)Sheet1 的"销售价格指导及库存量表"中,如果本月库存量小于 50kg,将库存量单元格底色设置为红色。

(2)在 Sheet1 的"食品分类销售统计表"中,统计各类食品的总利润。参考结果如图 7-46 所示。

图 7-46　总利润计算结果

(3)在 Sheet1 的"销售价格指导及库存量表"中增加一列"利润率"。用数组公式计算各种食品的利润率。计算公式为:利润率＝(零售价－进货价)/进货价。参考结果如图7-47所示。

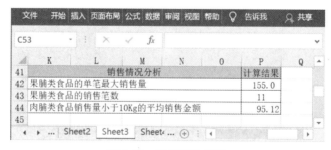

图 7-47　利润率计算结果

(4)在 Sheet3 工作表中,利用数据库函数或者其他统计函数,根据以下情况进行统计,并将结果填入到相应的单元格当中。参考结果如图 7-48 所示。

①果脯类食品的单笔最大销售量,结果保存到 Sheet3 中的 P42 单元格。

②果脯类食品的销售笔数,结果保存到 Sheet3 中的 P43 单元格。

③肉脯类食品,销售量小于 10kg 的平均销售金额,结果保存到 Sheet3 中的 P44 单元格。

图 7-48　销售统计结果

(5)在 Sheet3 的销售明细单中找出食品类别为"糖果类",或者利润大于 500 元的销售记录,复制到从单元格 A50 开始的区域内。参考结果如图 7-49 所示。

图 7-49　筛选结果

（6）在 Sheet3 的销售明细单中按食品类别进行分类汇总，统计每一类食品的销售量。在同一类食品中，再按食品名称进行分类汇总，统计每种食品的利润。参考结果如图7-50所示。

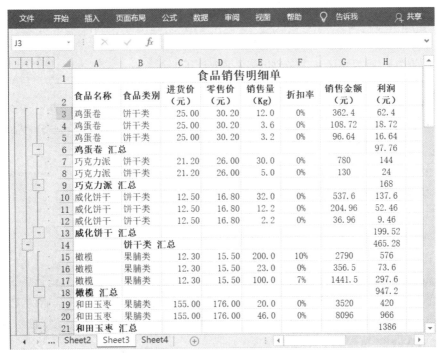

图 7-50　分类汇总结果

7.3 职工工资管理

知识要点：
- 常用函数；
- 数组公式；
- 数据透视表。

7.3.1 问题描述

东明是某企业的财务部职员，负责公司员工的薪酬发放工作。每到月末，他都要对公司员工的工资进行计算、统计，上报给财务主管。公司职员的工资计算名目繁多，而且还要兼顾人事考核和评聘情况，容不得出现丝毫差错。好在东明熟练掌握 Excel 的使用，能轻松自如应对数据的各种计算、处理与统计分析，保质保量完成任务。因工作表现出色，东明多次受到主管的表扬。在人事部提供的初始数据的基础上，东明需要完成以下工作：

（1）将"工号"列的数据区域设置为只能录入四位数字或文本。当工号录入位数错误时，提示警告信息"只能录入四位数字"。

（2）根据参加工作的时间，计算工龄。

（3）根据专业技术薪级评定条件，填写每个员工的薪级。

（4）根据每个员工的岗位级别，计算并填写岗位津贴。

（5）用数组公式，分别计算每个员工的应发工资、医疗保险、养老保险和公积金。

（6）计算每个员工的应纳税额，计算公式为：应纳税额＝应发工资－医疗保险－养老保险－公积金－3500。

（7）根据个人所得税计算表，计算并填写每个员工需缴纳的所得税。

（8）根据以下情况进行统计，并将结果填入到相应的单元格当中。

①男性员工人数，结果保存到 F54 单元格。

②工龄大于等于 10 年的工程师的人数，结果保存到 F55 单元格。

③教授级高工的所得税总额，结果保存到 F56 单元格。

（9）将 Sheet1 中的"职工工资清单"复制到 Sheet2，新建数据透视表，统计各部门不同职称的员工的人数。将数据透视表创建在 Sheet2 工作表中单元格 A55 开始的位置。

（10）企业有一个投资项目，在项目投资表中，根据相应的投资信息计算投资回报，填入 C6 单元格。

（11）企业有一个贷款项目，在项目投资表中，根据预算信息计算需要贷款的数额，填入 C12 单元格。

7.3.2　解题思路

1. 限定输入数据个数

将工号输入限定在四位数字,可以使用"数据有效性"功能设置有效性条件及其报错的警告信息。

2. 计算工龄

使用函数 YEAR()分别获取系统日期的年份和参加工作时间的年份,两者相减就得到工龄的值。用函数 TODAY()获取当前系统的日期。

3. 填写薪级

薪级评定条件与职称和工龄相关。使用函数 IF()的嵌套,根据每个人的职称和工龄符合的条件填写"薪级"列的内容。

4. 计算岗位津贴

岗位津贴＝津贴系数×20000/12。使用搜索函数 VLOOKUP (lookup_value,table_array,col_index_num,[range_lookup]),根据岗位级别找到对应的津贴系数,然后计算岗位津贴的值。

5. 用数组公式进行计算

计算应发工资的公式为:基本工资＋岗位津贴＋奖金。

计算医疗保险的公式为:基本工资×2％。

计算养老保险的公式为:基本工资×8％。

计算公积金的公式为:(应发工资－医疗保险－养老保险)×10％。

注意数组公式使用的"三部曲"。

6. 计算应纳税额

应纳税额＝应发工资－医疗保险－养老保险－公积金－3500。个税起征点为 3500 元,需要先判断是否达到起征点,然后再计算应纳税额。还可以考虑使用函数 SUM()求医疗保险、养老保险和公积金的总和。

7. 计算个人所得税

个人所得税计算公式为:应纳税额×税率－速算扣除数。

使用函数 IF()在"个人所得税税率表"中根据应纳税额取得相应的税率和速算扣除数,再进行计算。

8. 统计计算

使用函数 COUNTIF(range,criteria)计算某个区域中满足给定条件的单元格的个数。使用函数 COUNTIFS(criteria_range1,criteria1,[criteria_range2,criteria2],…)统计一组给定条件所指定的单元格数目。使用函数 SUMIF(range,criteria,[sum_range])对给定条件指定的单元格求和。

9. 创建数据透视表

创建数据透视表的操作步骤如下：

(1)单击数据单元格区域内的任一单元格。

(2)在"插入"选项卡上的"表格"组中，单击"数据透视表"按钮，然后单击"表格和区域"命令，显示创建数据透视表的对话框。

(3)选择要分析的数据，Excel 会自动确定数据透视表的区域，也可以键入不同的区域来替换它。

(4)选择放置数据透视表的位置。可以执行下列操作之一：

● 若要将数据透视表放置在新工作表中，并以单元格 A1 为起始位置，选择"新工作表"。

● 若要将数据透视表放在现有工作表中的特定位置，则选择"现有工作表"，然后在"位置"框中指定放置数据透视表的单元格区域的第一个单元格。

(5)单击"确定"按钮。Excel 会将空的数据透视表添加至指定位置并显示数据透视表字段列表，以便用户添加字段、创建布局以及自定义数据透视表。

10. 计算投资回报

使用函数 FV(rate,nper,pmt,[pv],[type])，基于固定利率及等额分期付款方式，返回某项投资的未来值，即最后的投资收益总金额。

11. 计算贷款额

使用函数 PV(rate, nper, pmt, [fv], [type])，返回某项投资一系列将来偿还额的当前总值，即贷款额度。

7.3.3 操作步骤

1. 限定工号输入为四位数字

使用"数据有效性"功能对工号进行输入限定。具体操作步骤如下：

(1)选择"工号"列的数据单元格区域。

(2)在"数据"选项的"数据工具"组中，单击"数据有效性"命令，打开"数据有效性"对话框。

(3)在"设置"选项页中，设置有效性条件如图 7-51 所示。

(4)在"出错警告"选项页中，编辑出错警告信息如图 7-52 所示，单击"确定"按钮。

图 7-51　设置有效性条件

图 7-52　编辑出错警告信息

2. 计算工龄

工龄＝当前年份－参加工作年份。操作步骤如下：

(1)在单元格 G3 中输入公式"＝YEAR(TODAY())－YEAR(F3)"后确定。

(2)设置单元格 G3 的数字格式为"常规"。

(3)拖动填充柄完成工龄的填充,结果如图 7-53 所示。

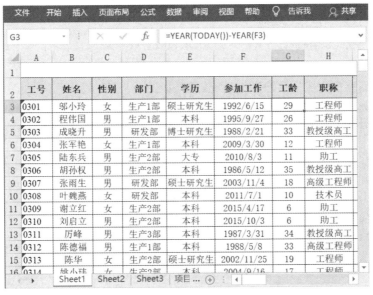

图 7-53　工龄计算结果

3. 填写薪级

使用函数 IF()的嵌套填写员工的薪级。操作步骤如下：

(1)在单元格 I3 中输入公式"＝IF(H3＝"教授级高工",IF(G3＞＝30,"1 级","2 级"),IF(H3＝"高级工程师",IF(G3＞＝20,"3 级",IF(G3＞＝15,"4 级","5 级")),IF(H3＝"工程师",IF(G3＞＝20,"6 级","7 级"),"8 级")))"后确定。

(2)拖动填充柄完成薪级的填充,结果如图 7-54 所示。

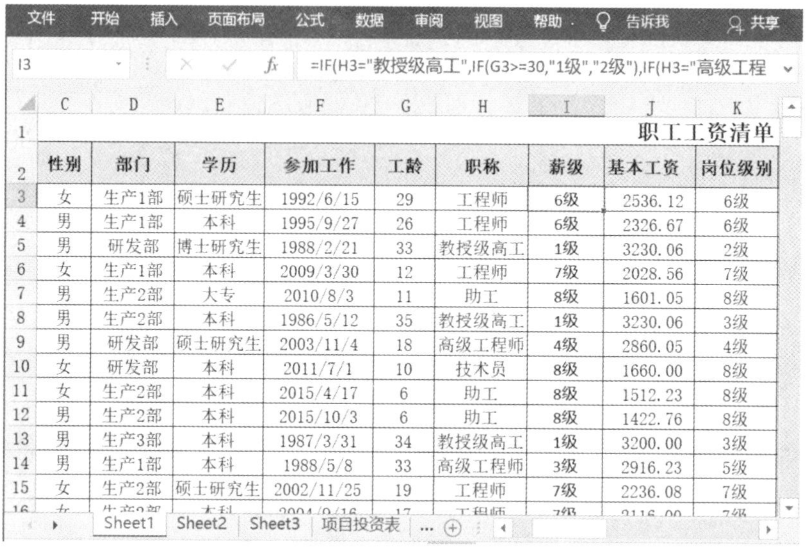

I3 =IF(H3="教授级高工",IF(G3>=30,"1级","2级"),IF(H3="高级工程

	性别	部门	学历	参加工作	工龄	职称	薪级	基本工资	岗位级别
1	职工工资清单								
3	女	生产1部	硕士研究生	1992/6/15	29	工程师	6级	2536.12	6级
4	男	生产1部	本科	1995/9/27	26	工程师	6级	2326.67	6级
5	男	研发部	博士研究生	1988/2/21	33	教授级高工	1级	3230.06	2级
6	女	生产1部	本科	2009/3/30	12	工程师	7级	2028.56	7级
7	男	生产2部	大专	2010/8/3	11	助工	8级	1601.05	8级
8	男	生产2部	本科	1986/5/12	35	教授级高工	1级	3230.06	3级
9	男	研发部	硕士研究生	2003/11/4	18	高级工程师	4级	2860.05	4级
10	女	研发部	本科	2011/7/1	10	技术员	8级	1660.00	8级
11	女	生产2部	本科	2015/4/17	6	助工	8级	1512.23	8级
12	男	生产2部	本科	2015/10/3	6	助工	8级	1422.76	8级
13	男	生产3部	本科	1987/3/31	34	教授级高工	1级	3200.00	3级
14	男	生产1部	本科	1988/5/8	33	高级工程师	3级	2916.23	5级
15	女	生产2部	硕士研究生	2002/11/25	19	工程师	7级	2236.08	7级

图 7-54　薪级填充结果

4. 填写岗位津贴

要计算岗位津贴,首先要确定津贴系数。可以使用搜索函数 VLOOKUP(lookup_value, table_array, col_index_num, [range_lookup]),根据岗位级别,在岗位津贴表中找到相应的津贴系数。操作步骤如下:

(1)在单元格 L3 中输入公式“=VLOOKUP(K3,$W$15:$Y$22,2,FALSE)*20000/12”后确定。

(2)拖动填充柄完成岗位津贴的填充,结果如图 7-55 所示。

注意:函数 VLOOKUP()中的第二个参数 table_array 所表示的单元格区域需要绝对引用。

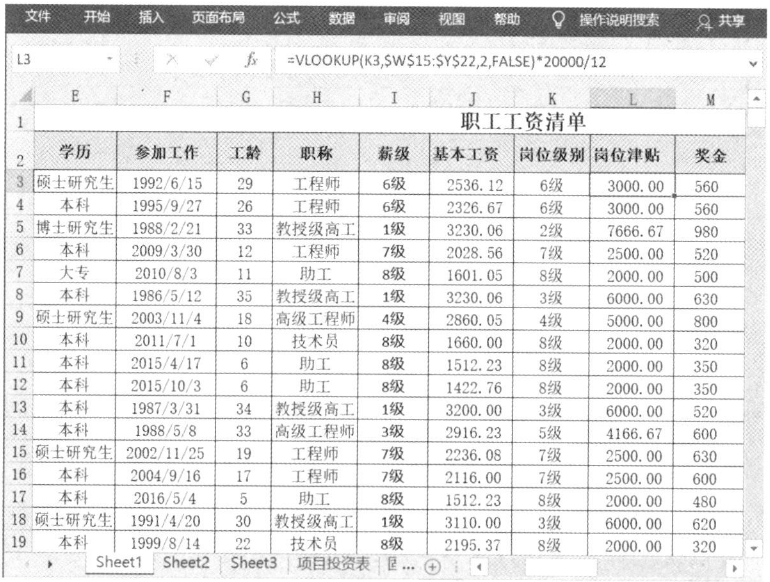

L3 =VLOOKUP(K3,$W$15:$Y$22,2,FALSE)*20000/12

	学历	参加工作	工龄	职称	薪级	基本工资	岗位级别	岗位津贴	奖金
1	职工工资清单								
3	硕士研究生	1992/6/15	29	工程师	6级	2536.12	6级	3000.00	560
4	本科	1995/9/27	26	工程师	6级	2326.67	6级	3000.00	560
5	博士研究生	1988/2/21	33	教授级高工	1级	3230.06	2级	7666.67	980
6	本科	2009/3/30	12	工程师	7级	2028.56	7级	2500.00	520
7	大专	2010/8/3	11	助工	8级	1601.05	8级	2000.00	500
8	本科	1986/5/12	35	教授级高工	1级	3230.06	3级	6000.00	630
9	硕士研究生	2003/11/4	18	高级工程师	4级	2860.05	4级	5000.00	800
10	本科	2011/7/1	10	技术员	8级	1660.00	8级	2000.00	320
11	本科	2015/4/17	6	助工	8级	1512.23	8级	2000.00	350
12	本科	2015/10/3	6	助工	8级	1422.76	8级	2000.00	350
13	本科	1987/3/31	34	教授级高工	1级	3200.00	3级	6000.00	520
14	本科	1988/5/8	33	高级工程师	3级	2916.23	5级	4166.67	600
15	硕士研究生	2002/11/25	19	工程师	7级	2236.08	7级	2500.00	630
16	本科	2004/9/16	17	工程师	7级	2116.00	7级	2500.00	600
17	本科	2016/5/4	5	助工	8级	1512.23	8级	2000.00	480
18	硕士研究生	1991/4/20	30	教授级高工	1级	3110.00	3级	6000.00	620
19	本科	1999/8/14	22	技术员	8级	2195.37	8级	2000.00	320

图 7-55　岗位津贴填充结果

5. 用数组公式计算应发工资、医疗保险、养老保险和公积金

应发工资＝基本工资＋岗位津贴＋奖金。使用数组公式计算的操作步骤如下：

(1)选择单元格区域 N3：N50。

(2)设置单元格格式为“数值”型，保留 2 位小数。

(3)输入公式“＝J3：J50＋L3：L50＋M3：M50”。

(4)按组合键“Ctrl＋Shift＋Enter”，完成应发工资的计算。

用同样的方法计算医疗保险，其数组公式为：{＝J3：J50＊2％}。

计算养老保险的数组公式为：{＝J3：J50＊8％}。

计算公积金的数组公式为：{＝(N3：N50－O3：O50－P3：P50)＊0.1}。

应发工资、医疗保险、养老保险和公积金的计算结果如图 7-56 所示。

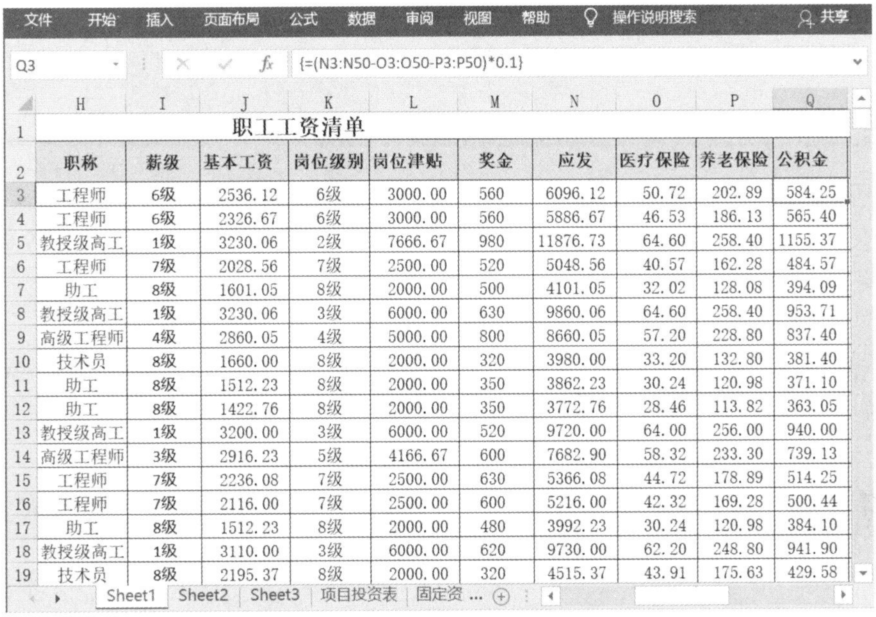

	H	I	J	K	L	M	N	O	P	Q
1	职工工资清单									
2	职称	薪级	基本工资	岗位级别	岗位津贴	奖金	应发	医疗保险	养老保险	公积金
3	工程师	6级	2536.12	6级	3000.00	560	6096.12	50.72	202.89	584.25
4	工程师	6级	2326.67	6级	3000.00	560	5886.67	46.53	186.13	565.40
5	教授级高工	1级	3230.06	2级	7666.67	980	11876.73	64.60	258.40	1155.37
6	工程师	7级	2028.56	7级	2500.00	520	5048.56	40.57	162.28	484.57
7	助工	8级	1601.05	8级	2000.00	500	4101.05	32.02	128.08	394.09
8	教授级高工	1级	3230.06	3级	6000.00	630	9860.06	64.60	258.40	953.71
9	高级工程师	4级	2860.05	4级	5000.00	800	8660.05	57.20	228.80	837.40
10	技术员	8级	1660.00	8级	2000.00	320	3980.00	33.20	132.80	381.40
11	助工	8级	1512.23	8级	2000.00	350	3862.23	30.24	120.98	371.10
12	助工	8级	1422.76	8级	2000.00	350	3772.76	28.46	113.82	363.05
13	教授级高工	1级	3200.00	3级	6000.00	520	9720.00	64.00	256.00	940.00
14	高级工程师	3级	2916.23	5级	4166.67	600	7682.90	58.32	233.30	739.13
15	工程师	7级	2236.08	7级	2500.00	630	5366.08	44.72	178.89	514.25
16	工程师	7级	2116.00	7级	2500.00	600	5216.00	42.32	169.28	500.44
17	助工	8级	1512.23	8级	2000.00	480	3992.23	30.24	120.98	384.10
18	教授级高工	1级	3110.00	3级	6000.00	620	9730.00	62.20	248.80	941.90
19	技术员	8级	2195.37	8级	2000.00	320	4515.37	43.91	175.63	429.58

图 7-56　应发工资与两险一金的计算结果

6. 计算应纳税额

需要使用 IF() 函数计算应纳税额，操作步骤如下：

(1)选择单元格 R3，设置单元格格式为“数值”型，保留 2 位小数。

(2)在单元格 R3 中输入公式“＝IF(N3－SUM(O3：Q3)＞3500，N3－SUM(O3：Q3)－3500，0)”后确定。

(3)拖动填充柄完成应纳税额的填充，结果如图 7-57 所示。

	K	L	M	N	O	P	Q	R
1	工资清单							
2	岗位级别	岗位津贴	奖金	应发	医疗保险	养老保险	公积金	应税额
3	6级	3000.00	560	6096.12	50.72	202.89	584.25	1758.26
4	6级	3000.00	560	5886.67	46.53	186.13	565.40	1588.60
5	2级	7666.67	980	11876.73	64.60	258.40	1155.37	6898.35
6	7级	2500.00	520	5048.56	40.57	162.28	484.57	861.13
7	8级	2000.00	500	4101.05	32.02	128.08	394.09	46.85
8	3级	6000.00	630	9860.06	64.60	258.40	953.71	5083.35
9	4级	5000.00	800	8660.05	57.20	228.80	837.40	4036.64
10	8级	2000.00	320	3980.00	33.20	132.80	381.40	0.00
11	8级	2000.00	350	3862.23	30.24	120.98	371.10	0.00
12	8级	2000.00	350	3772.76	28.46	113.82	363.05	0.00
13	3级	6000.00	520	9720.00	64.00	256.00	940.00	4960.00
14	5级	4166.67	600	7682.90	58.32	233.30	739.13	3152.15
15	7级	2500.00	630	5366.08	44.72	178.89	514.25	1128.22
16	7级	2500.00	600	5216.00	42.32	169.28	500.44	1003.96
17	8级	2000.00	480	3992.23	30.24	120.98	384.10	0.00
18	3级	6000.00	620	9730.00	62.20	248.80	941.90	4977.10
19	8级	2000.00	320	4515.37	43.91	175.63	429.58	366.25

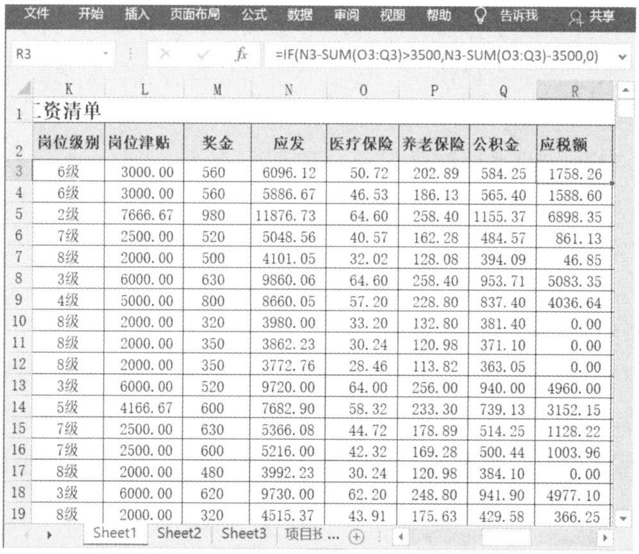

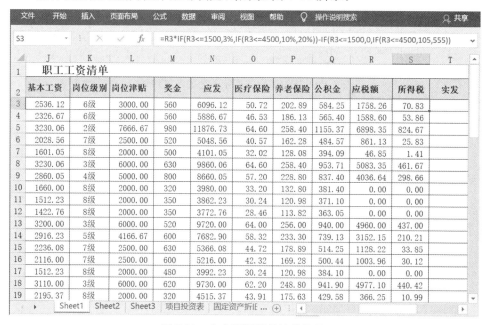

图 7-57　应纳税额的计算结果

7. 计算个人所得税

个人所得税＝应纳税额×税率－速算扣除数。公式中的"税率"和"速算扣除数"都需要使用函数 IF()获得。操作步骤如下：

(1)选择单元格 S3,设置单元格格式为"数值"型,保留 2 位小数。

(2)在单元格 S3 中输入公式"＝R3＊IF(R3＜＝1500,3％,IF(R3＜＝4500,10％,20％))－IF(R3＜＝1500,0,IF(R3＜＝4500,150,555))"后确定。

(3)拖动填充柄完成岗位津贴的填充,结果如图 7-58 所示。

	J	K	L	M	N	O	P	Q	R	S	T
1	职工工资清单										
2	基本工资	岗位级别	岗位津贴	奖金	应发	医疗保险	养老保险	公积金	应税额	所得税	实发
3	2536.12	6级	3000.00	560	6096.12	50.72	202.89	584.25	1758.26	70.83	
4	2326.67	6级	3000.00	560	5886.67	46.53	186.13	565.40	1588.60	53.86	
5	3230.06	2级	7666.67	980	11876.73	64.60	258.40	1155.37	6898.35	824.67	
6	2028.56	7级	2500.00	520	5048.56	40.57	162.28	484.57	861.13	25.83	
7	1601.05	8级	2000.00	500	4101.05	32.02	128.08	394.09	46.85	1.41	
8	3230.06	3级	6000.00	630	9860.06	64.60	258.40	953.71	5083.35	461.67	
9	2860.05	4级	5000.00	800	8660.05	57.20	228.80	837.40	4036.64	298.66	
10	1660.00	8级	2000.00	320	3980.00	33.20	132.80	381.40	0.00	0.00	
11	1512.23	8级	2000.00	350	3862.23	30.24	120.98	371.10	0.00	0.00	
12	1422.76	8级	2000.00	350	3772.76	28.46	113.82	363.05	0.00	0.00	
13	3200.00	3级	6000.00	520	9720.00	64.00	256.00	940.00	4960.00	437.00	
14	2916.23	5级	4166.67	600	7682.90	58.32	233.30	739.13	3152.15	210.21	
15	2236.08	7级	2500.00	630	5366.08	44.72	178.89	514.25	1128.22	33.85	
16	2116.00	7级	2500.00	600	5216.00	42.32	169.28	500.44	1003.96	30.12	
17	1512.23	8级	2000.00	480	3992.23	30.24	120.98	384.10	0.00	0.00	
18	3110.00	3级	6000.00	620	9730.00	62.20	248.80	941.90	4977.10	440.42	
19	2195.37	8级	2000.00	320	4515.37	43.91	175.63	429.58	366.25	10.99	

图 7-58　个人所得税的计算结果

8. 相关统计

使用函数 COUNTIF（range，criteria）统计男性员工人数。使用函数 COUNTIFS（criteria_range1，criterial，［criteria_range2，criteria2］，…）统计工龄大于等于 10 年的工程师的人数。使用函数 SUMIF（range，criteria，［sum_range］）计算教授级高工的所得税总额。操作操作步骤如下：

（1）在 F54 单元格中输入公式"＝COUNTIF(C3:C50,"男")"后确定。

（2）在 F55 单元格中输入公式"＝COUNTIFS(G3:G50,">=10",H3:H50,"工程师")"后确定。

（3）在 F56 单元格中输入公式"＝SUMIF(H3:H50,"教授级高工",S3:S50)"后确定。

统计结果如图 7-59 所示。

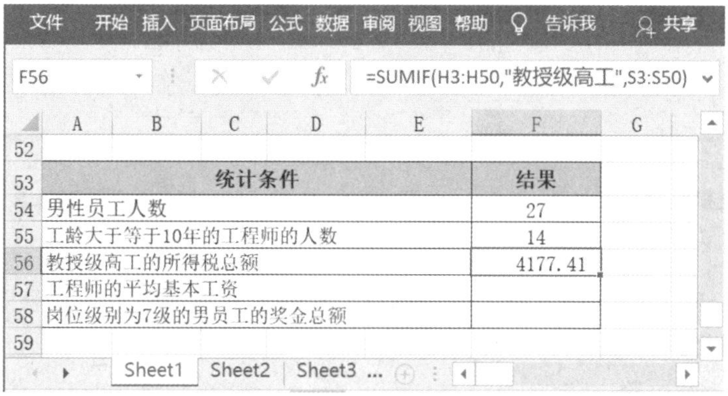

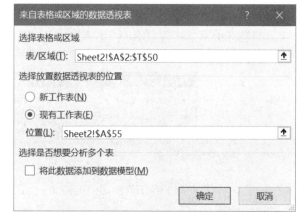

图 7-59　相关统计结果

9. 统计各部门不同职称的员工的人数

使用数据透视表对各部门不同职称的员工进行统计。操作步骤如下：

（1）先将 Sheet1 中的"职工工资清单"复制到 Sheet2。

（2）单击数据单元格区域内的任一单元格。

（3）在"插入"选项卡上的"表"组中，单击"数据透视表"按钮，然后单击"数据透视表"命令，显示如图 7-60 所示对话框，设置数据区及放置数据透视表的位置，单击"确定"按钮。

（4）将数据透视表字段列表中的"部门"字段拖到"行标签"布局框中；

图 7-60　设置数据区及放置数据透视表的位置

将字段"职称"拖到"列标签"布局框和"数值"布局框中，如图 7-61 所示。

各部门不同职称的员工的人数统计结果如图 7-62 所示。

图 7-61　数据透视表的数据布局

图 7-62　各部门不同职称的员工的人数统计结果

10. 计算投资回报

使用函数 FV(rate,nper,pmt,[pv],[type])，基于固定利率及等额分期付款方式，计算得到最后的投资收益总额。操作步骤如下：

(1)单击 C6 单元格。

(2)输入公式"＝FV(B2,D2,C2,A2)"后确定。

11. 计算需要贷款的数额

使用函数 PV(rate,nper,pmt,[fv],[type])计算所需贷款的额度。操作步骤如下：

(1)单击 C12 单元格。

(2)输入公式"＝PV(B10,C10,A10,0,1)"后确定。

项目投资回报和贷款计算结果如图 7-63 所示。

图 7-63　投资回报和贷款计算结果

7.3.4　操作练习

（1）将"奖金"列的数据区域设置为不能超过四位数字。当录入奖金超过四位数字时，提示警告信息"不能超过四位数字"。

（2）数组公式，计算每个员工的实发工资。参考结果如图 7-64 所示。

	薪级	基本工资	岗位级别	岗位津贴	奖金	应发	医疗保险	养老保险	公积金	应税额	所得税	实发
	6级	2536.12	6级	3000.00	560	6096.12	50.72	202.89	584.25	1758.26	70.83	5187.43
	6级	2326.67	6级	3000.00	560	5886.67	46.53	186.13	565.40	1588.60	53.86	5034.74
	1级	3230.06	2级	7666.67	980	11876.73	64.60	258.40	1155.37	6898.35	824.67	9573.68
	7级	2028.56	7级	2500.00	520	5048.56	40.57	162.28	484.57	861.13	25.83	4335.30
	8级	1601.05	8级	2000.00	500	4101.05	32.02	128.08	394.09	46.85	1.41	3545.44
	1级	3230.06	3级	6000.00	630	9860.06	64.60	258.40	953.71	5083.35	461.67	8121.68
	4级	2860.05	4级	5000.00	800	8660.05	57.20	228.80	837.40	4036.64	298.66	7237.98
	8级	1660.00	8级	2000.00	320	3980.00	33.20	132.80	381.40	0.00	0.00	3432.60
	8级	1512.23	8级	2000.00	350	3862.23	30.24	120.98	371.10	0.00	0.00	3339.91
	8级	1422.76	8级	2000.00	350	3772.76	28.46	113.82	363.05	0.00	0.00	3267.44
	1级	3200.00	3级	6000.00	520	9720.00	64.00	256.00	940.00	4960.00	437.00	8023.00
	3级	2916.23	5级	4166.67	600	7682.90	58.32	233.30	739.13	3152.15	210.21	6441.93
	7级	2236.08	7级	2500.00	630	5366.08	44.72	178.89	514.25	1128.22	33.85	4594.38
	7级	2116.00	7级	2500.00	600	5216.00	42.32	169.28	500.44	1003.96	30.12	4473.84
	8级	1512.23	8级	2000.00	480	3992.23	30.24	120.98	384.10	0.00	0.00	3456.91
	1级	3110.00	3级	6000.00	620	9730.00	62.20	248.80	941.90	4977.10	440.42	8036.68
	8级	2195.37	8级	2000.00	320	4515.37	43.91	175.63	429.58	366.25	10.99	3855.27
	6级	2386.06	6级	3000.00	580	5966.06	47.72	190.88	572.75	1654.71	60.47	5094.24
	8级	1454.60	8级	2000.00	520	3974.60	29.09	116.37	382.91	0.00	0.00	3446.23
	3级	2932.45	4级	5000.00	750	8682.45	58.65	234.60	838.92	4050.28	300.03	7250.26
	8级	1422.01	8级	2000.00	420	3842.01	28.44	113.76	369.98	0.00	0.00	3329.83
	7级	2000.67	7级	2500.00	520	5020.67	40.01	160.05	482.06	838.54	25.16	4313.39

图 7-64　实发工资计算结果

（3）根据以下情况进行统计，并将结果填入到相应的单元格当中。

①工程师的平均基本工资，结果保存到 F57 单元格。

②岗位级别为 7 级的男员工的奖金总额，结果保存到 F58 单元格。

参考结果如图 7-65 所示。

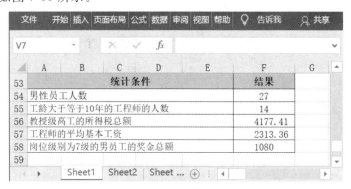

统计条件				结果	
男性员工人数				27	
工龄大于等于10年的工程师的人数				14	
教授级高工的所得税总额				4177.41	
工程师的平均基本工资				2313.36	
岗位级别为7级的男员工的奖金总额				1080	

图 7-65　统计结果

（4）在"各部门工资及奖金统计表"中，计算各部门总基本工资、总奖金和总实发工资，并按总奖金额进行排名。参考结果如图 7-66 所示。

图 7-66　各部门工资及奖金统计结果

（5）将 Sheet1 中的"职工工资清单"复制到 Sheet3，新建数据透视表，统计各部门不同薪级的员工的人数。将数据透视表创建在 Sheet3 工作表中单元格 A60 开始的位置。参考结果如图 7-67 所示。

图 7-67　各部门不同薪级人数的统计结果

（6）企业有一部商务车，在固定资产折旧表中，根据相关数据计算折旧额，填入相应的单元格中。参考结果如图 7-68 所示。

图 7-68　固定资产折旧计算结果

7.4　房产销售管理

7.4.1　问题描述

某大型房产公司推出了一批新楼盘。小莉是该公司销售部的经理助理，她需要每周一上午将房产销售情况以及客户的相关信息汇总分析后，将数据以 Excel 表格的形式上报给销售经理，以便经理在周一下午的公司部门负责人会议上进行房产销售情况的通报，为公司高层做出下一步的投资决策提供一定的依据。小莉整理了这一周的房产销售数据，她需要完成以下工作：

（1）将房产销售表中的"预订日期"列设置为只能录入 2021 年 3 月 19 日到 2021 年 3 月 25 日之间的日期，否则，提示警告信息"请输入 2021/3/19 到 2021/3/25 之间的日期"。

（2）用数组公式，计算房价（房价＝面积×单价）。

（3）在 Sheet2 的客户信息表中，根据客户身份证号，求得每位客户的出生年月，并以某年/某月（如"1999/08"）的形式填入"出生年月"列中。

（4）判断客户出生年份是否为闰年，若是，在"是否闰年"列中填写"是"，否则，填写"否"。满足下列条件之一者为闰年：

①能被 4 整除，但不能被 100 整除。

②能被 400 整除。

（5）根据贷款利率表中的信息，使用财务函数计算贷款 5 年、按年偿还贷款的金额（年末），填入客户信息表中的相应位置。

（6）根据贷款利率表中的信息，使用财务函数计算贷款 20 年、按月偿还贷款的金额（月初），填入客户信息表中的相应位置。

（7）在"贷款利息核算表 A"中，计算每个月应偿还的利息。

（8）将 Sheet1 中的房产销售表复制到 Sheet3 中，新建数据透视图，统计每个销售员销售房产的数量。将数据透视图创建在新工作表中。

7.4.2　解题思路

1. 限定输入数据的范围

限定房产销售表中的"预订日期"为某个日期范围，可以使用"数据有效性"功能设置有效性条件及其报错的警告信息。

2. 用数组公式计算房价

创建数组公式的操作步骤如下：

(1)选中需要输入数组公式的单元格区域。

(2)输入要使用的公式(公式中出现的是单元格区域)。

(3)按组合键"Ctrl＋Shift＋Enter"。

3. 计算出生年月

身份证号码中的第 7～10 位是出生年份，第 8～9 位是月份，可以用取子串函数 MID()从身份证号码中分别获取年、月的信息，然后将各部分用字符串连接的方式产生指定格式的出生年月。

4. 判断是否闰年

闰年的判断可以使用 IF()函数结合逻辑函数 OR()、AND()和数学函数 MOD()的计算得到。

判断闰年的条件中都有整除。用函数 MOD(number,divisor)可以返回两数相除的余数，余数若为 0，number 被 divisor 整除。

5. 计算年偿还贷款金额

贷款的年还款额可以使用财务函数 PMT(rate，nper，pv，[fv]，[type])计算得到。参数 rate 表示贷款的年利率，nper 表示贷款年限，pv 表示贷款总额。

6. 计算月偿还贷款金额

贷款的月还款额也可以使用财务函数 PMT(rate，nper，pv，[fv]，[type])计算得到。参数 rate 取贷款的月利率，nper 取贷款的总月数。

7. 计算利息

使用财务函数 IPMT(rate，per，nper，pv，[fv]，[type])计算利息。其中 rate 表示贷款的利率，per 表示还款的期次，nper 表示贷款总期限，pv 表示贷款总额。

8. 新建数据透视图

创建数据透视图的操作步骤如下：

(1)单击数据单元格区域内的任一单元格。

(2)在"插入"选项卡上的"表"组中，单击"数据透视表"按钮，然后单击"数据透视图"命令，显示"创建数据透视表及数据透视图"对话框。

(3)选择要分析的数据。在对话框中，默认选中"选择一个表或区域"单选按钮，在"表/区域"框中，Excel 会自动确定数据透视表的区域，也可以键入不同的区域来替换它。

(4)选择放置数据透视图的位置。可以执行下列操作之一：

● 若要将数据透视图放置在新工作表中，并以单元格 A1 为起始位置，选择"新工作表"。

● 若要将数据透视表放在现有工作表中的特定位置，则选择"现有工作表"，然后在"位置"框中指定放置数据透视图的单元格区域的第一个单元格。

（5）单击"确定"按钮。Excel 会将空的数据透视图添加至指定位置并显示数据透视表字段列表，以便用户添加字段、创建布局以及自定义数据透视图。

7.4.3　操作步骤

1. 限定预订日期的范围

使用"数据有效性"功能可以限定"预订日期"为 2021 年 3 月 19 日到 2021 年 3 月 25 日之间的日期。操作步骤如下：

（1）选择"预订日期"列的数据单元格区域。

（2）在"数据"选项的"数据工具"组中，单击"数据有效性"命令，打开"数据有效性"对话框。

（3）在"设置"选项页中，设置有效性条件如图 7-69 所示。

（4）在"出错警告"选项页中，编辑出错警告信息如图 7-70 所示，单击"确定"按钮。

图 7-69　限定日期范围

图 7-70　编辑出错警告信息

2. 计算房价

房价＝面积×单价，使用数组公式计算房价的操作步骤如下：

（1）选择单元格区域 H3：H26。

（2）设置单元格格式为"数值"型，保留 2 位小数。

（3）输入公式"＝F3：F26 * G3：G26"。

（4）按组合键"Ctrl＋Shift＋Enter"，完成房价的计算。计算结果如图 7-71 所示。

图 7-71　房价计算结果

3.计算出生年月

通过文本函数 MID()从身份证号码中分别获取年、月的信息,然后用字符串连接运算符"&"连接生成指定的出生日期格式。操作步骤如下:

(1)在 C3 单元格中输入公式"=MID(B3,7,4)&"/"&MID(B3,11,2)"后确定。

(2)拖动填充柄,完成出生年月的填充,结果如图 7-72 所示。

姓名	身份证号	出生年月	是否闰年	年龄	贷款金额（万元）
何应灿	440923195904011418	1959/04			60
姚珑珑	330423196309072017	1963/09			70
张虎臣	340481197504256212	1975/04			65
魏涛	320223198001203531	1980/01			80
赵志君	420106197210190495	1972/10			50
王双龙	330401196706031012	1967/06			90
汪玲	411302198112058840	1981/12			50
毕思勇	331324197301180167	1973/01			85
林义	311323196809105023	1968/09			88
于富生	330405198506081121	1985/06			95
乔志敏	330424198801130071	1988/01			90
郭寿康	340402197802073732	1978/02			115
施卫平	370402197712301359	1977/12			70
刘秋雁	350401198507152591	1985/07			120
周朵朵	330423199204021412	1992/04			105
陶应虎	340404198812084458	1988/12			115

图 7-72　出生年月计算结果

4.判断是否闰年

使用 IF() 函数结合逻辑函数 AND() 和数学函数 MOD() 可以判断出生年份是否为闰年。用函数 YEAR() 获取出生年月中的年份信息。操作步骤如下:

(1)在 D3 单元格中输入公式"＝IF(AND(MOD(YEAR(C3),4)＝0,MOD(YEAR (C3),100)<>0),"是",IF(MOD(YEAR(C3),400)＝0,"是","否"))"后确定。

(2)拖动填充柄,完成出生年份是否为闰年的判断,结果如图 7-73 所示。

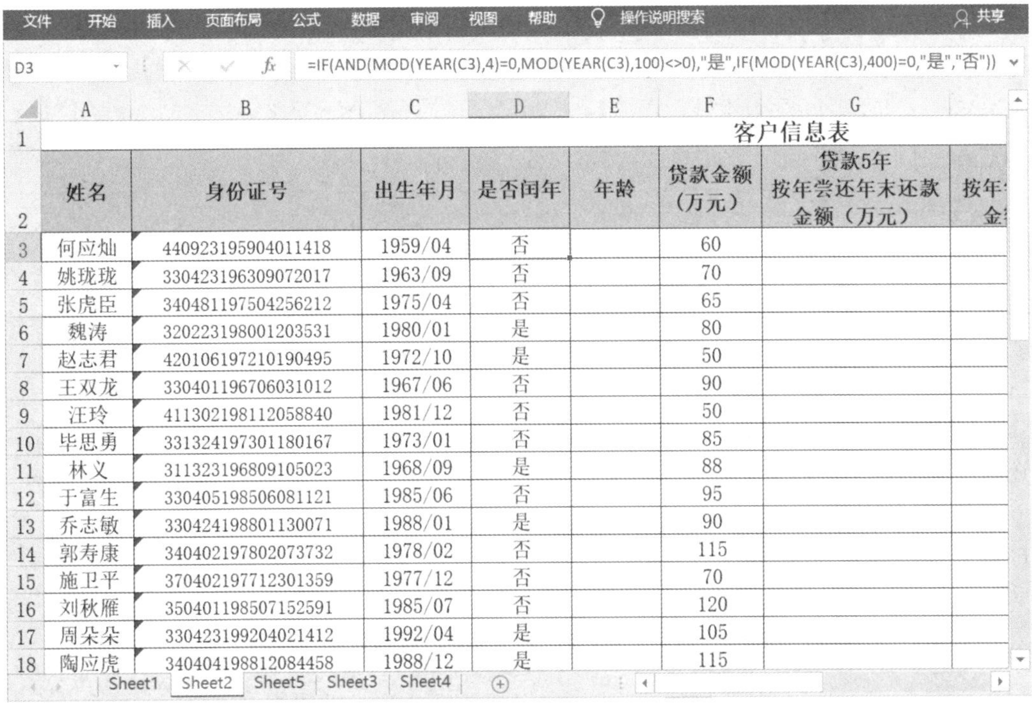

图 7-73 判断闰年的结果

5.计算年还款额

使用财务函数 PMT(rate, nper, pv, [fv], [type])计算贷款 5 年、按年偿还贷款的金额(年末)。操作步骤如下:

(1)在 G3 单元格中输入公式"＝PMT($N$5,$M$5,F3,0,0)"后确定。

(2)拖动填充柄,完成数据填充。

6.计算月还款额

使用财务函数 PMT(rate, nper, pv, [fv], [type])计算贷款 20 年,按月偿还贷款的金额(月初)。操作步骤如下:

(1)在 J3 单元格中输入公式"＝PMT($N$6/12,$M$6＊12,F3＊10000,0,1)"后确定。

(2)拖动填充柄,完成数据填充。

年还款和月还款结果如图 7-74 所示。

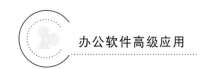

J3　=PMT($N$6/12,$M$6*12,F3*10000,0,1)

客户信息表

贷款金额（万元）	贷款5年按年尝还年末还款金额（万元）	贷款5年按年尝还年初还款金额（万元）	贷款20年按月尝还月末还款金额（元）	贷款20年按月尝还月初还款金额（元）
60	¥-13.76			¥-3,910.70
70	¥-16.06			¥-4,562.48
65	¥-14.91			¥-4,236.59
80	¥-18.35			¥-5,214.26
50	¥-11.47			¥-3,258.91
90	¥-20.64			¥-5,866.04
50	¥-11.47			¥-3,258.91
85	¥-19.50			¥-5,540.15
88	¥-20.19			¥-5,735.69
95	¥-21.79			¥-6,191.93
90	¥-20.64			¥-5,866.04
115	¥-26.38			¥-7,495.50
70	¥-16.06			¥-4,562.48
120	¥-27.53			¥-7,821.39
105	¥-24.08			¥-6,843.72
115	¥-26.38			¥-7,495.50

贷款利率表

年限	年利率
5	4.75%
20	4.90%

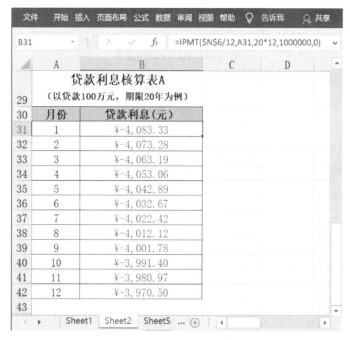

图 7-74　还款额的计算结果

7. 计算利息

使用财务函数 IPMT(rate, per, nper, pv, [fv], [type])计算在固定利率及定期偿还条件下的利息。操作步骤如下：

(1)在 B31 单元格中输入公式“= IPMT($N$6/12,A31,20 * 12,1000000,0)”后确定。

(2)拖动填充柄，完成数据填充，结果如图 7-75 所示。

B31　=IPMT($N$6/12,A31,20*12,1000000,0)

贷款利息核算表A
（以贷款100万元，期限20年为例）

月份	贷款利息（元）
1	¥-4,083.33
2	¥-4,073.28
3	¥-4,063.19
4	¥-4,053.06
5	¥-4,042.89
6	¥-4,032.67
7	¥-4,022.42
8	¥-4,012.12
9	¥-4,001.78
10	¥-3,991.40
11	¥-3,980.97
12	¥-3,970.50

图 7-75　贷款利息 A 的计算结果

8. 统计每个销售员销售房产的数量

使用数据透视图对每个销售员销售房产的数量进行统计。操作步骤如下：

（1）将 Sheet1 中的房产销售表复制到 Sheet3。

（2）单击数据单元格区域内的任一单元格。

（3）在"插入"选项卡上的"图表"组中，单击"数据透视图"按钮，选择"数据透视图"命令，显示"创建数据透视图"对话框，设置数据区及放置数据透视图的位置，如图 7-76 所示，单击"确定"按钮。

（4）将数据透视图字段列表中的"销售员工号"字段拖到"行标签"布局框中；将字段"面积"拖到"列标签"布局框和"值"布局框中，如图 7-77 所示。

（5）单击"值"布局框中的"求和项：面积"右侧的"下箭头"，在弹出的快捷菜单中选择"值字段设置"命令，显示"值字段设置"对话框，计算类型改为"计数"，如图 7-78 所示。单击"确定"按钮，数据透视图创建完毕。

图 7-76　数据透视图的数据区及位置

图 7-77　数据透视图的数据布局

图 7-78　更改数值统计方式

每个销售员销售房产的数量的统计图如图 7-79 所示。

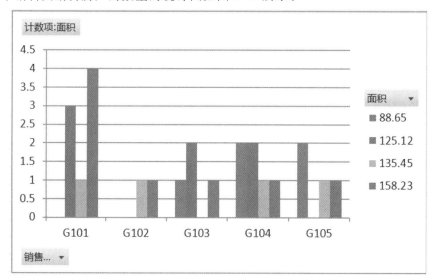

图 7-79　销售员销售房产数量的统计图

7.4.4　操作练习

（1）将 Sheet1 中房产销售表的"联系电话"列设置为只能录入十一位数字。当联系电话录入位数错误时，提示警告信息"联系电话输入错误"。

（2）使用查找函数，自动填充"销售员姓名"列的数据。参考结果如图 7-80 所示。

房产销售表								
联系电话	预订日期	楼号	户型	面积	单价	房价	销售员工号	销售员姓名
13557112358	2021/3/19	5-101	两室一厅	125.12	7821	978563.52	G101	张应辉
13305732359	2021/3/19	5-102	三室两厅	158.23	7523	1190364.29	G102	唐庆银
13857112360	2021/3/19	5-201	两室一厅	125.12	8820	1103558.40	G101	张应辉
13655711236	2021/3/19	5-202	三室两厅	158.23	8760	1386094.80	G103	夏海鸥
13705742362	2021/3/19	6-301	两室一厅	88.65	9529	844745.85	G104	杨丽丽
13857112363	2021/3/20	5-302	三室两厅	158.23	9622	1522489.06	G104	杨丽丽
13955711234	2021/3/20	6-401	两室一厅	88.65	10023	888538.95	G105	曲振涛
13616832365	2021/3/20	6-402	三室两厅	135.45	10120	1370754.00	G105	曲振涛
13555735635	2021/3/21	5-501	两室一厅	125.12	11621	1454019.52	G103	夏海鸥
15357332367	2021/3/21	6-502	三室两厅	135.45	11710	1586119.50	G101	张应辉
15857578888	2021/3/21	5-601	两室一厅	125.12	12025	1504568.00	G104	杨丽丽
13557112369	2021/3/22	5-602	三室两厅	158.23	12213	1932462.99	G101	张应辉
13725355733	2021/3/22	6-701	两室一厅	88.65	13058	1157591.70	G103	夏海鸥
13505712371	2021/3/23	5-702	三室两厅	158.23	13158	2081990.34	G101	张应辉
13557115636	2021/3/23	5-801	两室一厅	125.12	14024	1754682.88	G103	夏海鸥
13357342373	2021/3/24	6-802	三室两厅	135.45	14110	1911199.50	G104	杨丽丽
15806831616	2021/3/25	5-901	两室一厅	125.12	14550	1820496.00	G101	张应辉
15357112375	2021/3/25	5-902	三室两厅	158.23	14650	2318069.50	G101	张应辉

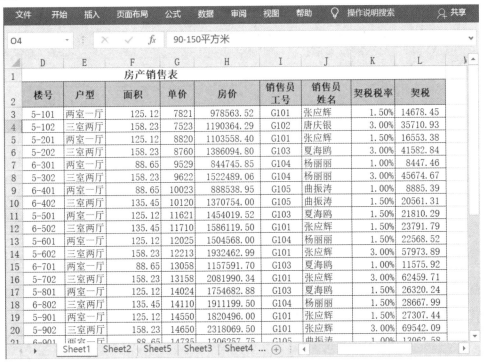

图 7-80　“销售员姓名”列填充结果

(3)依据房产契税税率表，填写房产契税税率。

(4)用数组公式，计算房产的契税(契税＝房价×契税税率)。参考结果如图 7-81 所示。

房产销售表								
楼号	户型	面积	单价	房价	销售员工号	销售员姓名	契税税率	契税
5-101	两室一厅	125.12	7821	978563.52	G101	张应辉	1.50%	14678.45
5-102	三室两厅	158.23	7523	1190364.29	G102	唐庆银	3.00%	35710.93
5-201	两室一厅	125.12	8820	1103558.40	G101	张应辉	1.50%	16553.38
5-202	三室两厅	158.23	8760	1386094.80	G103	夏海鸥	3.00%	41582.84
6-301	两室一厅	88.65	9529	844745.85	G104	杨丽丽	1.00%	8447.46
5-302	三室两厅	158.23	9622	1522489.06	G104	杨丽丽	3.00%	45674.67
6-401	两室一厅	88.65	10023	888538.95	G105	曲振涛	1.00%	8885.39
6-402	三室两厅	135.45	10120	1370754.00	G105	曲振涛	1.50%	20561.31
5-501	两室一厅	125.12	11621	1454019.52	G103	夏海鸥	1.50%	21810.29
6-502	三室两厅	135.45	11710	1586119.50	G101	张应辉	1.50%	23791.79
5-601	两室一厅	125.12	12025	1504568.00	G104	杨丽丽	1.50%	22568.52
5-602	三室两厅	158.23	12213	1932462.99	G101	张应辉	3.00%	57973.89
6-701	两室一厅	88.65	13058	1157591.70	G103	夏海鸥	1.00%	11575.92
5-702	三室两厅	158.23	13158	2081990.34	G101	张应辉	3.00%	62459.71
5-801	两室一厅	125.12	14024	1754682.88	G103	夏海鸥	1.50%	26320.24
6-802	三室两厅	135.45	14110	1911199.50	G104	杨丽丽	1.50%	28667.99
5-901	两室一厅	125.12	14550	1820496.00	G101	张应辉	1.50%	27307.44
5-902	三室两厅	158.23	14650	2318069.50	G101	张应辉	3.00%	69542.09
6-901	两室一厅	88.65	14735	1306257.75	G105	曲振涛	1.00%	13062.58

图 7-81　契税计算结果

办公软件高级应用

（5）在 Sheet1 的销售统计表中，计算每个销售员的销售总额，并从高到低进行排名。参考结果如图 7-82 所示。

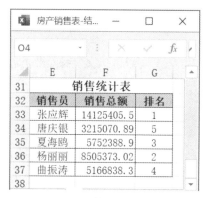

销售员	销售总额	排名
张应辉	14125405.5	1
唐庆银	3215070.89	5
夏海鸥	5752388.9	3
杨丽丽	8505373.02	2
曲振涛	5166838.3	4

图 7-82　销售总额排名

（6）在 Sheet2 的客户信息表中，依据出生年份，计算并填写客户的年龄。

（7）在 Sheet2 的客户信息表中，根据贷款利率表中的信息，使用财务函数计算贷款 5 年、按年偿还贷款金额（年初），填入客户信息表中的相应位置。在 Sheet2 的客户信息表中，根据贷款利率表中的信息，使用财务函数计算贷款 20 年、按月偿还贷款金额（月末），填入客户信息表中的相应位置。参考结果如图 7-83 所示。

年龄	贷款金额（万元）	贷款5年按年尝还年末还款金额（万元）	贷款5年按年尝还年初还款金额（万元）	贷款20年按月尝还月末还款金额（元）	贷款20年按月尝还月初还款金额（元）
62	60	¥-13.76	¥-13.14	¥-3,926.66	¥-3,910.70
58	70	¥-16.06	¥-15.33	¥-4,581.11	¥-4,562.48
46	65	¥-14.91	¥-14.23	¥-4,253.89	¥-4,236.59
41	80	¥-18.35	¥-17.52	¥-5,235.55	¥-5,214.26
49	50	¥-11.47	¥-10.95	¥-3,272.22	¥-3,258.91
54	90	¥-20.64	¥-19.71	¥-5,890.00	¥-5,866.04
40	50	¥-11.47	¥-10.95	¥-3,272.22	¥-3,258.91
48	85	¥-19.50	¥-18.61	¥-5,562.77	¥-5,540.15
53	88	¥-20.19	¥-19.27	¥-5,759.11	¥-5,735.69
36	95	¥-21.79	¥-20.80	¥-6,217.22	¥-6,191.93
33	90	¥-20.64	¥-19.71	¥-5,890.00	¥-5,866.04
43	115	¥-26.38	¥-25.18	¥-7,526.11	¥-7,495.50
44	70	¥-16.06	¥-15.33	¥-4,581.11	¥-4,562.48
36	120	¥-27.53	¥-26.28	¥-7,853.33	¥-7,821.39
29	105	¥-24.08	¥-22.99	¥-6,871.66	¥-6,843.72
33	115	¥-26.38	¥-25.18	¥-7,526.11	¥-7,495.50

图 7-83　还款额计算结果

（8）在 Sheet2 的"贷款利息核算表 B"中，计算每个月应偿还的利息。参考结果如图 7-84 所示。

文件 开始 插入 页面 公式 数据 审阅 视图 帮助 告诉

M9

	G	H
29	贷款利息核算表B（以贷款50万元，期限5年为例）	
30	月份	贷款利息(元)
31	1	¥-1,979.17
32	2	¥-1,949.88
33	3	¥-1,920.47
34	4	¥-1,890.95
35	5	¥-1,861.31
36	6	¥-1,831.56
37	7	¥-1,801.69
38	8	¥-1,771.69
39	9	¥-1,741.58
40	10	¥-1,711.35
41	11	¥-1,681.01
42	12	¥-1,650.54

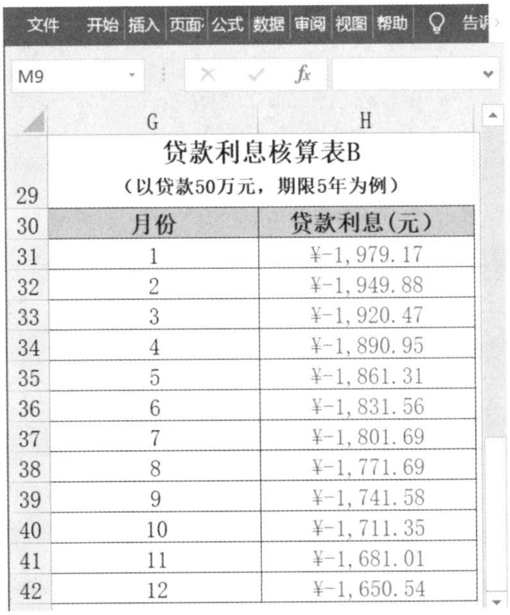

图 7-84　贷款利息 B 的计算结果

(9)将 Sheet1 中的房产销售表复制到 Sheet4 中，新建数据透视图，统计不同面积的房产的平均房价。将数据透视图创建在 Sheet4 工作表中单元格 A30 开始的位置。参考结果如图 7-85 所示。

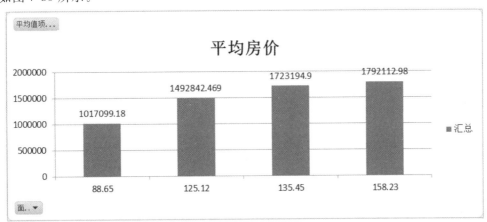

图 7-85　不同面积的房产的平均房价统计结果

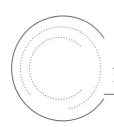

第8章 PowerPoint 2019 应用案例

本章精选了两个在日常生活和工作中很常见的 PowerPoint 演示文稿制作案例,分别是"数据仓库的设计"讲座课件的优化和"嘉兴简介"演示文稿的制作。通过本章的学习,能够掌握很多常见的演示文稿制作的技巧,包括多媒体、主题和母版、动态图表、动画和幻灯片切换效果,幻灯片的放映及发布等应用技巧。

8.1 "数据仓库的设计"课件的优化

知识要点:

- 幻灯片主题、配色方案;
- 幻灯片母版;
- 幻灯片的动画效果;
- 超级链接和动作按钮;
- 幻灯片切换;
- 自定义放映;
- 幻灯片放映方式;
- 幻灯片输出。

8.1.1 问题描述

李老师准备做一个有关"数据仓库的设计"的讲座,需要做一个演示文稿,该 PPT 主要是让观众了解"面向主题原则、数据驱动原则、原型法设计原则"等基本内容。要求该幻灯片思路清晰、内容简洁明了、色彩协调,播放时有较好的视觉效果,并能够脱离 PowerPoint 系统播放。

通过本案例的学习,学生可掌握主题和自定义主题颜色的灵活使用、幻灯片母版的合理修改、自定义动画和幻灯片切换效果的巧妙应用;幻灯片的放映与打包发布等知识。

具体要求如下:

(1)多个主题和自定义主题颜色的应用

①将第一张幻灯片页面的主题设为"环保",其余页面的主题设为"画廊"。

②新建一个自定义主题颜色,取名为"首页配色",其中的主题颜色为:

● 文字/背景－深色 1(T):蓝色。

● 文字/背景－浅色 1(B):黄色。

● 着色 3(3):红色(R)为 0,绿色(G)为 150,蓝色(B)为 200。

● 其他颜色采用"环保"主题的默认配色。

③再新建一个自定义主题颜色,取名为"正文配色",其中的主题颜色为:

● 文字/背景－浅色 1(B):红色(R)为 255,绿色(G)为 255,蓝色(B)为 230。

● 文字/背景－深色 2(D):红色(R)为 0,绿色(G)为 0,蓝色(B)为 120。

● 超链接:红色。

● 其他颜色采用"画廊"主题的默认配色。

④将自定义主题颜色"首页配色"应用到第一页,将自定义主题颜色"正文配色"应用到其余页面。

(2)幻灯片母版的修改与应用

①对于首页所应用的标题母版,将其中的标题样式设为"幼圆,60 号字"。

②对于其他页面所应用的一般幻灯片母版,在日期区中插入当前日期(格式标准参照"2020－08－27"),在页脚中插入内容"计算机基础",在编号区插入幻灯片编号(即页码)。

(3)设置幻灯片的动画效果

在第二张幻灯片中,按以下顺序设置动画效果:

①将标题内容"主要内容"的进入效果设置成"棋盘"。

②将文本内容"设计原则分类"的进入效果设置成"中心旋转",并且在标题内容出现 1 秒后自动开始,而不需要单击鼠标。

③将文本内容"面向主题原则"的进入效果设置成"玩具风车",并伴随着打字机的声音。

④将文本内容"设计原则分类"的强调效果设置成"加粗闪烁"。

⑤将文本内容"设计原则分类"的动作路径设置成"向右"。

⑥将文本内容"数据驱动原则"的退出效果设置成"回旋"。

⑦在页面中添加"前进"与"后退"的动作按钮,当单击按钮时分别跳到当前页面的前一页与后一页,并设置这两个动作按钮的进入效果为同时"飞入"。

(4)设置幻灯片的切换效果

①设置所有幻灯片之间的切换效果为"从全黑淡入/淡出"。

②实现每隔 5 秒自动切换,也可以单击鼠标进行手动切换。

(5)设置幻灯片的放映方式

①隐藏第 2 张幻灯片,使得播放时直接跳过隐藏页。

②选择从第 4 张到第 7 张幻灯片进行循环放映。

（6）对演示文稿进行发布

①把演示文稿打包成 CD，将 CD 命名为"数据仓库的设计"。

②将其保存到指定路径（D:\）下，文件夹名与 CD 命名相同。

8.1.2　解题思路

1. 多个主题和自定义主题颜色的应用

主题是一组设计设置，其中包含颜色设置、字体选择和对象效果设置，它们都可用来创建统一的外观。应用主题之后，添加的每张新幻灯片都会拥有相同的自定义外观。

如果 PowerPoint 2019 提供的主题不满足用户的要求，也可以自己创建主题。首先按照需求设置幻灯片母版的格式，包括：幻灯片版式、背景、主题颜色和主题字体，然后将幻灯片主题保存为新主题。

2. 幻灯片母版的修改与应用

幻灯片母版控制幻灯片上所键入的标题和文本的格式与类型。PowerPoint 2019 中的母版有幻灯片母版、备注母版和讲义母版。幻灯片母版包含文本占位符和页脚（如日期、时间和幻灯片编号）占位符。

3. 设置幻灯片的动画效果

幻灯片放映时，可以对某些特定的对象增加动画，这些对象有幻灯片标题、幻灯片字体、文本对象、图形对象、多媒体对象等。自定义动画类型共有四大类，分别是：进入、强调、退出和动作路径。

4. 设置幻灯片的切换效果

切换效果就是指在幻灯片放映过程中，当一张幻灯片转到下一张幻灯片上时所出现的特殊效果。

5. 设置幻灯片的放映方式

设置 PowerPoint 2019 的放映方式包括：幻灯片的放映类型、设置放映特征、设置幻灯片的放映范围等。

6. 对演示文稿进行发布

将演示文稿打包成 CD 的功能，可打包演示文稿和所有支持文件，包括链接文件，并从 CD 上自动运行演示文稿。一般在制作演示文稿的计算机上将演示文稿打包成安装文件，然后可以在其他计算机上运行。

8.1.3　操作步骤

1. 多个主题和自定义主题颜色的应用

（1）应用多个主题

应用主题前的幻灯片效果如图 8-1 所示，操作步骤如下：

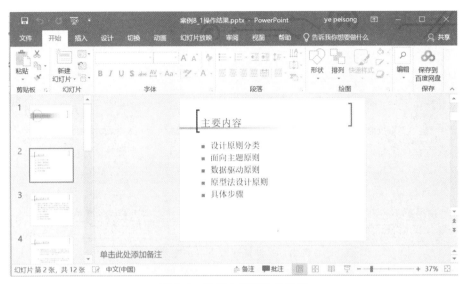

图 8-1　应用主题前的效果图

①单击"视图"选项卡下的"幻灯片浏览"视图命令,切换到幻灯片浏览视图。

②单击"设计"选项卡,切换到"主题"任务窗格。

③选择第一张幻灯片,在"主题"库中,找到"环保"主题,查找时只要将鼠标移动到某个主题上就会出现该主题的名称。

④右击"环保"主题,在弹出的快捷菜单中选择"应用于选定幻灯片",将该设计模板应用于第一张幻灯片。注意此时不要直接单击"环保"主题,或在出现的快捷菜单中选择"应用于所有幻灯片",否则会将"环保"主题应用到所有幻灯片。

⑤在幻灯片浏览视图下选择除第一张幻灯片外的其他幻灯片,找到"画廊"主题,右击"画廊"主题,在弹出的快捷菜单中选择"应用于选定幻灯片",将"画廊"主题应用于除第一张幻灯片外的所有幻灯片上。最后的效果如图 8-2 和图 8-3 所示,图 8-2 所示是在普通视图下应用设计模板后的效果,图 8-3 所示是在幻灯片浏览视图下的效果。

图 8-2　在普通视图下应用主题后的效果

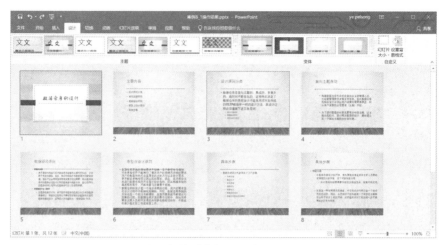

图 8-3　在幻灯片浏览视图下应用主题后的效果

（2）新建主题颜色"首页配色"

①选中第一张幻灯片，单击"设计"选项卡中的"颜色"按钮，在"颜色"下拉列表中选择"新建主题颜色"。

②弹出"新建主题颜色"对话框，单击"文字/背景－深色 1(T)"按钮，在弹出的颜色设置列表框中选择"蓝色"，如图 8-4 所示。用同样的方法把"文字/背景－浅色 1(B)"设为"黄色"。

③在"新建主题颜色"对话框中，单击"着色 3(3)"按钮，在弹出的对话框中单击"其他颜色"按钮，弹出"颜色"对话框，在"自定义"选项卡中设置"红色(R)为 0，绿色(G)为 150，蓝色(B)为 200"，如图 8-5 所示。

④其他颜色采用默认，在"名称"文本框中输入"首页配色"，单击"保存"按钮。

图 8-4　"新建主题颜色"对话框

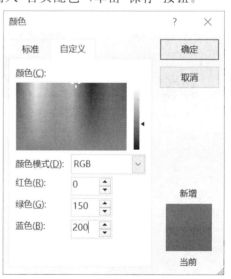

图 8-5　"颜色"对话框

（3）新建主题颜色"正文配色"

与上一小题的做法类似，为了使其他颜色采用"画廊"主题的默认配色，关键是要先选中应用了"画廊"主题的幻灯片,在此可以选中第二张幻灯片,再进行与上一小题类似的操作。

（4）应用自定义主题颜色

①选中第一张幻灯片,单击"设计"选项卡"主题"组中的"颜色"按钮,在弹出的下拉列表中选择"自定义"组下的"首页配色"。

②选中其余幻灯片,在"颜色"下拉列表中选择"自定义"组下的"正文配色"。

2.幻灯片母版的修改与应用

（1）修改首页母版

①选中第一张幻灯片,单击"视图"选项卡下的"幻灯片母版"命令,打开幻灯片母版,如图 8-6 所示。

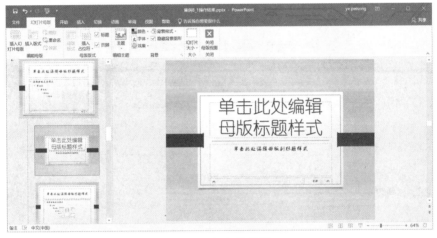

图 8-6　幻灯片母版

②由于该演示文稿应用了两种主题（首页应用"环保"主题,其余幻灯片应用"画廊"主题）,所以在大纲窗格中会出现两类分别基于上述主题的幻灯片母版。将鼠标移动到某个幻灯片母版上,会弹出提示信息,提示哪几张幻灯片使用了该母版,选择"环保"幻灯片母版中的第一张幻灯片母版,将弹出"标题幻灯片 版式:由幻灯片 1 使用"提示信息,表示第一张幻灯片使用了该母版。

③选中"标题幻灯片"版式,在"单击此处编辑母版标题样式"上单击,将字体名称设置为幼圆,字号设置为 60 号字。这样第一张幻灯片的标题样式就设为"幼圆,60 号字"。

（2）修改其他页面母版

①在幻灯片母版的大纲窗格上,选中"画廊"幻灯片母版下的"标题与内容版式"母版,鼠标移动到其上的提示信息是"标题与内容 版式:由幻灯片 2－12 使用",表示除首页幻灯片外的其他幻灯片使用了"画廊"主题下的"标题与内容"版式母版,如图 8-7 所示。

②选中左下角"日期区"的"日期和时间",单击"插入"选项卡下的"日期和时间"命令,选择相应格式,单击"确定"按钮;单击"页脚区",输入"计算机基础",在编号区单击"插入"选项卡下的"幻灯片编号"命令。最后关闭母版视图。最终效果如图 8-8 所示。

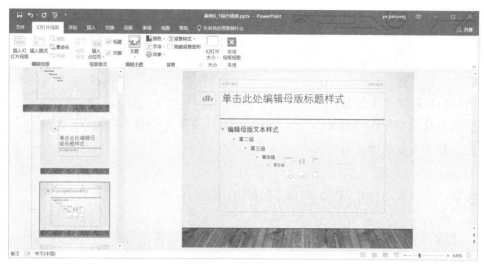

图 8-7   "画廊"主题的"标题与内容版式"母版

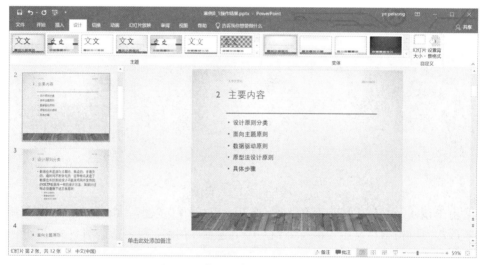

图 8-8   修改母版后的最终效果

3.设置幻灯片的动画效果

（1）选择第二张幻灯片的标准"主要内容"，单击"动画"选项卡，在动画库中查找"棋盘"动画效果，如未找到，则单击动画窗格右侧的下拉列表，单击"更多进入效果"，打开如图8-9所示的"更多进入效果"对话框。在基本型中选择"棋盘"动画效果。

图 8-9　"更多进入效果"对话框　　图 8-10　"动画窗格"对话框

(2)选中文本内容"设计原则分类",设置"中心旋转"的进入动画效果,操作方法同步骤(1)。在"动画选项卡"中,单击"高级动画"组中的"动画窗格"按钮,打开"动画窗格"对话框,如图 8-10 所示。单击动画对象右侧的下拉菜单,在弹出的菜单中选择"计时"命令,打开如图 8-11 所示的"中心旋转"效果选项对话框,在"计时"选项卡的"开始"下拉列表中选择"上一动画之后",在"延迟"微调框中输入 1,单击"确定"按钮。

图 8-11　"中心旋转"效果选项对话框　　图 8-12　"玩具风车"效果选项对话框

(3)选中文本内容"面向主题原则",设置"玩具风车"进入动画效果。在动画效果列表中选择"对象管理小组",单击列表右边的下拉按钮,在弹出的菜单中选择"效果选项",打开如图 8-12 所示的"玩具风车"效果选项对话框,设置声音为"打字机",单击"确定"按钮。

(4)添加强调效果。选中"设计原则分类",单击"高级动画"组中的"添加动画"按钮,在弹出的动画库中选择强调类型中的"加粗闪烁"动画。注意此步骤中必须通过单击"添加动画"按钮来添加强调动画效果,因"设计原则分类"对象在第一步中已添加了"棋盘"的进入效果,如果直接在"动画"组的动画库中修改,将修改动画效果而不是添加动画效果。

（5）添加设置动作路径。选中"设计原则分类"，单击"高级动画"组中的"添加动画"按钮，在弹出的动画库中选择退出类型中的"向右"动画。

（6）设置退出效果。选中"数据驱动原则"，在"更多退出效果"中选择"回旋"退出效果。

（7）单击"插入"选项卡"插图"组中的"形状"按钮，在"形状"列表框中的"动作按钮"组单击"后退"按钮，如图 8-13 所示。在幻灯片上画出合适的大小，在弹出的"操作设置"对话框中设置超链接为"上一张幻灯片"，如图 8-14 所示。用同样的方法添加"前进"按钮，设置超链接为"下一张幻灯片"。

图 8-13　"形状"列表框

图 8-14　"操作设置"对话框

（8）选中"后退"和"前进"按钮，在"动画"选项卡"动画"组中选择"飞入"，在"效果选项"下拉列表中选择"自底部"。最终设置的效果如图 8-15 所示。

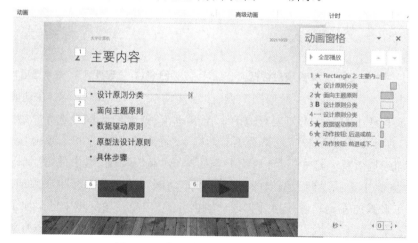

图 8-15　动画效果设置后的最终效果

4. 设置幻灯片的切换效果

(1) 选择"切换"选项卡,打开如图 8-16 所示的"幻灯片切换"任务窗格。

(2) 选择"淡入/淡出"切换效果,并在效果选项中选择"全黑"。

(3) 选中"单击鼠标时"和"设置自动换片时间"复选框,并设置自动换片时间为 5 秒,单击"应用到全部"按钮。

图 8-16　设置了切换效果的"切换"选项卡

5. 设置幻灯片的放映方式

(1) 选中第二张幻灯片,单击"幻灯片放映"选项卡"设置"组中的"隐藏幻灯片"按钮。

(2) 单击"幻灯片放映"选项卡"设置"组中的"设置幻灯片放映"按钮,弹出如图 8-17 所示的"设置放映方式"对话框,在"放映选项"区域中选择"循环放映,按 ESC 键终止"复选框;在"放映幻灯片"区域中,设置从 4 到 7。

图 8-17　"设置放映方式"对话框

6. 对演示文稿进行发布

(1) 选择"文件"菜单下的"导出"按钮,再单击"将演示文稿"打包成 CD"下的"打包成 CD"按钮,在弹出的"打包成 CD"对话框中,将 CD 命名为"数据仓库的设计",如图 8-18 所示。

(2) 单击"复制到文件夹"按钮,弹出"复制到文件夹"对话框,在"文件夹名称"中输入"数据仓库的设计",位置为"D:\",如图 8-19 所示,单击"确定"按钮。

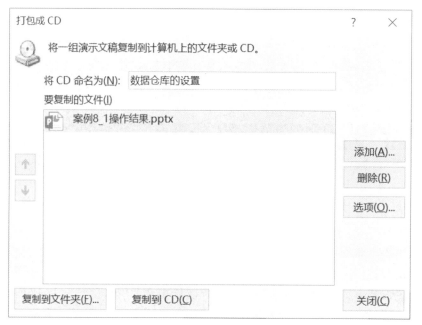

图 8-18 "打包成 CD"对话框

图 8-19 "复制到文件夹"对话框

8.1.4 操作练习

对上述制作好的演示文稿文件,完成以下操作:

(1)修改首页所应用的标题母版,在右下角插入一张校标图片。

(2)修改其他页面所应用的一般幻灯片母版,在右下角添加一个文本框,输入"嘉兴南湖学院",并在文字上建立超链接,链接到"http://www.jxnhu.edu.cn"。

(3)在最后一页幻灯片中添加艺术字"嘉兴南湖学院",设置动画效果:非常慢地从底部飞入。

(4)将演示文稿转换成视频,命名为"数据仓库的设计",并将其复制到指定路径"D:\"下。

8.2　"嘉兴简介"演示文稿的制作

知识要点:

● 幻灯片母版;
● 声音、视频的操作;
● 滚动字幕;
● 带滚动条的文本框;
● 自定义的动画、触发器;
● 动态图表;
● 超链接;
● 演示文稿的打包发布。

8.2.1　问题描述

现要制作一个关于介绍嘉兴的演示文稿"嘉兴简介. pptx",通过该演示文稿介绍嘉兴的基本情况。现在已经做了一些前期准备工作,收集了相关的素材和制作了一个简单的PPT,相关素材与演示文稿文件放在同一个文件夹中,如图 8-20 所示。现在需要我们对该 PPT 进行完善。

图 8-20　PPT 的素材

通过本案例的学习,我们可以掌握以下技巧:母版的应用、多媒体的应用、滚动条文本框的应用、动态图表的应用、自定义动画的应用、幻灯片的放映及发布等。

具体要求为:

(1)修改标题母版与幻灯片母版,在母版的合适位置使用合适的图片,使幻灯片更加协调、美观。

(2)给幻灯片添加背景音乐,并且要求在整个幻灯片播放期间一直播放。

(3)在幻灯片首页底部添加从左到右循环滚动的字幕"嘉兴欢迎您"。

(4)在第 3 页幻灯片中使用带滚动条的文本框插入关于嘉兴的文字简介。

(5)在第 4 页幻灯片中插入关于嘉兴的图片,要求能够实现单击小图,可以看到该图片的放大图。

(6)在第 5 页幻灯片中,以动态折线图的方式呈现游客人次的变化。

(7)在第 6 页幻灯片中,插入可以进行播放控制的视频。

（8）在第7页幻灯片中，用自定义动画呈现嘉兴的地理位置。

（9）给第2页目录页中的各个目录项建立相关的超链接。

（10）将演示文稿发布为较小容量的视频，保存在"D:\"下。

8.2.2 解题思路

1.修改母版

幻灯片母版控制幻灯片上所键入的标题和文本的格式与类型。PowerPoint 2019中的母版有幻灯片母版、备注母版和讲义母版。幻灯片母版包含文本占位符和页脚（如日期、时间和幻灯片编号）占位符。

2.背景音乐

在某些场合，需要声音连续播放，譬如图片欣赏，伴随着声音出现一幅幅图片，在幻灯片切换的时候需要声音保持连续。

3.滚动字幕

本题采用进入动画效果"飞入"，并且设置动画开始时间为"与上一动画同时"，增加动画的持续时间，使动画缓慢播放呈现字幕的样式。

4.带滚动条的文本框

由于内容比较多，如果直接插入文字的话，文字会比较小或者页面上放不下，因此，这里可以插入一个带滚动条的文本框。

5.点小图看大图

本题通过在幻灯片中插入PowerPoint演示文稿对象来实现。这里的小图片实际上是插入的演示文稿对象，单击小图片相当于对插入的演示文稿对象进行"演示观看"，而演示文稿对象在播放时就会自动全屏幕显示，所以我们看到的图片就好像被放大了一样，而我们单击放大图片时，插入的演示文稿对象实际上已被播放完了，它就会自动退出，所以就回到了主幻灯片中了。

6.动态图表

动态图表的设置实际是幻灯片自定义动画的一个应用，本题中采用动画"擦除"，设置效果为"按系列"播放动画，这样就可出现动态折线图的效果。

7.视频剪辑

用户对在幻灯片中插入的视频可以进行剪裁，以满足放映的需要。单击"播放"选项卡"编辑"组中的"剪裁视频"按钮，打开"剪裁视频"对话框，在其中可以删减视频中不需要的部分。

8.自定义动画的应用

本题是动作路径和触发器的应用。动作路径是指项目在幻灯片上按预设路径移动的自定义动画效果。触发器是指触发动画播放的某种动作，可以设置单击某个按钮来触发动画的播放。

9. 超链接

可以在演示文稿中添加超级链接,然后利用它跳转到不同的位置。例如,跳转到演示文稿的某一张幻灯片、其他文件、Internet 上的 Web 页等。

10. 将演示文稿发布为视频

将演示文稿发布为视频,可以在其他的设备上播放演示文稿,达到传播演示文稿的目的。

8.2.3　操作步骤

1. 修改母版

在"标题幻灯片"版式母版中,将 4 个椭圆对象的填充效果设置为相应的 4 幅图片,在幻灯片母版中,将 3 个椭圆对象的填充效果设置为相应的 3 幅图片,效果分别如图 8-21 和图 8-22 所示。

图 8-21　"标题幻灯片"母版

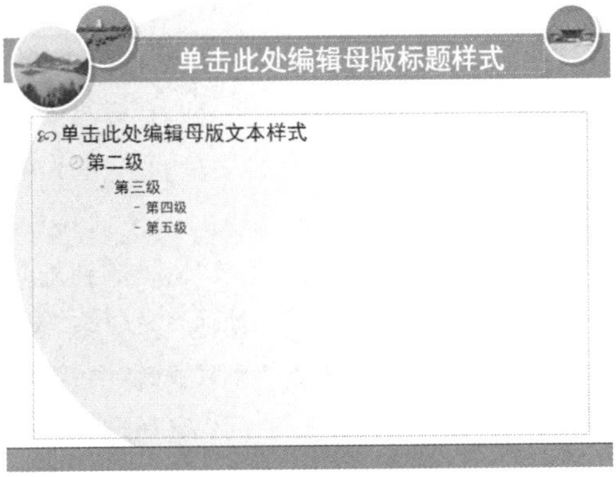

图 8-22　幻灯片母版

操作步骤如下:

(1)单击"视图"选项卡"母版视图"中的"幻灯片母版"按钮。

(2)在"标题幻灯片"版式母版中,选中一个"椭圆"对象并右击,在弹出的快捷菜单中选择"设置图片格式"命令,弹出如图 8-23 所示的"设置图片格式"对话框,选择"图片或纹理填充",再选择相应的图片填充,单击"关闭"按钮即完成一个"椭圆"对象的填充效果设置。

(3)用同样的方法,依次完成"标题幻灯片"版式母版中的其他三个椭圆对象和幻灯片母版中的三个椭圆对象的填充效果设置。

(4)单击"关闭母版视图"按钮,完成设置。

图 8-23　"设置图片格式"对话框

2.背景音乐

在默认情况下,给幻灯片添加的音乐在单击时或者幻灯片切换页面时就会自动停止播放。如果要给幻灯片添加背景音乐,要求在整个幻灯片播放期间一直连续播放,具体操作步骤如下:

(1)选中幻灯片首页,单击"插入"选项卡"媒体"组中的"音频"按钮,在下拉列表中选择"PC上的音频",在弹出的对话框中选择"背景音乐.mp3"。

(2)在"播放"选项卡"音频选项"组中选择"放映时隐藏""循环播放,直到停止""播完返回开头""跨幻灯片播放"复选框,如图 8-24 所示。

图 8-24　"播放"选项卡

3.滚动字幕

在幻灯片首页的底部添加从左到右循环滚动的字幕"嘉兴欢迎您",具体操作步骤如下:

(1)在幻灯片首页的底部添加一个文本框,在文本框中输入"嘉兴欢迎您",文字大小设为 18 号,颜色设为红色。把文本框拖到幻灯片的最右边,并使得最后一个字刚好拖出。

(2)选中文本框对象,在"动画"选项卡"动画"组中,选择"飞入",在"效果选项"下拉列表中选择"自左侧",在"开始"下拉列表中选择"与上一动画同时",持续时间设为 10 秒。

(3)单击"高级动画"组中的"动画窗格"按钮,在图 8-25 所示的"动画窗格"任务窗格中双击该文本框动画,弹出"飞入"对话框,在"计时"选项卡中把"重复"设为"直到下一次单击",如图 8-26 所示。单击"确定"按钮完成滚动字幕的制作。

图 8-25　"动画窗格"任务窗格

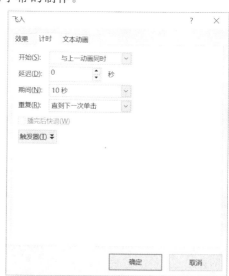

图 8-26　"计时"选项卡

4.带滚动条的文本框

在第 3 页幻灯片中,要插入关于嘉兴的文字简介,具体内容在"嘉兴简介.txt"中。由于内容比较多,如果直接插入文字的话,文字会比较小或者页面上放不下,因此,这里可以插入一个带滚动条的文本框,效果如图 8-27 所示。

具体操作步骤如下:

(1)选中第 3 张幻灯片,单击"开发工具"选项卡"控件"组中的"文本框(ActiveX 控件)"按钮,在幻灯片上画出一个控件文本框,并调整大小和位置。

(2)右键单击该文本框,选择"属性表"命令,打开文本框属性设置窗口,如图 8-28 所示。把"南湖简介.txt"的内容复制到"Text"属性,设置"ScrollBars"为"fmScrollBarsVertical",设置"MultiLine"属性为"True"。

图 8-27　带滚动条的文本框

图 8-28　文本框的属性设置

5.点小图看大图

在第 4 页幻灯片中插入关于南湖的图片,要求能够实现单击小图就可以看到该图片的放大图,效果如图 8-29 所示。具体操作步骤如下:

图 8-29　单击小图看大图

(1)选中第4张幻灯片,单击"插入"选项卡"文本"组中的"对象"按钮,在"插入对象"对话框的"对象类型"栏中选择"Microsoft PowerPoint Presentation",如图8-30所示,单击"确定"按钮。此时就会在当前幻灯片中插入一个"PowerPoint演示文稿"的编辑区域,如图8-31所示。

图8-30 "插入对象"对话框

图8-31 插入"PowerPoint演示文稿"对象

(2)单击"插入"选项卡"图像"组中的"图片"按钮,选择图片"南湖.jpg",插入后单击幻灯片空白处退出演示文稿对象编辑状态。

(3)用同样的方法继续插入3个演示文稿对象,插入的图片分别是"南湖革命纪念馆.jpg""南北湖.jpg""乌镇.jpg",调整演示文稿对象的大小与位置,该操作就完成了。

6.动态图表

在第5页幻灯片中,要把表8-1所示的2015—2016年各月份游客人次表的数据以动态折线图的方式呈现。

表8-1 2015—2016年各月份游客人次表

月份	1	2	3	4	5	6	7	8	9	10	11	12
2015年	12	15	13	18	25	17	20	24	18	28	18	16
2016年	15	20	16	22	23	21	21	28	25	33	20	18

具体操作步骤如下:

(1)选中第5张幻灯片,单击"插入"选项卡"插图"组中的"图表"按钮,弹出"插入图表"对话框,选择"折线图",单击"确定"按钮。

(2)把以上数据输入相应的数据表中,生成如图8-32所示的折线图。

(3)选中该图表,在"动画"选项卡"动画"组中选择"擦除",在"效果选项"下拉列表中选择"自左侧"和"按系列",持续时间设置为3秒,"开始"设为"上一动画之后",动态图表设置完成。

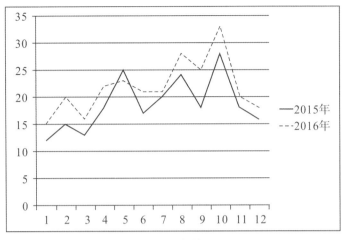

图 8-32　折线图

7. 视频剪辑

在第 6 页幻灯片中，插入视频"烟雨南湖. wmv"，设置视频效果并删除前 5 秒，具体操作步骤如下：

（1）选中第 6 张幻灯片，单击"插入"选项卡"媒体"组中的"视频"按钮，插入"烟雨南湖. wmv"。

（2）选中视频，调整大小与位置，在"格式"选项卡中把视频样式设置为"柔化边缘椭圆"，如图 8-33 所示。

（3）单击"播放"选项卡中的"剪裁视频"按钮，在图 8-34 所示的对话框中将开始时间设为 6 秒。

图 8-33　"柔化边缘椭圆"视频样式　　　　图 8-34　"剪裁视频"对话框

8. 自定义动画的应用

在第 7 页幻灯片中，用自定义动画呈现嘉兴的地理位置，如图 8-35 所示。实现以下效果：单击"到上海"按钮时，显示一条 5 磅粗的红色路线从嘉兴到上海行进，到了以后闪烁 3 次，然后消失，单击"到杭州"等按钮时，也实现同样的效果。

图 8-35　嘉兴的地理位置

具体操作步骤如下：

（1）在第 7 张幻灯片中，单击"插入"选项卡中的"形状"按钮，在"形状"下拉列表中选择"曲线"，然后在图上绘制从嘉兴到上海的曲线，设置曲线为 5 磅粗的红色线。

（2）行进效果的设置。选中绘制的曲线对象，在"动画"选项卡中选择"擦除"动画效果，"效果选项"选择"自底部"，"开始"选择"单击时"，"持续时间"设为"3 秒"，"触发"设置为单击"到上海"按钮。

（3）闪烁效果的设置。选中绘制的曲线对象，在"动画"选项卡中单击"添加动画"按钮，强调动画效果设置为"闪烁"。单击"动画窗格"按钮，在其中双击该曲线动画效果。在"效果"选项卡中，设置"播放动画后隐藏"，如图 8-36 所示。在"计时"选项卡中，设置"开始"为"上一动画之后"，"重复"为"3"。单击"触发器"按钮，在"单击下列对象时启动动画效果"下拉列表框中选择"到上海"，如图 8-37 所示。

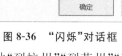

图 8-36　"闪烁"对话框　　　　图 8-37　闪烁效果的"计时"选项卡

（4）其他"到杭州""到苏州""到宁波"等 3 条路线的设置操作也是类似的做法。

9. 超链接

要给第 2 张幻灯片目录页中的各个目录项建立相关的超链接,可以在文字上建立超链接,也可以在文本框上建立超链接。我们这里选择在文本框上建立超链接,具体操作如下:

(1)在第 2 张幻灯片中,选中相应的文本框,右键单击,在弹出的快捷菜单中选择"超链接"命令。

(2)在"插入超链接"对话框中,单击"本文档中的位置",选择相应的文档中的位置,如图 8-38 所示。单击"确定"按钮,即建立了一个目录项的超链接。

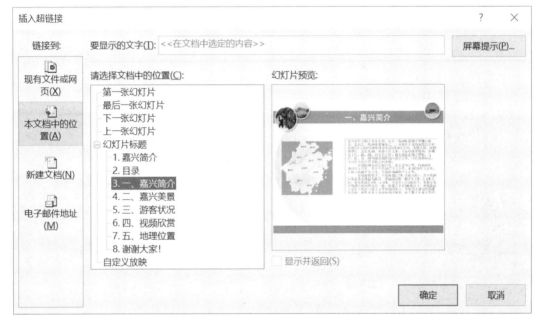

图 8-38 "插入超链接"对话框

(3)依次在其他文本框上用同样的方法建立合适的超链接。

10. 将演示文稿发布成视频

(1)单击"文件"菜单下"保存并发送"按钮,再单击"创建视频"按钮。

(2)在"计算机和 HD 显示"下拉列表中选择"便携式设备"。

(3)在"不要使用录制的计时和旁白"下拉列表中选择"不要使用录制的计时和旁白"项。

(4)每张幻灯片的放映时间默认设置为 5 秒。

(5)单击"创建视频"按钮,弹出"另存为"对话框,设置好文件名和保存位置,然后单击"保存"按钮。

8.2.4 操作练习

对"嘉兴简介.pptx"完成以下操作:

(1)给幻灯片母版右下角添加文字"嘉兴简介",左上方添加"南湖红船"图片。

（2）把所有幻灯片之间的切换效果设为"向左擦除"，每隔 5 秒自动切换，也可以单击鼠标切换。

（3）设置放映方式，对第 3 页和第 4 页进行循环放映。

（4）把视频"烟雨南湖.wmv"中的"船游嘉兴"画面设为视频的封面。

（5）对背景音乐进行重新设置，要求连续播放到第 5 页以后停止播放。

（6）插入一张幻灯片，介绍嘉兴近几年 GDP 的情况，图表用饼状方式展示。

（7）在首页底部插入"嘉兴政府网"地址，并实现链接。

（8）把幻灯片打包成 CD，CD 命名为"嘉兴简介 CD"，并将其复制到指定路径"D：\"，文件夹名与 CD 命名相同。

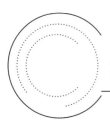

第 9 章　Access 2019 应用案例

Access 是能完成高效处理数据的一种数据库管理系统。本章精选了两个实际应用案例,希望通过对这些案例的讲解,使读者能了解和掌握新建数据库及表、创建查询、窗体和报表等常用的 Access 2019 数据库应用技术。

9.1　职工档案管理

知识要点:
- 创建数据库;
- 表结构的创建与主键的设置;
- 创建表之间的关联;
- 编辑表中的数据;
- 查询的创建。

9.1.1　问题描述

小李是某企业人事处的职员,主管要求他对本单位所有员工的档案进行重新梳理,并做一些必要的统计分析,以便在部门负责人会议上对目前企业员工情况进行总体汇报。小李需要完成以下操作:

(1)在"D:\ archives"目录下创建数据库"职工档案"。

(2)在"职工档案"数据库中新建"部门表"和"职工表",并分别设置主键,表结构如表9-1和表9-2所示。

(3)在部门表和职工表之间建立一对多的关联。

(4)在职工表和部门表中添加如图9-1和图9-2所示的基础数据。

(5)在职工表中删除离职员工"贾丽娜"的记录。

(6)新建如图9-3所示的文本文件"D:\archives\新职员.txt",并将文件中的新职员信息添加到职工表中。

(7)创建"姓名查询"。当运行查询时,显示提示信息"请输入姓名",输入姓名后,显示该员工的基本档案信息。

(8)创建"部门查询"。当运行查询时,显示提示信息"请输入部门名称",输入部门名称后,显示该部门所有员工的"工号""姓名""性别""出生日期""籍贯"和"部门名称"。

表9-1 部门表

字段名	数据类型	字段大小	是否主键
部门编号	短文本	4	是
部门名称	短文本	10	否
部门经理	短文本	20	否

表9-2 职工表

字段名	数据类型	字段大小	是否主键
工号	短文本	5	是
姓名	短文本	20	否
性别	短文本	4	否
出生日期	日期/时间		否
籍贯	短文本	20	否
部门编号	短文本	4	否

工号	姓名	性别	出生日期	籍贯	部门编号
0101	罗金梅	女	1965/6/26	浙江	D001
0102	齐明	男	1968/3/16	浙江	D002
0103	赵援	男	1963/4/17	安徽	D003
0104	王晓燕	女	1971/4/9	山东	D001
0105	张永和	男	1969/1/20	福建	D003
0106	肖凌云	男	1972/5/10	浙江	D002
0107	谢彦	男	1970/6/9	安徽	D003
0108	丁小莉	女	1975/8/9	江苏	D004
0109	张立娜	女	1978/1/3	浙江	D002
0110	董江波	男	1976/2/12	湖南	D003
0111	张力宏	男	1980/5/12	江西	D001
0112	林国松	男	1980/12/12	山东	D003
0113	何安然	女	1981/4/20	浙江	D003
0114	蔡志刚	男	1981/6/20	广东	D004
0115	贾丽娜	女	1982/6/6	湖北	D004
0116	刘会民	男	1984/11/15	浙江	D005
0117	殷豫群	女	1983/7/23	安徽	D005
0118	沈君毅	男	1988/10/2	广东	D003
0119	刘晓玉	女	1991/1/30	湖北	D001
0120	王海强	男	1992/8/17	浙江	D005
0121	周良乐	男	1994/11/8	浙江	D003
0122	周晓彤	女	1995/9/5	浙江	D004

图9-1 职工表数据

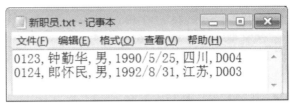

部门编号	部门名称	部门经理
D001	人事部	罗金梅
D002	财务部	齐明
D003	研发部	张永和
D004	营销部	蔡志刚
D005	后勤部	刘会民

图 9-2　部门表数据　　　　　　　图 9-3　新职员档案

9.1.2　解题思路

1. 创建数据库

要实现数据库应用,首先要建立数据库,然后在数据库中创建表。创建了数据库和表之后,就可以输入数据,进行数据的查询、显示和报表的输出等操作。

启动 Access 2019 后,选择"文件"选项卡,单击"新建"→"空白数据库",设置保存位置,然后输入数据库文件名,单击下面的"创建"按钮,即完成新数据库的创建。

2. 新建表

表是用于存储有关特定主题(例如职工或部门)的数据的数据库对象。一个数据库可以包含多个表。表由记录和字段组成。每个表可以包含许多不同数据类型的字段。字段的数据类型指示字段存储的数据种类,例如"姓名"字段一般设置为短文本型,"出生日期"字段一般设置为日期型。

用户可以通过选择"创建"选项卡,单击"表格"组中的"表"按钮,在数据表视图中创建表结构,或者单击"表格"组中的"表设计"按钮,在设计视图中输入字段名,确定各字段的类型。

3. 创建表之间的关联

为了保证数据库表中数据的参照完整性,必须建立表之间的关联。操作如下:

(1)选择"数据库工具"选项卡,单击"关系"组中的"关系"按钮,弹出表格选择对话框。

(2)将相关的表添加到"关系"窗口中,然后根据某个关联字段创建表之间的关联。

4. 编辑表中的数据

在表中输入数据的操作如下:

(1)在导航窗格中双击要使用的表。在默认情况下,Access 在"数据表视图"中打开表。

(2)单击要编辑的字段,然后输入数据。

在表中输入数据时,要注意数据的类型必须与该字段设置的数据类型一致。

5. 创建查询

在 Access 中,可以使用查询筛选数据、执行数据计算和汇总数据。用于从表中检索数据或进行计算的查询称为"选择查询"。用于添加、更改或删除数据的查询称为"操作查询"。操作查询会更改表中的数据,而且在多数情况下,这些更改不能恢复。

创建查询的方法很多,可以使用查询向导创建查询,也可以在查询设计视图下创建查询。如果对结构化查询语言 SQL 足够熟悉,可以使用 SQL 查询语句实现在数据库中检

索数据。

用户在查询的过程中输入不同的参数值,就可以查询得到不同的结果,这种查询称为"参数查询"。创建参数查询的操作步骤如下:

(1)打开数据库后,在"创建"选项卡中,单击"查询"组中的"查询设计"按钮,打开表选择对话框,将目标表添加到查询窗口中。

(2)选择查询中需要显示的字段,在要设置参数的字段的条件行中输入"[提示文本]"。

(3)单击"保存"按钮,在"另存为"对话框中输入查询名称,单击"确定"按钮保存查询。

9.1.3 操作步骤

1.创建数据库

启动 Access 2019 后,选择"文件"选项卡,单击"新建"→"空白数据库",设置保存位置为"D:\ archives",数据库文件名为"职工档案.accdb",如图 9-4 所示。单击下面的"创建"按钮,完成新数据库的创建。

图 9-4　新建数据库

2.新建"职工表"和"部门表"

创建一个新数据库后,该数据库将打开,并且将创建名为"表 1"的新表并在数据表视图中打开该新表。单击窗口右下角的"设计视图"按钮,弹出"另存为"对话框,如图 9-5 所示,输入表的名称"职工",单击"确定"按钮,即在设计视图下打开职工表。

图 9-5　输入表名称

下面就可以创建表结构了,操作步骤如下:

(1)输入字段名称"工号",在"数据类型"下拉列表框中选择"短文本",设置字段大小为 5,如图 9-6 所示。

(2)用同样的方法依次输入职工表其他字段的名称并设置相应数据类型。

(3)单击"保存"按钮保存职工表。

图 9-6　创建职工表

在设计视图下创建部门表,操作步骤如下:

(1)选择"创建"选项卡,单击"表格"组中的"表设计"按钮,打开表设计视图。

(2)添加"部门编号""部门名称"和"部门经理"字段,并按照表 9-1 的要求设置各字段的数据类型。

(3)选中"部门编号"字段,选择"表格工具/设计"选项卡,在"工具"组中单击"主键"按钮,设置部门表的主键,如图 9-7 所示。

(4)单击"保存"按钮,部门表创建完成。

图 9-7　创建部门表

3. 建立表之间的关联

建立职工表与部门表之间的关联。操作如下：

(1)选择"数据工具"选项卡，单击"关系"组中的"关系"按钮，出现"显示表"对话框，选中职工表与部门表，单击"添加"按钮，将两个表添加到"关系"窗口中，关闭"显示表"对话框，如图 9-8 所示。

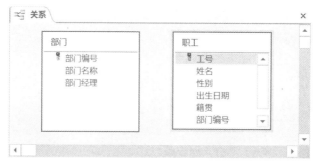

图 9-8 "关系"窗口

(2)将部门表中的"部门编号"字段拖到职工表，弹出"编辑关系"对话框，如图 9-9 所示，单击"创建"按钮，即创建表之间的一对多关联，结果如图 9-10 所示。

(3)单击"保存"按钮，保存表之间的关联。

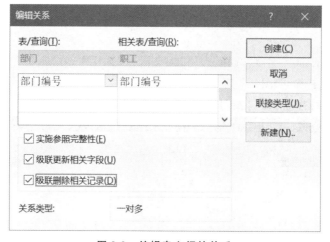

图 9-9 编辑表之间的关系

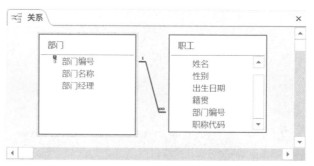

图 9-10 建立表之间的关系

4. 编辑表中的数据

在部门表中输入数据的操作如下：

（1）在导航窗格中双击部门表，Access 即在数据表视图中打开表。

（2）单击要编辑的字段，然后输入数据。

用同样的方法将数据输入到职工表中，结果如图 9-11 所示。

工号	姓名	性别	出生日期	籍贯	部门编号	单击以添加
0101	罗金梅	女	1965/6/26	浙江	D001	
0102	齐明	男	1968/3/16	浙江	D002	
0103	赵援	男	1963/4/17	安徽	D003	
0104	王晓燕	女	1971/4/9	山东	D001	
0105	张永和	男	1969/1/20	福建	D003	
0106	肖凌云	男	1972/5/10	浙江	D002	
0107	谢彦	男	1970/6/9	安徽	D003	
0108	丁小莉	女	1975/8/9	江苏	D004	
0109	张立娜	女	1978/1/3	浙江	D002	
0110	董江波	男	1976/2/12	湖南	D003	
0111	张力宏	男	1980/5/12	江西	D001	
0112	林国松	男	1980/12/12	山东	D003	
0113	何安然	女	1981/4/20	浙江	D003	
0114	蔡志刚	男	1981/6/20	广东	D004	
0115	贾丽娜	女	1982/6/6	湖北	D004	
0116	刘会民	男	1984/11/15	浙江	D005	
0117	殷豫群	女	1983/7/23	安徽	D005	
0118	沈君毅	男	1988/10/2	广东	D003	
0119	刘晓玉	女	1991/1/30	湖北	D005	
0120	王海强	男	1992/8/17	浙江	D005	
0121	周良乐	男	1994/11/8	浙江	D003	
0122	周晓彤	女	1995/9/5	浙江	D004	

图 9-11　职工表

5. 删除记录

在数据表视图中打开职工表，选中"贾丽娜"所在行，单击鼠标右键，显示如图 9-12 所示的快捷菜单，单击快捷菜单中的"删除记录"命令，或者选择"开始"选项卡，单击"记录"组中的"删除"按钮，显示如图 9-13 所示的对话框，单击"是"命令按钮，确认删除。

图 9-12　"删除记录"快捷菜单

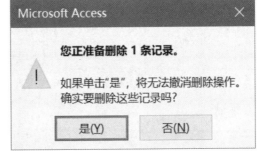

图 9-13　"确认删除"对话框

6. 添加记录

若要将外部数据导入到 Access 数据库，首先要确保要追加数据的表处于关闭状态。

将文本文件"D:\archives\新职员.txt"中的数据添加到职工表,操作步骤如下:

(1)选择"外部数据"选项卡,单击"导入并链接"组中的"新数据源"按钮,选择"从文件"→"文本文件"命令,显示"选择数据源和目标"对话框,指定文本文件,单击"向表中追加一份记录的副本"单选按钮,并选择"职工",如图 9-14 所示,单击"确定"按钮。

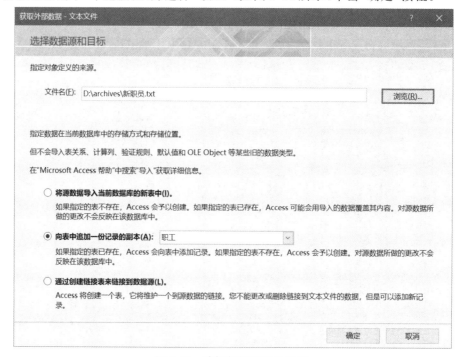

图 9-14 选择数据源和目标表

(2)根据向导,依次单击"下一步"按钮,确认为"分隔符"格式,分隔符为逗号,最后单击"完成"按钮。

追加新数据后的职工表如图 9-15 所示。

工号	姓名	性别	出生日期	籍贯	部门编号	单击以添加
0101	罗金梅	女	1965/6/26	浙江	D001	
0102	齐明	男	1968/3/16	浙江	D002	
0103	赵援	男	1963/4/17	安徽	D003	
0104	王晓燕	女	1971/4/9	山东	D001	
0105	张永和	男	1969/1/20	福建	D003	
0106	肖凌云	男	1972/5/10	浙江	D002	
0107	谢彦	男	1970/6/9	安徽	D003	
0108	丁小莉	女	1975/8/9	江苏	D004	
0109	张立娜	女	1978/1/3	浙江	D002	
0110	董江波	男	1976/2/12	湖南	D003	
0111	张力宏	男	1980/5/12	江西	D001	
0112	林国松	男	1980/12/12	山东	D003	
0113	何安然	男	1981/4/20	浙江	D003	
0114	蔡志刚	男	1981/6/20	广东	D004	
0116	刘会民	男	1984/11/15	浙江	D005	
0117	殷豫群	男	1983/7/23	安徽	D005	
0118	沈君毅	男	1988/10/2	广东	D003	
0119	刘晓玉	女	1991/1/30	湖北	D005	
0120	王海强	男	1992/8/17	浙江	D005	
0121	周良乐	男	1994/11/8	浙江	D003	
0122	周晓彤	女	1995/9/5	浙江	D004	
0123	钟勤华	男	1990/5/25	四川	D004	
0124	郎怀民	男	1992/8/31	江苏	D003	

图 9-15 追加新数据后的职工表

7. 创建"姓名查询"

输入某职员的姓名查询显示该员工的基本档案信息,操作步骤如下:

(1)打开数据库"职工档案.accdb"后,在"创建"选项卡中,单击"查询"组中的"查询设计"按钮,打开"显示表"对话框,将职工表添加到查询窗口中。

(2)选择查询中需要显示的职工表的所有字段,在"姓名"字段的条件行中输入"[请输入姓名]",如图 9-16 所示。

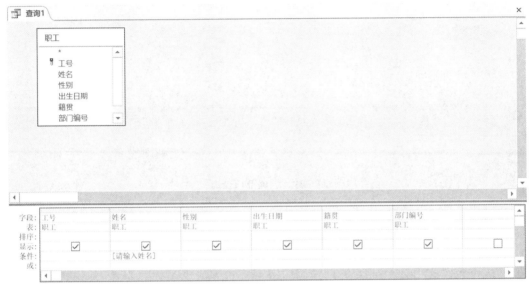

图 9-16　创建姓名查询

(3)单击"保存"按钮,在"另存为"对话框中输入查询名称"姓名查询",单击"确定"按钮保存查询。

运行查询,在如图 9-17 所示的"输入参数值"对话框中输入某个职员的姓名,单击"确定"按钮,结果如图 9-18 所示。

图 9-17　输入查询参数

图 9-18　姓名查询结果

8. 创建"部门查询"

要通过输入部门名称查询某个部门所有职员的信息,此查询必须结合职工表和部门

表两个表。实现查询的操作步骤如下：

（1）打开数据库"职工档案.accdb"后，在"创建"选项卡中，单击"查询"组中的"查询设计"按钮，打开"显示表"对话框，将职工表和部门表都添加到查询窗口中。

（2）选择查询中需要显示的职工表的"工号""姓名""性别""籍贯"字段和部门表的"部门名称"字段，在"部门名称"字段的条件行中输入"［请输入部门名称］"，如图 9-19 所示。

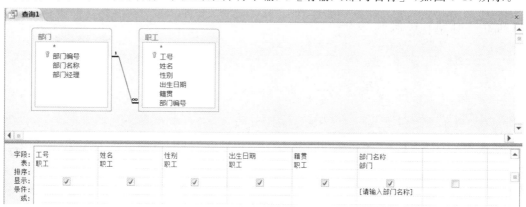

图 9-19　创建部门查询

（3）单击"保存"按钮，在"另存为"对话框中输入查询名称"部门查询"，单击"确定"按钮保存查询。

运行查询，在"输入参数值"对话框中输入某个部门名称，例如"研发部"，单击"确定"按钮，结果如图 9-20 所示。

工号	姓名	性别	出生日期	籍贯	部门名称
0103	赵援	男	1963/04/17	安徽	研发部
0105	张永和	男	1969/01/20	福建	研发部
0107	谢彦	男	1970/06/09	安徽	研发部
0110	董江波	男	1976/02/12	湖南	研发部
0112	林国松	男	1980/12/12	山东	研发部
0113	何安然	女	1981/04/20	浙江	研发部
0118	沈君毅	男	1988/10/02	广东	研发部
0121	周良乐	男	1994/11/08	浙江	研发部
0124	郎怀民	男	1992/08/31	江苏	研发部

图 9-20　部门查询结果

9.1.4　操作练习

(1)在"职工档案"数据库中新建"职称表",表结构如表 9-3 所示。

表 9-3　职称表

字段名	数据类型	字段大小	是否主键
职称代码	文本	4	是
职称名称	文本	20	否
级别	文本	6	否

(2)创建如图 9-21 所示的文本文件"D:\ archives\职称.txt",并将数据导入到职称表中。导入数据后的职称表参考结果如图 9-22 所示。

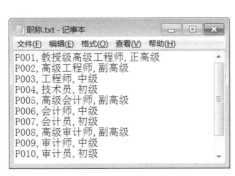

图 9-21　职称数据

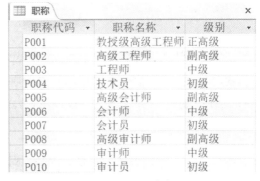

图 9-22　职称表

(3)修改职工表的结构,添加"职称代码"字段。

(4)在职称表和职工表之间建立一对多的关联,参考结果如图 9-23 所示。

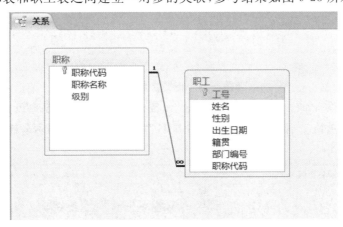

图 9-23　创建职称表与职工表的关联

(5)在职工表中添加每个员工的职称信息,参考结果如图 9-24 所示。

职工

工号	姓名	性别	出生日期	籍贯	部门编号	职称代码
0102	齐明	男	1968/03/16	浙江	D002	P005
0103	赵援	男	1963/04/17	安徽	D003	P001
0104	王晓燕	女	1971/04/09	山东	D001	P003
0105	张永和	男	1969/01/20	福建	D003	P002
0106	肖凌云	男	1972/05/10	浙江	D002	P006
0107	谢彦	男	1970/06/09	安徽	D003	P003
0108	丁小莉	女	1975/08/09	江苏	D004	P003
0109	张立娜	女	1978/01/03	浙江	D002	P009
0110	董江波	男	1976/02/12	湖南	D003	P003
0111	张力宏	男	1980/05/12	江西	D001	P004
0112	林国松	男	1980/12/12	山东	D003	P003
0113	何安然	女	1981/04/20	浙江	D003	P003
0114	蔡志刚	男	1981/06/20	广东	D004	P004
0116	刘会民	男	1984/11/15	浙江	D005	P004
0117	殷豫群	女	1983/07/23	安徽	D005	P004
0118	沈君毅	男	1988/10/02	广东	D003	P004
0119	刘晓玉	女	1991/01/30	湖北	D005	P004
0120	王海强	男	1992/08/17	浙江	D005	P004
0121	周良乐	男	1994/11/08	浙江	D003	P004
0122	周晓彤	女	1995/09/05	浙江	D004	P004
0123	钟勤华	男	1990/05/25	四川	D004	P004
0124	郎怀民	男	1992/08/31	江苏	D003	P004

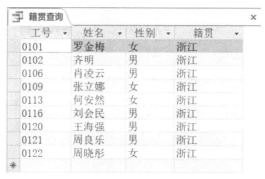

图 9-24 添加职员的职称信息

(6)创建“籍贯查询”。当运行查询时，显示提示信息“请输入籍贯”，输入籍贯，如“浙江”后，显示浙江籍所有员工的“工号”“姓名”“性别”和“籍贯”。参考结果如图 9-25 所示。

籍贯查询

工号	姓名	性别	籍贯
0101	罗金梅	女	浙江
0102	齐明	男	浙江
0106	肖凌云	男	浙江
0109	张立娜	女	浙江
0113	何安然	女	浙江
0116	刘会民	男	浙江
0120	王海强	男	浙江
0121	周良乐	男	浙江
0122	周晓彤	女	浙江
*			

图 9-25 籍贯查询结果

(7)创建“职称查询”。当运行查询时，显示提示信息“请输入职称级别”，输入职称级别，如“高级”，显示该级别职称所有员工的“工号”“姓名”“性别”“职称名称”和“级别”。参考结果如图 9-26 所示。

职称查询

工号	姓名	性别	职称名称	级别
0102	齐明	男	高级会计师	副高级
0103	赵援	男	教授级高级工程师	正高级
0105	张永和	男	高级工程师	副高级
*				

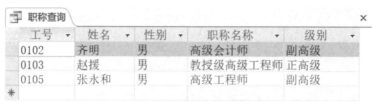

图 9-26 职称查询结果

9.2　个人财务管理

知识要点：

- 创建数据库；
- 表结构的创建及主键的设置；
- 创建表之间的关联；
- 编辑表中的数据；
- 查询的创建；
- 创建窗体。

9.2.1　问题描述

小陈是某大学 2021 级新生。跨入大学校门的他需要具备独立的学习和生活能力。为了能更好地规划自己的经济收入和支出，统筹安排自己的开销，小陈需要使用 Access 创建一个小型的理财数据库，并实现一定的查询和统计功能。他需要完成以下工作：

(1)在"D:\财务管理"目录下创建数据库"收支规划"。

(2)在"收支规划"数据库中新建"银行存取款"表，表结构如表 9-4 所示。

(3)新建如图 9-27 所示的 Excel 工作表，并将工作表中的数据导入到银行存取款表中。

(4)新建如图 9-28 所示的 Excel 工作表，并将数据导入到"收支项目"表，如表 9-5 所示，对表结构进行部分修改。

(5)在银行存取款表和收支项目表之间建立一对多的关联。

(6)创建某个月的存取款交易明细查询。当运行查询时，显示提示信息"请输入月份"，输入月份，如"9"，显示 9 月份银行存取款的交易明细。

(7)创建如图 9-29 所示的浏览银行存取款明细的窗体，要求能通过单击"前一项"和"下一项"按钮显示前后记录，单击"第一项"按钮直接跳转到第一条记录，单击"最后一项"按钮直接转到最后一条记录。

(8)创建如图 9-30 所示的主/子窗体，分别显示项目名称和银行存取款的交易明细。

表 9-4　银行存取款表

字段名	数据类型	字段大小	是否主键
交易编号	自动编号	长整型	是
交易日期	日期/时间		否
存入金额	货币	2 位小数	否
提款金额	货币	2 位小数	否
余额	货币	2 位小数	否
项目名称	短文本	20	否

表 9-5　收支项目表

字段名	数据类型	字段大小	是否主键
项目名称	短文本	20	是
项目类型	短文本	4	否

1	交易编号	交易日期	存入金额	提款金额	余额	项目名称
2	1	2021/9/2	10000	0	10000	父亲
3	2	2021/9/4	5000	0	15000	母亲
4	3	2021/9/10	0	6500	8500	学费
5	4	2021/9/11	0	1000	7500	餐饮
6	5	2021/9/14	0	1000	6500	通讯费
7	6	2021/9/19	0	200	6300	班费
8	7	2021/9/22	0	1100	5200	住宿费
9	8	2021/9/24	0	1000	4200	着装
10	9	2021/9/25	0	600	3600	文体用品
11	10	2021/9/27	0	50	3550	报名费
12	11	2021/9/28	0	280	3270	交通费
13	12	2021/9/29	0	650	2620	图书资料
14	13	2021/10/2	0	280	2340	交通费
15	14	2021/10/6	0	1000	1340	餐饮
16	15	2021/10/14	3000	0	4340	父亲
17	16	2021/10/16	0	100	4240	考试报名费
18	17	2021/10/27	300	0	4580	奖金
19	18	2021/11/4	0	1000	3580	餐饮
20	19	2021/11/10	0	550	3030	着装
21	20	2021/11/25	500	0	3530	奖金
22	21	2021/12/2	3000	0	6530	父亲
23	22	2021/12/15	0	1000	5530	餐饮

项目名称	项目类别
父亲	收入
母亲	收入
学费	支出
住宿费	支出
餐饮	支出
通讯费	支出
班费	支出
着装	支出
图书资料	支出
文体用品	支出
报名费	支出
交通费	支出
奖金	收入
勤工助学	收入

图 9-27　银行存取款数据　　　　　　　　　　图 9-28　收支项目数据

图 9-29　浏览银行存取款明细的窗体

图 9-30　项目分类明细窗体

9.2.2　解题思路

1. 创建数据库

在 Access 中创建数据库的方法有两种。一种是新建空数据库,另一种是根据模板创建数据库。模板可以连接到 Office.com 从网上下载,也可以是用户自己创建的,或者是本地通用模板。使用模板创建数据库后,数据库将包含所需的表、窗体、报表和查询等,并立即可用,可以节省时间和工作量。

2. 新建表

在 Access 中创建表的方法有多种。用户可以通过选择"创建"选项卡,单击"表格"组中的"表"或者"表设计"按钮,在数据表视图或设计视图中创建表结构,输入字段名,确定各字段的类型。用户也可以通过将外部数据,如 Excel 工作簿、其他数据库或者文本文件等导入的方式创建新表。选择"外部数据"选项卡,根据数据的不同来源,单击"导入并链接"组中的"新数据源"按钮,然后选择"从文件""从数据库"等方式,从"Excel""Access""文本文件"等不同数据源进行数据导入操作。

3. 建立表之间的关联

为了保证数据库表中数据的参照完整性,必须建立表之间的关联。操作如下:

(1)选择"数据工具"选项卡,单击"关系"组中的"关系"按钮。

(2)将相关的表添加到"关系"窗口中,然后根据需要创建表之间的关联。

4. 创建查询

要对某个月的存取款交易明细进行查询,查询目标为银行存取款表。但表中保存的是交易日期,需要通过使用函数 month()获得其中的月份,再构建合理的查询条件表达式。可以考虑在查询设计视图下创建此参数查询。

5.创建窗体

尽管在 Access 中可以直接打开表,浏览或者编辑其中的数据,但因为表中记录比较多,使得输入和查看数据很不方便,所以会考虑使用窗体作为用户访问数据库的窗口,从而提高使用数据库的效率。

与创建表的方法类似,可以使用向导创建窗体,也可以直接在设计视图中创建窗体。打开数据库后,在"创建"选项卡中,单击"窗体"组中的"窗体""窗体设计"或"窗体向导"等都可以创建一个新的窗体。

9.2.3 操作步骤

1.创建数据库

启动 Access 2019 后,选择"文件"选项卡,单击"新建"→"空数据库",设置保存位置为"D:\财务管理",数据库文件名为"收支规划.accdb",单击下面的"创建"按钮,完成新数据库的创建。

2.新建"银行存取款"表

创建一个新数据库后,该数据库将打开。系统自动创建名为"表 1"的新表并在数据表视图中打开该新表。关闭"表 1"。创建银行存款表的操作步骤如下:

(1)选择"创建"选项卡,单击"表格"组中的"表设计"按钮,打开表设计视图。

(2)添加"交易编号""交易日期"和"存款金额"等字段,并按照表 9-4 的要求设置各字段的数据类型。

(3)设置"交易编号"字段为主键。

(4)单击"保存"按钮保存银行存取款表。

3.将 Excel 工作表数据导入银行存取款表

将外部 Excel 工作表中的数据导入银行存取款表,操作步骤如下:

(1)新建一个工作簿文件"D:\财务管理\存取款交易.xlsx",在 Sheet1 工作表中输入如图 9-27 所示的数据。

(2)选择"外部数据"选项卡,单击"导入并链接"组中的"新数据源"按钮,然后选择"从文件"→"Excel",在显示的对话框中"选择数据源和目标",指定工作簿文件"D:\财务管理\存取款交易.xlsx",单击"向表中追加一份记录的副本"单选按钮,并选择"银行存取款",如图 9-31 所示,单击"确定"按钮。

(3)根据向导,保持默认选择,依次单击"下一步"按钮,最后单击"完成"按钮。

添加新数据后的职工银行存取款表如图 9-32 所示。

图 9-31　指定数据源和目标表

交易编号	交易日期	存入金额	提款金额	余额	项目名称
1	2021/09/02	10000	0	10000	父亲
2	2021/09/04	5000	0	15000	母亲
3	2021/09/10	0	6500	8500	学费
4	2021/09/11	0	1000	7500	餐饮
5	2021/09/14	0	1000	6500	通讯费
6	2021/09/19	0	200	6300	班费
7	2021/09/22	0	1100	5200	住宿费
8	2021/09/24	0	1000	4200	着装
9	2021/09/25	0	600	3600	文体用品
10	2021/09/27	0	50	3550	报名费
11	2021/09/28	0	280	3270	交通费
12	2021/09/29	0	650	2620	图书资料
13	2021/10/02	0	280	2340	交通费
14	2021/10/06	0	1000	1340	餐饮
15	2021/10/14	3000	0	4340	父亲
16	2021/10/16	0	100	4240	考试报名费
17	2021/10/27	300	0	4580	奖金
18	2021/11/04	0	1000	3580	餐饮
19	2021/11/10	0	550	3030	着装
20	2021/11/25	500	0	3530	奖金
21	2021/12/02	3000	0	6530	父亲
22	2021/12/15	0	1000	5530	餐饮

记录: |◀ ◀ 第 1 项(共 22 项) ▶ ▶| ▶* 无筛选器 搜索

图 9-32　添加新数据后的银行存取款表

4. 新建收支项目表

在 Access 中,既可以先创建表结构,然后输入数据,也可以通过直接导入外部数据创建新表。收支项目表就采用一次性导入数据的方式创建,操作步骤如下:

（1）新建一个工作簿文件"D:\财务管理\收支项目.xlsx"，在 Sheet1 工作表中输入如图 9-28 所示的数据。

（2）打开数据库"收支规划.accdb"后，选择"外部数据"选项卡，单击"导入并链接"组中的"新数据源"按钮，然后选择"从文件"→"Excel"，在显示的对话框中"选择数据源和目标"，指定数据源为"D:\财务管理\存取款交易.xlsx"，默认选择"将源数据导入当前数据库的新表中"单选按钮，如图 9-33 所示，单击"确定"按钮。

（3）默认选择 Sheet1 工作表，单击"下一步"按钮。

（4）选择"第一行包含列标题"复选框，如图 9-34 所示，单击"下一步"按钮。

（5）设置数据库中新表的字段名称和数据类型，如图 9-35 所示，此处保持默认选项，单击"下一步"按钮。

（6）设置新表的主键为"项目名称"字段，如图 9-36 所示，单击"下一步"按钮。

（7）输入新表的名称"收支项目"，如图 9-37 所示，单击"完成"按钮。

至此，收支项目表创建完成。在数据表视图中查看表的数据，结果如图 9-38 所示。

指定数据源

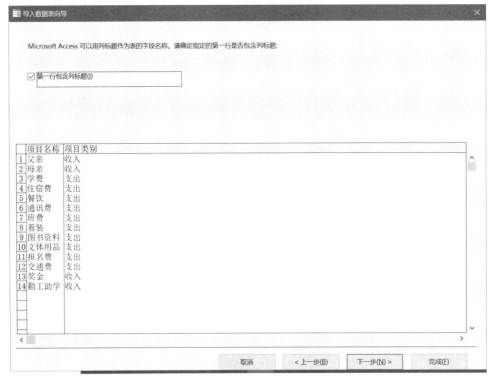

图 9-34　明确表的第一行为列标题

图 9-35　编辑数据库中新表的字段信息

图 9-36　为新表设置主键

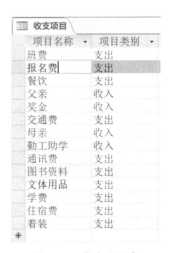

图 9-37　输入表的名称　　　　　　　　　　　图 9-38　收支项目表

单击窗口右下角的"设计视图"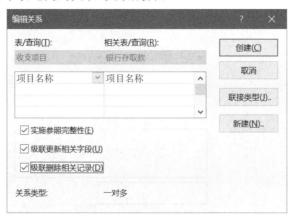按钮，切换到设计视图，然后根据表 9-5 所示，修改每个字段的字段大小。

5. 建立表之间的关联

建立收支项目表与银行存取款表之间的关联。操作如下：

（1）选择"数据工具"选项卡，单击"关系"组中的"关系"按钮，将两个表添加到"关系"窗口中。

（2）将收支项目表中的"项目名称"字段拖到银行存取款表的"项目名称"，弹出"编辑关系"对话框，如图 9-39 所示，单击"创建"按钮，但出现如图 9-40 所示的报错信息。根据提示信息，检查银行存取款表中的记录，发现有一条记录的项目名称为"考试报名费"，如图 9-41 所示，而收支项目表中并不存在此项目。将"考试报名费"改为"报名费"后，保存银行存取款表。

（3）再次创建两个表之间的关联，关联成功。

图 9-39　创建表之间的关联

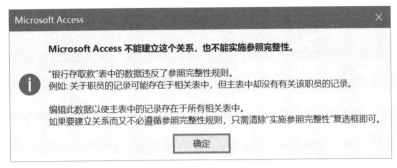

图 9-40　创建表之间的关联报错

交易编号	交易日期	存入金额	提款金额	余额	项目名称	单击
1	2021/09/02	10000	0	10000	父亲	
2	2021/09/04	5000	0	15000	母亲	
3	2021/09/10	0	6500	8500	学费	
4	2021/09/11	0	1000	7500	餐饮	
5	2021/09/14	0	1000	6500	通讯费	
6	2021/09/19	0	200	6300	班费	
7	2021/09/22	0	1100	5200	住宿费	
8	2021/09/24	0	1000	4200	着装	
9	2021/09/25	0	600	3600	文体用品	
10	2021/09/27	0	50	3550	报名费	
11	2021/09/28	0	280	3270	交通费	
12	2021/09/29	0	650	2620	图书资料	
13	2021/10/02	0	280	2340	交通费	
14	2021/10/06	0	1000	1340	餐饮	
15	2021/10/14	3000	0	4340	父亲	
16	2021/10/16	0	100	4240	考试报名费	
17	2021/10/27	300	0	4580	奖金	
18	2021/11/04	0	1000	3580	餐饮	
19	2021/11/10	0	550	3030	着装	
20	2021/11/25	500	0	3530	奖金	
21	2021/12/02	3000	0	6530	父亲	
22	2021/12/15	0	1000	5530	餐饮	

图 9-41　银行存取款表中的异常数据

6.创建月存取款交易查询

月存取款交易查询的目标是银行存取款表,该表中有"交易日期"字段,获取日期中的月份需要使用函数 month()。创建查询的操作步骤如下:

(1)在"创建"选项卡中,单击"查询"组中的"查询设计"按钮,打开"显示表"对话框,将银行存取款表添加到查询窗口中。

(2)选择查询中需要显示的银行存取款表的所有字段,在"交易日期"字段的条件行中右击鼠标,选择"生成器",打开"表达式生成器"对话框,在表达式框中输入"[请输入月份]=",然后在"表达式元素"框中选择"内置函数",在"表达式类别"框中选择"日期/时间",在"表达式值"框中双击"Month",如图 9-42 所示。接着在"表达式元素"框中选择"银行存取款",在"表达式类别"框中双击"交易日期",如图 9-43 所示,单击"确定"按钮。

图 9-42　选取函数

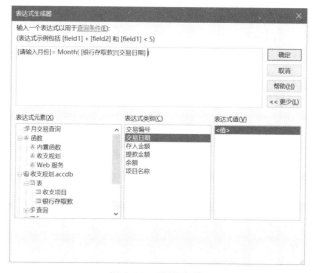

图 9-43　选取字段

（3）单击"保存"按钮，在对话框中输入查询名称"月交易查询"，单击"确定"按钮保存查询。

运行查询，在"输入参数值"对话框中输入"9"，单击"确定"按钮，结果如图 9-44 所示。

月交易查询

交易编号	Expr1001	存入金额	提款金额	余额	项目名称	交易日期
1	2021/09/02	10000	0	10000	父亲	2021/09/02
2	2021/09/04	5000	0	15000	母亲	2021/09/04
3	2021/09/10	0	6500	8500	学费	2021/09/10
4	2021/09/11	0	1000	7500	餐饮	2021/09/11
5	2021/09/14	0	1000	6500	通讯费	2021/09/14
6	2021/09/19	0	200	6300	班费	2021/09/19
7	2021/09/22	0	1100	5200	住宿费	2021/09/22
8	2021/09/24	0	1000	4200	着装	2021/09/24
9	2021/09/25	0	600	3600	文体用品	2021/09/25
10	2021/09/27	0	50	3550	报名费	2021/09/27
11	2021/09/28	0	280	3270	交通费	2021/09/28
12	2021/09/29	0	650	2620	图书资料	2021/09/29

图 9-44　月交易查询结果

7. 创建浏览银行存取款明细的窗体

根据题意，窗体中需要添加四个命令按钮以便前后翻页，逐个浏览表中的数据，鉴于此，选择在设计视图中创建窗体，操作步骤如下：

(1)选择“创建”选项卡，单击“窗体”组中的“窗体设计”按钮。

(2)在“窗体设计工具/设计”选项卡中，单击“添加现有字段”按钮，显示“字段列表”子窗口。

(3)在“字段列表”子窗口中，展开银行存取款表，将需要的字段逐个拖到窗体的“主体”区域，调整控件在窗体中的位置，如图 9-45 所示。

(4)在“窗体设计工具/设计”选项页中，单击选中“控件”组中的“按钮”控件，然后在窗体的主体区域合适位置单击，弹出“命令按钮向导”对话框，在“操作”列表框中选择“转至前一项记录”，如图 9-46 所示，单击“下一步”按钮。

(5)确定在按钮上显示文本为“前一项”，如图 9-47 所示，单击“下一步”按钮。

(6)确定命令按钮的名称，单击“完成”按钮，即在窗体中添加了一个能显示上一条记录的命令按钮。

(7)使用同样的方法，在窗体中添加另外三个命令按钮，结果如图 9-48 所示。

(8)根据需要调整窗体中控件的属性，如显示的数据为 12 号字，并且居中显示，如图 9-49 所示。

(9)单击“保存”按钮，将窗体命名为“浏览银行存取款明细”。在“窗体视图”方式下即可查看结果。

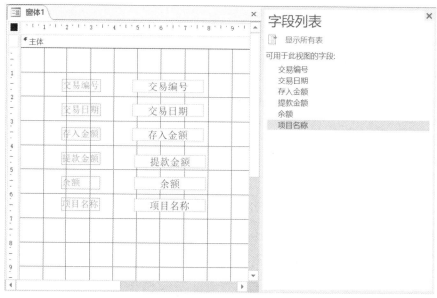

图 9-45　在窗体中添加字段

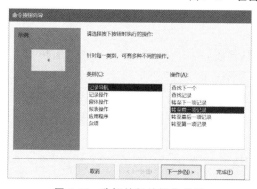

图 9-46　选择按钮的操作类别

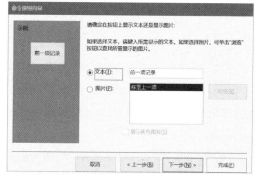

图 9-47　确定在按钮上显示的文本

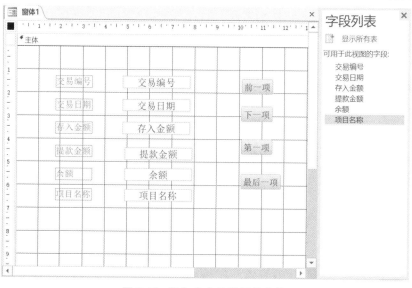

图 9-48　添加命令按钮后的窗体

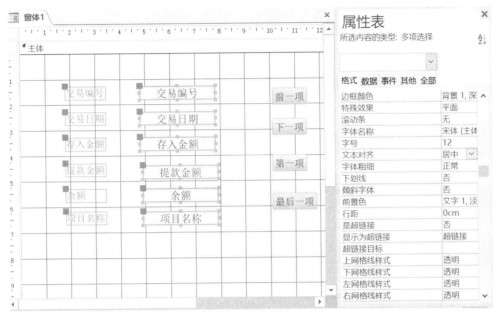

图 9-49　设置控件的属性值

8.创建显示项目名称和银行存取款的交易明细的主/子窗体

根据题意,希望在主窗体中显示"项目名称",在子窗体中显示相应的交易明细。通过审题,明确主窗体中的数据应来自收支项目表,子窗体的数据来源是银行存取款表,并且两个表已经建立一对多的关联。创建主/子窗体的操作步骤如下:

(1)打开数据库"收支规划.accdb"后,选择"创建"选项卡,单击"窗体"组中的"窗体向导"按钮。

(2)在"窗体向导"对话框的"表/查询"列表中选择"表:收支项目"列表项,将"可用字段"列表中的"项目名称"添加到"选定字段",如图 9-50 所示。

(3)从"表/查询"列表中选择"表:银行存取款"列表项,将"可用字段"列表中的相关字段添加到"选定字段",如图 9-51 所示,单击"下一步"按钮。

(4)默认选择"带有子窗体的窗体",如图 9-52 所示,单击"下一步"按钮。

(5)默认选择子窗体的布局,如图 9-53 所示,单击"下一步"按钮。

(6)输入主窗体和子窗体的名称,并且选择"修改窗体设计"单选按钮,如图 9-54 所示,单击"完成"按钮。

(7)在窗体的主体部分添加"上一项"和"前一项"命令按钮,用于转换项目名称,然后通过修改控件的属性,调整窗体中控件的间距和子窗体的大小,如图 9-55 所示。

(8)单击"保存"按钮,在"窗体视图"方式下即可查看结果。

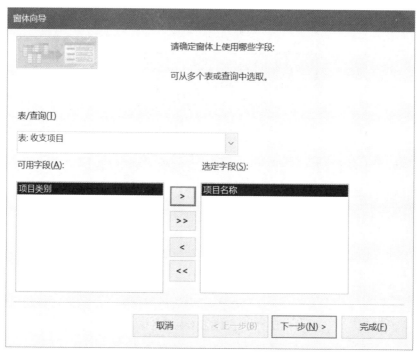

图 9-50　选择表和字段

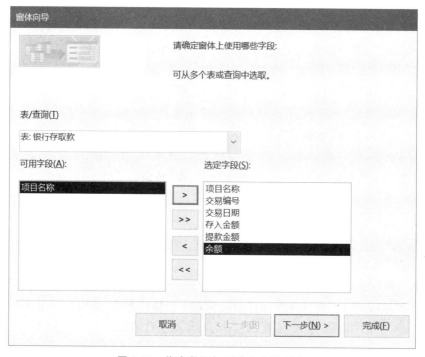

图 9-51　将字段添加到选定字段列表

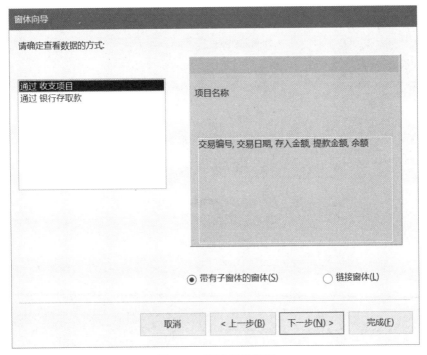

图 9-52　明确窗体类型

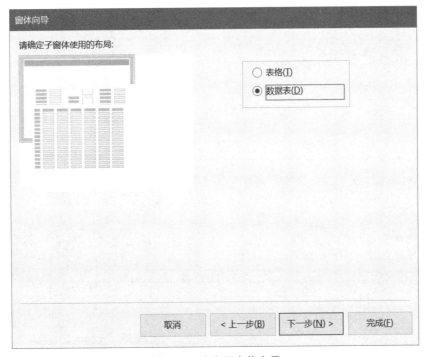

图 9-53　确定子窗体布局

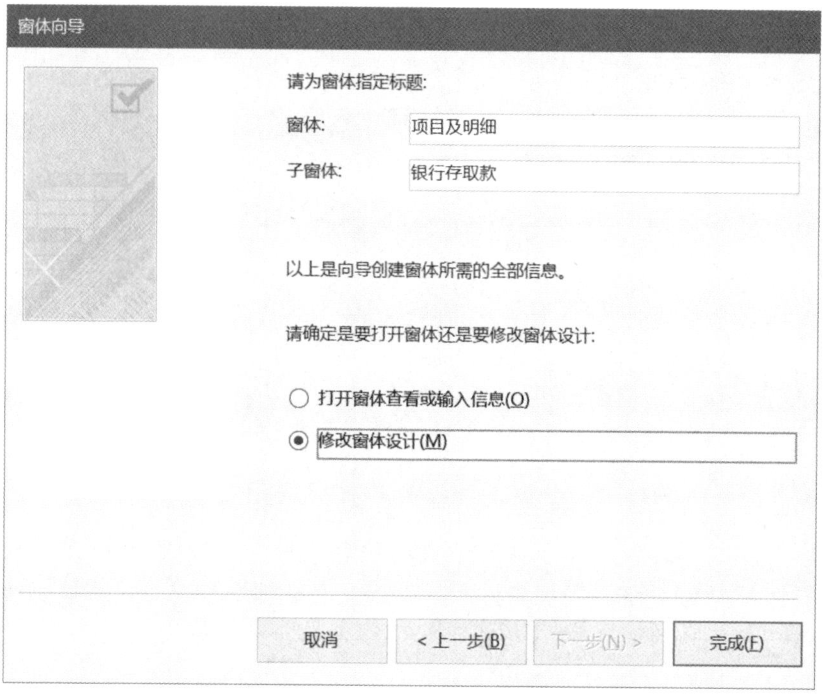

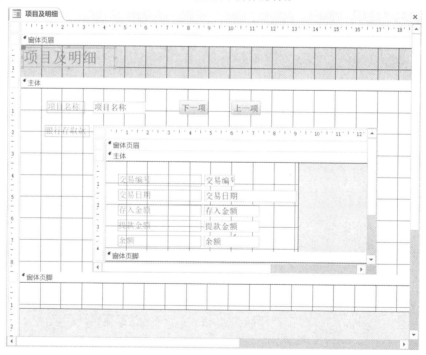

图 9-54　设置主、子窗体的名称

图 9-55　窗体界面调整

9.2.4　操作练习

（1）创建父母亲给予的收入查询，参考结果如图 9-56 所示。

父母亲给予查询

交易编号	交易日期	存入金额	提款金额	余额	项目名称
1	2021/09/02	10000	0	10000	父亲
2	2021/09/04	5000	0	15000	母亲
15	2021/10/14	3000	0	4340	父亲
21	2021/12/02	3000	0	6530	父亲

图 9-56　“父母亲给予查询”结果

(2)创建收入或支出交易查询。当运行查询时，显示提示信息“收入 or 支出?”，输入“支出”后，显示支出交易明细，否则，显示收入交易明细。参考结果如图 9-57 所示。

收入或支出交易查询

交易编号	交易日期	存入金额	提款金额	余额	项目名称	项目类别
1	2021/09/02	10000	0	10000	父亲	收入
15	2021/10/14	3000	0	4340	父亲	收入
21	2021/12/02	3000	0	6530	父亲	收入
2	2021/09/04	5000	0	15000	母亲	收入
17	2021/10/27	300	0	4580	奖金	收入
20	2021/11/25	500	0	3530	奖金	收入

图 9-57　“收入或支出交易查询”结果

(3)将支出交易查询结果输出到“D:\财务管理\支出明细.xlsx”工作簿中，结果如图 9-58所示。

文件　开始　插入　页面布局　公式　数据　审阅　视图　帮助　告诉我　共享

D21

交易编号	交易日期	存入金额	提款金额	余额	项目名称	项目类别
3	2021/9/10	0	6500	8500	学费	支出
7	2021/9/22	0	1100	5200	住宿费	支出
4	2021/9/11	0	1000	7500	餐饮	支出
14	2021/10/6	0	1000	1340	餐饮	支出
18	2021/11/4	0	1000	3580	餐饮	支出
22	2021/12/15	0	1000	5530	餐饮	支出
5	2021/9/14	0	1000	6500	通讯费	支出
6	2021/9/19	0	200	6300	班费	支出
8	2021/9/24	0	1000	4200	着装	支出
19	2021/11/10	0	550	3030	着装	支出
12	2021/9/29	0	650	2620	图书资料	支出
9	2021/9/25	0	600	3600	文体用品	支出
10	2021/9/27	0	50	3550	报名费	支出
16	2021/10/16	0	100	4240	报名费	支出
11	2021/9/28	0	280	3270	交通费	支出
13	2021/10/2	0	280	2340	交通费	支出

支出查询结果

图 9-58　导出支出明细

(4)创建某时间段内银行交易信息的查询。当运行查询时，先后显示提示信息“请输入开始日期”和“请输入结束日期”，输入日期后，显示银行交易明细。例如在 2021 年 9 月 20 日至 2021 年 10 月 20 日期间的查询结果如图 9-59 所示。

某时间段内的交易查询

交易编号	交易日期	存入金额	提款金额	余额	项目名称
7	2021/09/22	0	1100	5200	住宿费
8	2021/09/24	0	1000	4200	着装
9	2021/09/25	0	600	3600	文体用品
10	2021/09/27	0	50	3550	报名费
11	2021/09/28	0	280	3270	交通费
12	2021/09/29	0	650	2620	图书资料
13	2021/10/02	0	280	2340	交通费
14	2021/10/06	0	1000	1340	餐饮
15	2021/10/14	3000	0	4340	父亲
16	2021/10/16	0	100	4240	报名费
*					

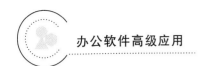

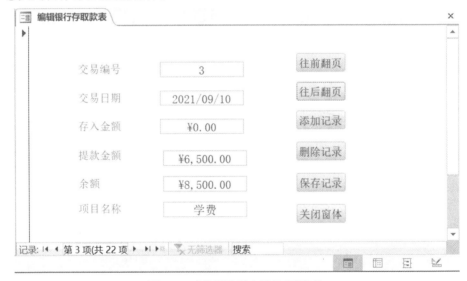

图 9-59 “某时间段内交易明细查询”结果

(5)创建如图 9-60 所示的窗体，要求单击各命令按钮能实现以下功能：

①往前翻页：显示前一项记录。

②往后翻页：显示后一项记录。

③添加记录：在表中添加新记录。

④删除记录：删除当前显示的记录。

⑤保存记录：将编辑过的记录保存到表中。

⑥关闭窗体：关闭当前窗体。

图 9-60 “编辑银行存取款表”窗体

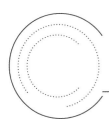

第 10 章
VBA 应用案例

　　VBA 应用程序由一系列的 VBA 代码组成,这些代码将按照一定的顺序执行。有时程序根据一定的条件只能执行某一部分代码,有时需要重复执行某一段代码,通过程序结构控制代码来完成这些功能。在 VBA 的程序中,包含 3 种基本结构语句。它们是顺序结构、分支结构和循环结构,任何程序都可以由这 3 种结构实现。

10.1　VBA 程序控制结构

知识要点:
- ● 交互式输入、输出命令;
- ● 顺序结构程序的基本设计方法;
- ● 选择结构 If...Else;
- ● 选择结构 Select Case;
- ● 循环结构 Do While...Loop;
- ● 循环结构 For...Next。

10.1.1　问题描述

使用 VBA 编程求解下面的问题:

(1)从键盘输入学生姓名及出生年月,求学生的年龄。

(2)编程序,计算电费(设 X 为每月用电度数,Y 为电费总价)。某用户 8 月份共用电 459.36 度,计算应交电费多少(计算结果保留 2 位小数)。

$$Y = \begin{cases} 0.568 \times X & X \leqslant 50 \\ 0.568 \times X + (X-50) \times 0.03 & 50 < X \leqslant 200 \\ 0.568 \times X + 0.03 \times 150 + (X-200) \times 0.1 & X > 200 \end{cases}$$

（3）从键盘输入 3 个数 A、B、C，并将其按由小到大的顺序输出。

（4）求出 1～50 之间所有偶数之和及奇数之积。

（5）设计一个程序判断用户输入的正整数是否是"完数"。

（6）输出斐波那契数列前 20 项，即 1，1，2，3，5，8，…。

10.1.2　解题思路

（1）输入数据可以用 InputBox 函数，该函数将打开一个对话框作为输入数据的界面，等待用户输入数据，并返回所输入的内容。年龄的计算方式：当前年份减出生年份。

（2）此题利用双分支条件判断结构 if...Else...End if，根据用电度数 X 的范围求得应交电费。

（3）这是 3 个数 A、B、C 比较大小的问题，由于要求按由小到大输出，可以事先设定输出时 A、B、C 依次存放小、中、大 3 个数。比较时，先用 A 与 B 和 C 比，并将最小的值与 A 交换，假设 A 与 B 交换，交换方法为：

T＝A

A＝B

B＝T

这样，借助中间变量 T，就实现了变量 A 的值和 B 的值的交换。

当最小的值找到并放入 A 中后，只要再比较 B 和 C，若 C 比 B 小，则 B 和 C 进行交换。

（4）用计数循环语句 For...Next 来编程，循环变量的初值为 1，终值为 50。用变量 M 存放偶数累加之和，变量 N 存放奇数相乘之积。

（5）分析：

①首先设计内存变量，输入整数 Num、因子之和 S、计数值 Factor。

②计数值 Factor 的取值范围应为 1～Num /2。若满足 Num MOD Factor＝0，则计数值 Factor 是因子。

③利用循环判断每个 Factor 是否是因子，若是则累计加到 S。

④最后将 Num 与 S 相比较得出结果。

（6）迭代法：不断由变量的"旧值"按照一定的规律推出"新值"的过程。

①数列中的每一项均为前两项之和。

②建立迭代关系式：$X_i＝X_{i-1}＋X_{i-2}$。

10.1.3　操作步骤

（1）从键盘输入学生姓名及出生年月，求学生的年龄。

程序代码如下：

```
Sub 计算年龄()
    Dim FullName As String
    Dim DateOfBirth As Date
```

```
    Dim Age As Integer
    Title = "输入个人信息"
    Name = "请输入姓名:"
    Birth = "请输入出生日期:"
FullName = InputBox(Name, Title)
DateOfBirth = InputBox(Birth, Title)
    Age = Year(Now()) - Year(DateOfBirth)
Debug.Print "姓名:"; FullName
Debug.PrintFullName& " is " & Age & " years old."
End Sub
```

如果输入学生姓名为:张三,出生日期为:1998-08-15,则输出结果如图 10-1 所示。

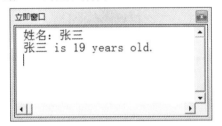

图 10-1　输出结果

(2)编程序,计算电费(设 X 为每月用电度数,Y 为电费总价)。某用户 8 月份共用电 459.36 度,计算应交电费多少(计算结果保留 2 位小数)。

$$Y=\begin{cases}0.568\times X & X\leqslant 50\\ 0.568\times X+(X-50)\times 0.03 & 50<X\leqslant 200\\ 0.568\times X+0.03\times 150+(X-200)\times 0.1 & X>200\end{cases}$$

程序代码如下:

```
Sub DianFei()
    X = Val(InputBox("请输入 8 月份用电度数 = ?"))
    If X <= 50 Then
        Y = 0.568 * X
    Else
        If X <= 200 Then
            Y = 0.568 * X + (X-50) * 0.03
        Else
            Y = 0.568 * X + 0.03 * 150 + (X-200) * 0.1
        End If
    End If
Debug.Print "应交电费 = "; Y
End Sub
```

如果输入电费度数分别为:20.8、135.3、459.36,则输出结果如图 10-2 所示。

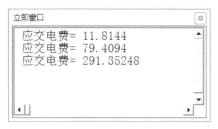

图 10-2　输出结果

（3）从键盘输入 3 个数 A、B、C，并将其按由小到大的顺序输出。

程序代码如下：

```
Sub PaiXu()
    A = InputBox("A = ")
    B = InputBox("B = ")
    C = InputBox("C = ")
    If A > B Then
      T = A
      A = B
      B = T
    End If
    If A > C Then
      T = A
      A = C
      C = T
    End If
    If B > C Then
      T = B
      B = C
      C = T
    End If
Debug.Print "从小到大顺序为"; A, B, C
End Sub
```

如果输入 A、B、C 的值分别为 9、6、3，则输出结果为：从小到大顺序为 3　6　9。

（4）求出 1～50 之间所有偶数之和及奇数之积。

程序代码如下：

```
Sub JiOuShu()
    M = 0
    N = 1
    For I = 1 To 50
        If Int(I / 2) = I / 2 Then
```

```
            M = M + I
        Else
            N = N * I
        End If
    Next
Debug.Print "偶数累加之和为:"; M
Debug.Print "奇数相乘之积为:"; N
End Sub
```

输出结果如图 10-3 所示。

图 10-3　输出结果

(5)设计一个程序判断用户输入的正整数是否是"完数"。"完数"的定义:若某个数的所有因子(除本身外)之和等于该数本身,则称这个数是完数。例如:28＝1＋2＋4＋7＋14,所以 28 是完数。

程序代码如下:

```
Sub WanShu()
    Num = val(InputBox("请输入一个数值 Num = ？"))
    Factor = 1     '计数值、累加和初始化
    S = 0
    Do While Factor < = Num / 2
        '循环判断每个计数值是否是因子
        If Num Mod Factor = 0 Then   '如果是则累加
            S = S + Factor
        End If
        Factor = Factor + 1          '得到下个计数值
    Loop
    If Num = S Then                  '判断是否是完数
Debug.Print Num, "是完数!"
    Else
Debug.Print Num, "不是完数"
    End If
End Sub
```

如果输入数据分别是 12 和 28,则程序执行结果如图 10-4 所示。

图 10-4　输出结果

(6)输出斐波那契数列前 20 项,即 $1,1,2,3,5,8,\cdots$。

程序代码如下:

```
Sub Fibonacci()
    A = 1          '初始化第 1、2 项
    B = 1
Debug.Print A, B,
    For I = 3 To 20          '循环生成 3 - 20 项
        Num = A + B          '产生新值
Debug.Print Num,
        If I Mod 5 = 0 Then '每行输出 5 项
Debug.PrintChr(13)
        End If
        A = B                '向后迭代
        B = Num
    Next
End Sub
```

程序执行结果如图 10-5 所示。

1	1	2	3	5
8	13	21	34	55
89	144	233	377	610
987	1597	2584	4181	6765

图 10-5　输出结果

10.1.4　操作练习

(1)已知一元二次方程的一般形式为:

$AX^2 + BX + C = 0 \quad (A \neq 0)$。

编程从键盘输入系数 A、B、C,求方程的两个根 X_1 和 X_2。

(2)从键盘上输入 4 个数 A、B、C、D,按从大到小顺序输出。

(3)键盘输入 N 个数,编程序统计奇数个数、偶数个数以及它们各自的累加和。

(4)从键盘上输入 N 个数,去掉最大、最小数,求平均值。

(5)输出 1~500 范围内能被 5 和 9 整除的数,统计它们个数。

10.2　VBA 综合程序设计

知识要点:

- Do While…Loop 循环语句;
- For…Next 循环语句;
- 多种循环结构嵌套的程序设计方法;
- 子程序和自定义函数。

10.2.1　问题描述

使用 VBA 编程求解下面的问题:

(1)有一分数序列:$\frac{2}{1},\frac{3}{2},\frac{5}{3},\frac{8}{5},\frac{13}{8},\frac{21}{13},\cdots$,编程序输出这个数列的前 20 项。

(2)求表达式 $1-\frac{1}{3!}+\frac{1}{5!}-\frac{1}{7!}+\cdots+(-1)^{n-1}\frac{1}{(2n-1)!}+\cdots$,直到最后一项的绝对值小于 10^{-6} 停止计算。

(3)古人搬砖问题:共有 36 块砖,36 人搬。男搬 3 块砖,女搬 2 块砖,两个小儿抬一砖,要求一次搬完,问需男、女、小儿各若干?

(4)找出 100 以内的素数并输出,要求每行输出 5 个数,素数的判断采用自定义函数完成。

(5)从键盘上输入一正整数数据串(如:23522086234),求其中所包含偶数的个数及偶数之和。

(6)打印输出如图 10-6 所示的九九乘法表。

```
1*1= 1
2*1= 2 2*2= 4
3*1= 3 3*2= 6 3*3= 9
4*1= 4 4*2= 8 4*3=12 4*4=16
5*1= 5 5*2=10 5*3=15 5*4=16 5*5=25
6*1= 6 6*2=12 6*3=18 6*4=24 6*5=30 6*6=36
7*1= 7 7*2=14 7*3=21 7*4=28 7*5=35 7*6=42 7*7=49
8*1= 8 8*2=16 8*3=24 8*4=32 8*5=40 8*6=48 8*7=56 8*8=64
9*1= 9 9*2=18 9*3=27 9*4=36 9*5=45 9*6=54 7*9=63 9*8=72 9*9=81
```

图 10-6　九九乘法表

10.2.2 解题思路

(1)分析:

①数列 $\frac{2}{1}$、$\frac{3}{2}$、$\frac{5}{3}$、$\frac{8}{5}$、$\frac{13}{8}$、$\frac{21}{13}$、…中的每一项由分子、分母组成,后项的分子是前项的分子、分母和,后项的分母是前项的分子。如当前项为 $\frac{A}{B}$,用下列表达式通过循环可生成数列的每一项。

NUM←A+B

A←B

B←NUM

②程序输出过程中,每行只能输出 5 个数,增加条件判断,计数到 5 个数时插入换行语句。

(2)分析:

①这是一个典型的累加算法。

②通项式为 1/t,t 值为 1!,3!,5!,…,(2n-1)!,…,前后两项符号位相反。

③内循环用 For…Next 求通项分母,外循环用 Do While…Loop 求累加和,注意符号位翻转。

(3)分析:

①由题意可得男人 I 个(0~12),女人 J 个(0~24),孩子 K 个(0~36),且 K 是偶数。

②满足条件:I+J+K=36 且 3I+2J+K/2=36。

③利用三重循环实现,穷举每一种情况。

(4)分析:

①数学上素数的定义:除了 1 与本身外,不能被其他数整除,最小素数为 2。

②用 I=2,3,…,Num-1 除 NUM,若都不能整除,Num 为素数。

③判断 Num 是否是素数可以用自定义函数实现,若函数返回值为 TRUE,认为 Num 是素数。

④自定义函数 Prime()中设置标志变量 Flag,若 Flag 为真表示是素数,为假表示非素数。

⑤主程序中每输出一个素数计数器 I 加 1,计数到 5 插入换行语句,实现每行输出 5 个素数。

(5)分析:

①利用字符函数 Len()、Mid()逐位截出串中的每一位数字。

②利用函数 Val()将字符转数值进行累加。

(6)分析:

①输出结果共 9 行,每行输出的算式数与行数相同。用二重循环处理,外循环控制行数,内循环控制每行输出的个数。

②输出的算式中,等号左边分别是内、外循环变量值,且前面为外循环变量值,后面为

内循环变量值,等号右边为两循环变量之积。

③外循环变量设定为 i,i 为 1～9,共输出 9 行;内循环输出每行算式数,将循环变量设为 j,j 为 i～I,循环结束完成一行的输出。

10.2.3　操作步骤

(1)有一分数序列:$\frac{2}{1}$,$\frac{3}{2}$,$\frac{5}{3}$,$\frac{8}{5}$,$\frac{13}{8}$,$\frac{21}{13}$,…,编程序输出这个数列的前 20 项。

程序代码如下:

```
Sub 分数序列()
    A = 1
    B = 2
    For I = 1 To 20
        NUM = A + B                '生成新项的分子
Debug.Print Trim(Str(B))& "/" & Trim(Str(A))& "  ";'输出每一项
        If I Mod 5 = 0 Then            '输出5个数换行
Debug.PrintChr(13)
        End If
        A = B                '产生下一项值的分子分母
        B = NUM
    Next
End Sub
```

程序运行结果如图 10-7 所示。

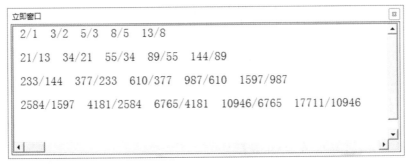

图 10-7　运行结果

(2)求表达式 $1-\frac{1}{3!}+\frac{1}{5!}-\frac{1}{7!}+\cdots+(-1)^{n-1}\frac{1}{(2n-1)!}+\cdots$,直到最后一项的绝对值小于 10^{-6} 停止计算。

程序代码如下:

```
Sub LeiJia()
    I = 1    '初始化符号 SIGN、通项 AN 及分母计数值 I
    Sign = 1
```

```
            AN = 1
            S = 0    '初始化和 S、循环次数 N
            N = 0
            Do While(Abs(AN)> = 0.000001)'若通项绝对值大于精度则继续循环
Debug.Print "AN = "; AN            '输出每个通项值 AN
                N = N + 1               '循环次数 + 1
                S = S + AN              '将当前通项进行累加
                I = I + 2               '分母 + 2 指向下一项
                P = 1                   '求 I 阶乘
                For K = 1 To I
                    P = P * K
                Next
                Sign = - Sign          '符号位 SIGN 翻转,生成下一项符号位
                AN = Sign * 1 / P      '生成新通项
            Loop
Debug.Print "表达式值 = "; S         '输出累加和 S,循环次数 N
Debug.Print "循环次数 = "; N
End Sub
```

程序执行结果如图 10-8 所示。

图 10-8　运行结果

(3)古人搬砖问题:共有 36 块砖,36 人搬。男搬 3 块砖,女搬 2 块砖,两个小儿抬一砖,要求一次搬完,问需男、女、小儿各若干?

程序代码如下:

```
Sub 搬砖()
    For I = 0 To 12 '男人循环次数
        For J = 0 To 24        '女人循环次数
            For K = 0 To 36 Step 2  '小孩循环次数
                If I + J + K = 36 And 3 * I + 2 * J + K / 2 = 36 Then'满足条件输出结果
Debug.Print I, J, K
                End If
```

```
        Next
      Next
    Next
End Sub
```

程序执行结果如图 10-9 所示。

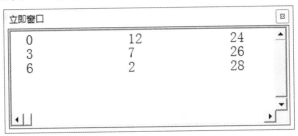

图 10-9　运行结果

（4）找出 100 以内的素数并输出，要求每行输出 5 个数，素数的判断采用自定义函数完成。

程序代码如下：

```
Sub main()
    I = 0
    For Num = 2 To 100
        If Prime(Num) = True Then
Debug.Print Num;
            I = I + 1
            If I Mod 5 = 0 Then        '计数到 5 换行
Debug.PrintChr(13)
            End If
        End If
    Next
End Sub
Public Function Prime(N)
    Flag = True
    K = 2                              '除数初始化
    Do While K < N                     '判断 N 是否为素数
        If N Mod K = 0 Then            '满足条件不是素数
            Flag = False
            Exit Do
        End If
        K = K + 1                      '看下一个约数
    Loop
```

```
        Prime = Flag
End Function
```

程序执行结果如图 10-10 所示。

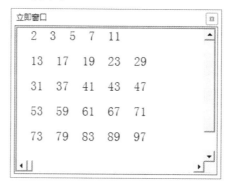

图 10-10　运行结果

（5）从键盘上输入一正整数数据串（如：23522086234），求其中所包含偶数的个数及偶数之和。

程序代码如下：

```
Sub ZiFu()
    Num = InputBox("输入一个数字串:")
    N = Len(Num)                        '求串长
    Sum = 0                             '初始化
Even_Count = 0
    For i = 1 To N
      x = Mid(Num，i，1)                 '取每一位字符
      If Val(x)Mod 2 = 0 Then           '判断是否是偶数
Debug.Print "偶数:"; x
            Sum = Sum + Val(x)          '求累加和
Even_Count = Even_Count + 1            '偶数计数个数 + 1
        End If
    Next
Debug.Print "偶数累加和:"; Sum           '输出结果
Debug.Print "偶数总个数:"; Even_Count
End Sub
```

程序执行结果如图 10-11 所示。

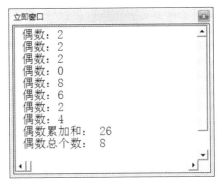

图 10-11　运行结果

（6）打印输出九九乘法表，如图 10-12 所示。

```
1*1= 1
2*1=2 2*2= 4
3*1=3 3*2= 6 3*3= 9
4*1=4 4*2= 8 4*3=12 4*4=16
5*1=5 5*2=10 5*3=15 5*4=16 5*5=25
6*1=6 6*2=12 6*3=18 6*4=24 6*5=30 6*6=36
7*1=7 7*2=14 7*3=21 7*4=28 7*5=35 7*6=42 7*7=49
8*1=8 8*2=16 8*3=24 8*4=32 8*5=40 8*6=48 8*7=56 8*8=64
9*1=9 9*2=18 9*3=27 9*4=36 9*5=45 9*6=54 7*9=63 9*8=72 9*9=81
```

图 10-12　九九乘法表

程序代码如下：

```
Sub 九九乘法表()
    For i = 1 To 9
        For j = 1 To i
            t = i& " * " & j & " = " &i * j & " "
            s = s + t
        Next
        s = s + Chr(13)
    Next
Debug. Print s
End Sub
```

10.2.4　操作练习

（1）求表达式值 $sum = 1 + \frac{1}{2!} + \frac{1}{3!} + \cdots + \frac{1}{N!} + \cdots$，要求当通项值小于 10^{-6} 时停止求和。

（2）编程序，求以下表达式值，若通项的绝对值小于 10^{-6} 则停止求和。

$$s = x - \frac{x^3}{3!} + \frac{x^5}{5!} - \frac{x^7}{7!} + \cdots + (-1)^{n-1} \frac{x^{2n-1}}{(2n-1)!} + \cdots$$

（3）编程序，将一个正整数分解质因数，例如，$90 = 2 \times 3 \times 3 \times 5$。

（4）从键盘输入一个字符串（非中文字符，可以包括空格），分别统计其中的大写字母、小写字母和数字个数。

（5）打印输出如下图案：

```
                DDDDDDD
                 CCCCC
                  BBB
                   A
```

（6）编程序，利用数组输出杨辉三角形：

```
          1
          1   1
          1   2   1
          1   3   3   1
          1   4   6   4   1
          1   5   10   10   5   1
```